U0689044

人工智能基础

周波 朱红伟◎主编

王鑫 闫飞 赵学良 袁碧贤◎副主编

人民邮电出版社
北京

图书在版编目（CIP）数据

人工智能基础 / 周波，朱红伟主编. -- 北京：人
民邮电出版社，2025. -- （数智人才培养 AI 通识精品系列
）. -- ISBN 978-7-115-67423-4

Ⅰ. TP18

中国国家版本馆 CIP 数据核字第 20258N7H32 号

内 容 提 要

本书立足于教育部《高等学校人工智能创新行动计划》对通识教育的要求，结合北京市人工智能通识课程教学要求，通过"基础理论→工具应用→专业案例"的内容体系，以应用为导向，系统梳理人工智能工具链；结合专业案例，帮助读者建立系统的人工智能知识体系，并在实践中提升解决实际问题的能力。

全书分为 3 篇，共 12 章，主要内容包括：人工智能概述、机器学习基础、深度学习基础、自然语言处理基础、人工智能工具应用基础、AI 辅助写作、AI 辅助 PPT 制作、AI 辅助影音处理、AI 辅助编程、AI+理工类专业案例、AI+管文类专业案例、AI+艺术设计类专业案例。

本书可作为普通高等院校人工智能通识课程的教材，也可作为人工智能技术普及读物，供广大读者自学或参考。

◆ 主　　编　周　波　朱红伟

　　副主编　王　鑫　闫　飞　赵学良　袁碧贤

　　责任编辑　许金霞

　　责任印制　马振武

◆ 人民邮电出版社出版发行　　北京市丰台区成寿寺路 11 号

　　邮编　100164　　电子邮件　315@ptpress.com.cn

　　网址　https://www.ptpress.com.cn

　　北京市艺辉印刷有限公司印刷

◆ 开本：787×1092　1/16

　　印张：11.25　　　　　　　　　2025 年 8 月第 1 版

　　字数：299 千字　　　　　　　2025 年 8 月北京第 1 次印刷

定价：39.80 元

读者服务热线：(010)81055256　印装质量热线：(010)81055316
反盗版热线：(010)81055315

前　言

在全球人工智能（Artificial Intelligence，AI）技术迅猛发展、数字经济深度重构产业格局的时代背景下，我国《新一代人工智能发展规划》明确提出加快人工智能人才培养的战略部署。掌握人工智能基础认知与实践能力已成为数字时代公民的核心素养，高校普遍将"人工智能通识课"纳入公共课程体系。本书紧密围绕教育部"普及人工智能素养"政策导向，依托《北京市教育委员会关于深化高校专业课程改革提高大学生人工智能素养能力的意见》编写，适用对象为普通本科、职业本科和高职院校的学生，致力于培养既懂人工智能基本原理又具备人工智能工具应用能力与跨领域思维的复合型人才。

本书共 12 章，分为人工智能技术导论、人工智能工具应用、AI+专业案例三篇，遵循"认知→技术→工具→实践"的渐进式学习路径。"人工智能技术导论篇"（第 1～4 章）系统介绍人工智能的定义、发展历程、核心技术（机器学习、深度学习、自然语言处理等），帮助学生构建完整的知识体系；"人工智能工具应用篇"（第 5～9 章）聚焦 AI 工具的实际应用，涵盖文案写作、PPT 制作、影音处理、编程等场景，通过具体工具的实操演示，强化学生的技术实践能力；"AI+专业案例篇"（第 10～12 章）结合城市建设、机械工程、金融、公共管理、文化传播、艺术设计领域的典型案例，展现 AI 技术的跨行业赋能价值，如雄安新区 CIM 平台等。本书设置了学习目标、引导案例、习题等模块，辅以丰富的示例，确保学习过程直观高效。

本书颇具特色，紧密结合大一新生的认知水平，展开渐进式实践引导，以"低门槛、强实践、广覆盖"为设计原则，以"场景驱动、工具赋能"为核心，构建了"基础理论—工具应用—行业创新"三位一体的内容体系；整合 AI 工具的实操教学，通过步骤化指南覆盖文案写作、PPT 制作、图片生成、视频制作、代码生成等高频任务场景，适配零编程基础的学生；引入雄安新区 CIM 平台、深圳智慧政务等真实案例，直观展示 AI 前沿应用场景，激发学生解决复杂问题的创新思维。

对于刚踏入大学的新生，可采取"三步学习法"学习本书：先通过引导案例感知技术价值，再借助工具实操验证，最后以跨学科案例拓展应用视野。教师可灵活采用"项目式教学法"，鼓励学生以小组形式完成 AI 工具驱动的实践任务，并在过程中融入伦理讨论，引导学生辩证思考技术的社会影响。

本书由周波、朱红伟任主编，王鑫、闫飞、赵学良、袁碧贤任副主编，全书由周波主审，朱红伟统稿；第 5 章、第 6 章和第 11 章由周波编写，第 8 章和第 10 章由朱红伟编写，第 1 章和第 2 章由王鑫编写，第 3 章和第 9 章由闫飞编写，第 4 章和第 7 章由赵学良编写，第 12 章由袁碧贤编写。本书在编写过程中得到了不少单位和个人的大力支持，特别是北京城市学院的领导和老师们，在此表示诚挚的谢意。

由于编者水平有限，虽然尽最大努力对本书内容进行了多次修改，但书中难免有错误和不妥之处，欢迎广大读者批评指正，以便我们在再版时修正。

编者团队

2025 年 7 月

目录

目
录

第12章
AI+艺术设计类专业案例··162

人工智能技术导论篇

第1章
人工智能概述

【学习目标】
- 掌握人工智能的基础知识。
- 理解人工智能的核心概念。
- 了解人工智能的历史、发展现状及未来趋势。

【引导案例】

糖尿病视网膜病变筛查行动

随着糖尿病患病率的不断上升，上海市卫生健康委员会（以下简称"上海市卫健委"）意识到糖尿病视网膜病变（diabetic retinopathy, DR）的早期诊断和干预对预防视力损害至关重要。面对庞大的患者群体，传统筛查方法不仅耗时耗力，而且由于医生资源有限，难以实现广泛筛查。因此，该项目迫切需要一种能够快速、准确识别 DR 早期迹象的技术解决方案，以实现对患者的早期干预和治疗。在上述背景下，上海市卫健委联合上海市眼科医院和某人工智能公司，共同发起了一个名为"糖尿病视网膜病变筛查行动"（以下简称"筛查行动"）的大型公益项目，旨在利用人工智能技术扩大糖尿病视网膜病变早期筛查的覆盖面并提高筛查的准确性。

在筛查行动的实施过程中，人工智能技术的应用发挥了至关重要的作用。项目伊始，系统首先对收集的视网膜图像进行了一系列精细的预处理，包括去噪、对比度增强和大小标准化，以确保图像质量满足后续分析的要求。随后，利用深度学习中的卷积神经网络（CNN）技术，系统开始提取图像特征。CNN 的优势在于能够自动识别图像中的复杂模式和纹理，尤其是微血管的结构和异常，这对于糖尿病视网膜病变的识别至关重要。接着，项目团队利用大量已标注的视网膜图像数据集对 CNN 模型进行了训练。这些数据集涵盖了从正常到不同病变阶段的视网膜图像，使得 CNN 模型通过不断的迭代学习，逐步提高了对 DR 特征的识别能力。训练有素的模型随后被应用于新视网膜图像的病变检测与分类，结果显示其能够准确地区分出轻度、中度、重度和增殖性糖尿病视网膜病变。此外，系统还采用了集成学习方法，通过结合多个模型的预测结果并采用投票或加权平均的方式，进一步提升诊断的准确性。最后，团队成员为系统设计了一个实时反馈与学习机制，医生可以对系统的诊断结果进行审核和修正，输出反馈信息，而这些反馈信息将被用于模型的进一步训练和优化，从而实现系统的自我学习和持续改进。

1.1 人工智能的定义与发展历程

人工智能（Artificial Intelligence，AI）是一门前沿交叉学科，旨在开发能够模拟、延伸和扩展人类智能的理论、方法、技术及应用系统。

人工智能概述

人工智能是智能学科的重要组成部分，它企图了解智能的本质，并生产出一种能够以与人类智能相似的方式做出反应的智能机器。人工智能是一个十分广泛的学科，包括机器人、语言识别、图像识别、自然语言处理、专家系统、机器学习、计算机视觉等领域。

人工智能的发展历程是一个漫长且充满挑战与突破的过程。从理论提出到技术应用，人工智能主要经历了以下几个阶段。

1. 理论奠基与模型创建

20 世纪 30 年代，数理逻辑的形式化和智能可计算思想开始构建计算与智能的关联概念，为人工智能奠定了理论基础。1943 年，美国神经科学家麦卡洛克和逻辑学家皮茨共同成功研制了世界上首个人工神经网络模型——麦卡洛克-皮茨（McCulloch-Pitts，MP）模型，这是现代人工智能学科的奠基石之一。这一时期的理论为后续人工智能的发展奠定了坚实的基础。

2. 控制论与图灵测试

1948 年，美国数学家维纳创立了控制论，为以行为模拟的观点研究人工智能奠定了技术和理论根基。1950 年，英国数学家艾伦·麦席森·图灵（Alan Mathison Turing，1912—1954）（图 1-1）发表了著名的论文《计算机器与智能》，提出了著名的"图灵测试"，即通过测试一个机器是否能像人一样回答问题来衡量机器是否具有智能。自此以后，图灵测试成为人工智能领域的重要标准之一，为评估机器智能提供了理论依据。

图 1-1 艾伦·麦席森·图灵

3. 学科诞生与符号主义

1956 年，约翰·麦卡锡（John McCarthy）、马尔文·明斯基（Marvin Minsky）、纳撒尼尔·罗切尔（Nathaniel Rochester）和克劳德·香农（Claude Shannon）等人在美国达特茅斯学院（Dartmouth University，图 1-2）举行了为期两个月的学术会议，共同探讨了如何利用机器模拟人类智能。此次会议被称为著名的达特茅斯会议（Dartmouth Conference），是人类历史上第一个人工智能研讨会，标志着国际人工智能学科的诞生和"人工智能"这一概念的正式建立，具有十分重要的历史意义。图 1-3 是参与此次会议的主要人员。这一年也被称为"人工智能元年"。在这一时期，符号主义（逻辑主义、计算机学派）成为主流，认为认知就是通过有意义的符号表示进行推导计算，主张用公理和逻辑体系搭建人工智能系统。

图 1-2 美国达特茅斯学院

图 1-3 参会人员：麦卡锡、明斯基等人

4. 第一次寒冬与专家系统

早期人工智能的研究资金主要由政府及军方提供，但由于技术瓶颈和未达预期，最终政府及军方停止了投入，AI 经历了第一次寒冬。然而，在 20 世纪 80 年代，以知识推理和专家系统为代表的 AI 技术再度引起人们的热情。尽管 LISP（列表处理）机市场崩溃和专家系统进展缓慢导致 AI 进入第二次寒冬，但这一时期的知识工程理论仍为后续的 AI 发展奠定了基础。

5. 连接主义与神经网络

连接主义（仿生学派）认为 AI 的关键在于模拟人脑神经元之间的连接机制和学习算法。20 世纪 80 年代，随着反向传播算法的推出，神经网络得以复兴。连接主义通过模拟大脑神经网络的结构和功能来实现 AI，强调从大量的数据中学习并优化网络连接。深度学习作为连接主义的一个重要分支，在后续发展中取得了巨大成功。

6. 深度学习技术突破

深度学习技术基于人工神经网络，模拟人脑的学习过程。2006 年，加拿大计算机科学家杰弗里·辛顿提出了深度信念网络，解决了深层网络难以收敛的问题，为深度学习技术的突破奠定了基础。2012 年，Alex Krizhevsky 在卷积神经网络中引入 ReLU（修正线性单元）激活函数，在 ImageNet 图像识别大赛中获得了压倒性胜利，推动了深度学习在图像识别领域的快速发展。深度学习技术的突破性进展推动了 AI 在多个领域的广泛应用。

7. 广泛应用与战略地位

近年来，AI 技术已经渗透到各行各业，包括医疗健康、金融、制造业、教育、交通、农业等。在医疗健康领域，AI 技术可以辅助医生进行疾病诊断和治疗方案制定；在金融领域，AI 技术可以优化风险评估和投资决策；在制造业领域，AI 技术可以实现生产线的智能化改造和效率提升。全球范围内，AI 领域的投资持续增长，越来越多的国家将 AI 发展列入国家战略，以推动 AI 技术的研发和应用。我国政府也高度重视 AI 技术的发展，出台了一系列政策文件，为 AI 产业的健康发展提供了政策保障。

总之，人工智能的发展历程经历了理论奠基与模型创建、控制论与图灵测试、学科诞生与符号主义、第一次寒冬与专家系统、连接主义与神经网络、深度学习技术突破以及广泛应用与战略地位等多个阶段，正逐步改变我们的生活和社会，引领未来的科技发展趋势。

1.2 人工智能的主要研究领域

人工智能的主要研究领域包括机器学习、自然语言处理、计算机视觉等。

▶▶▶ 1.2.1 机器学习

1. 机器学习基本原理

机器学习作为人工智能的核心技术体系，通过建立数据驱动型算法模型，使计算机系统能够从经验数据中自动发现潜在规律，并基于这些规律进行智能决策与预测。该技术体系的核心特征在于摆脱传统程序设计中显式规则的定义，转而通过数据特征与目标函数之间的关系建模，实现自主知识发现。

根据学习范式的不同，机器学习可分为三类：监督学习、无监督学习和强化学习。监督学习通过标注数据建立输入与输出的映射关系，典型算法包括线性回归、支持向量机等；无监督学习致力于发现未标注数据的固有结构，常用方法有聚类分析和主成分分析；强化学习通过与环境的动态交互实现策略优化。这些方法已在图像识别、语音处理、自然语言理解等领域得到广泛应用。

机器学习模型的构建遵循参数优化范式：首先确立反映预测误差的损失函数，进而通过梯度下降等优化算法调整模型参数，最终获得最小化损失函数的最优解。在这一过程中，特征工程的质量直接影响模型性能。传统机器学习依赖领域专家进行人工特征设计，包括数据清洗、特征构造、维度约减等复杂的预处理流程。

2．深度学习技术演进

作为机器学习的重要分支，深度学习通过构建深层神经网络架构，模拟生物神经系统的信息处理机制。其"深度"特征体现在多层非线性变换单元的级联结构中，典型模型包括卷积神经网络、循环神经网络及其改进型长短期记忆网络。

与传统机器学习相比，深度学习展现出两大核心优势：首先，通过逐层特征抽象机制，底层网络自动提取数据的基础特征（如边缘、纹理），高层网络组合生成语义特征（如物体部件、整体形态），实现端到端的特征学习；其次，在处理高维度、非结构化数据（如图像、音频、文本）时，其分布式表征能力显著优于依赖人工特征的传统方法。

从方法论维度看，深度学习和传统机器学习存在显著差异。在特征处理方面，传统机器学习方法依赖专家知识指导的特征工程，而深度学习通过反向传播算法自动优化特征提取过程；在模型复杂度方面，传统机器学习方法通常构建浅层学习模型（如支持向量机的最大间隔超平面），而深度学习通过多层非线性变换建立高度复杂的函数映射。

需要强调的是，所有深度学习本质上都属于机器学习范畴，但反之并不成立。这种包含关系体现在两者均遵循数据驱动建模范式，以损失函数最小化为优化目标，使用梯度类算法进行参数更新。然而，深度学习在模型架构、特征学习机制以及计算范式上的创新，使其在处理复杂模式识别任务时展现出显著优势，特别是在计算机视觉、自然语言处理等领域取得了突破性进展。

从基于先验知识的显式规则系统到数据驱动的浅层学习模型，最终发展为具备自主特征学习能力的深度神经网络，这种技术演进路径反映了人工智能发展的内在规律，不仅提升了模型的表达能力，更推动了人工智能从专用领域向通用领域拓展的技术革命。

▶▶▶ 1.2.2　自然语言处理

自然语言处理（Natural Language Processing，NLP）是人工智能领域的重要研究方向，融合了语言学、计算机科学、机器学习、数学、认知心理学等多个学科领域的知识，是一门集计算机科学、人工智能和语言学于一体的交叉学科。NLP 包含自然语言理解和自然语言生成两个主要方面，研究内容包括字、词、短语、句子、段落和篇章等多种层次，旨在使机器理解、解释并生成人类语言，实现人机之间的有效沟通，从而使计算机能够执行语言翻译、情感分析、文本摘要等任务。NLP 处理文本的基本流程如图 1-4 所示，主要包括文本预处理、特征提取和模型训练与评估。

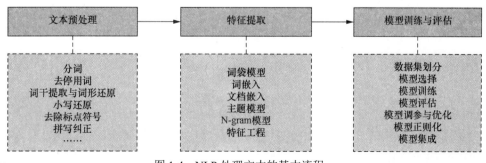

图 1-4　NLP 处理文本的基本流程

1. 文本预处理

文本预处理是自然语言处理的基础步骤，其主要目的是将原始的文本数据转换为易于分析和建模的形式。文本预处理步骤至关重要，因为它直接影响后续分析和模型的效果。文本预处理主要包括分词、去停用词、词干提取与词形还原、小写还原、去除标点符号、拼写纠正以及其他预处理步骤。

通过一系列预处理步骤，原始文本数据被转换为结构化且易于分析的形式，为后续的特征提取、模型训练与评估奠定了坚实基础。文本预处理看似简单，但每一步都具有其复杂性和技术挑战，需要根据具体的应用场景和需求进行调整和优化。

2. 特征提取

特征提取是 NLP 中的关键步骤之一。其目的是从预处理后的文本中提取有意义的特征，以便后续的模型能够更好地理解和学习文本数据。特征提取的质量直接影响模型的性能，因此选择合适的特征提取方法至关重要。特征提取方法包括词袋模型、词嵌入、文档嵌入、主题模型、N-gram 模型和特征工程。

通过上述特征提取方法和特征工程技术，可以从文本数据中提取丰富的特征，为后续的模型训练和评估奠定坚实的基础。特征提取不仅是一个技术问题，还需要结合具体的应用场景和任务需求进行不断调整和优化。

3. 模型训练与评估

完成文本预处理和特征提取之后，需要将这些特征输入机器学习或深度学习模型中进行训练与评估。模型训练的目的是使模型能够学习数据中的模式，从而在新数据上作出准确的预测。评估则是为了衡量模型的性能并进行优化和参数调整。模型训练与评估主要包括数据集划分、模型选择、模型训练、模型评估、模型参数调整与优化、模型正则化和模型集成。

通过上述步骤，能够有效地训练和评估 NLP 模型，确保其在实际应用中的性能。模型训练与评估不仅是一个技术问题，更需要不断地实验和优化，以找到最适合具体任务的解决方案。

自然语言处理作为人工智能的核心技术，通过语言建模、语义解析与生成技术，实现了从基础语言理解到复杂交互能力的跨越式发展。其典型应用包括基于意图识别与知识图谱的智能客服系统，显著提升服务效率；依托词嵌入与深度学习的文本挖掘技术，支持金融舆情分析与医学文献挖掘；基于 Transformer 架构的神经机器翻译系统，打破语言壁垒，推动全球化协作；融合任务导向对话（如预订服务）与生成式预训练模型（如 GPT 系列）的智能助手，重塑人机交互范式。这些技术不仅将非结构化语言转化为可计算语义，更在商业服务、社会治理和跨文化交流中创造了显著价值。

▶▶▶ 1.2.3 计算机视觉

计算机视觉（Computer Vision，CV）是一门研究如何使机器"看"的科学。更具体地说，它研究如何使用摄像机和计算机代替人眼对目标进行识别、跟踪和测量等机器视觉操作，并进一步进行图像处理，使计算机处理的图像更适合人眼观察或传递给仪器检测。

1. 计算机视觉定义

计算机视觉是人工智能领域的一个重要分支，它融合了图像处理、模式识别和深度学习等多种技术，旨在模拟人类的视觉系统，使机器能够理解、解释和操作视觉信息。计算机视觉的基本原理包括图像获取、预处理、特征提取、分类识别以及高级理解等步骤。每一步都涉及复杂的数学运算和算法设计。通过这些步骤，计算机可以从图像或视频中提取有用的信息，并据此作出决策或执行相应的任务。

2. 计算机视觉的主要技术

计算机视觉的主要技术包括图像分类、目标检测、语义分割等。

（1）图像分类

图像分类是计算机视觉领域的基本任务之一，其目标是将输入的图像分配给某个预定义的类别（即标签）。

图像分类的基本原理是通过对图像的特征进行提取，并将这些特征与预先训练好的模型进行比较，从而判断图像所属的类别。常用的特征提取方法包括传统手工设计特征的机器学习方法和深度学习方法。机器学习方法在处理复杂图像时往往效果不佳，而深度学习方法通过构建深度神经网络，可以自动从图像中学习到更具识别度的特征。

图像分类的算法模型有很多种，其中最常见的是卷积神经网络（CNN）。CNN是一种专门用于处理图像数据的神经网络模型，它通过卷积层、池化层和全连接层等组件提取图像特征，然后将这些特征输入分类器中进行分类。图 1-5 是 LeNet-5 卷积网络结构图，它是一种最基础的卷积网络模型，由 Yann LeCun 等于人 1998 年提出，主要用于手写数字识别任务，也可用于其他图像识别任务。LeNet-5 模型主要由输入层、卷积层、采样层、全连接层和输出层五个部分组成，其中卷积层和采样层交替排列。卷积层有多个不同的二维特征图，其中一个特征图提取一种特征，多个特征图提取多种特征。同一个特征图采用相同的卷积核，不同的特征图采用不同的卷积核，同一特征图的权值是共享的。采样层也称为特征映射层，对卷积层提取的特征进行子采样，保证提取特征的缩放不变性。

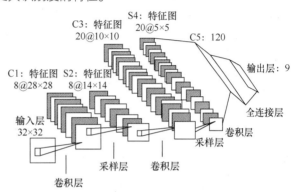

C1.进行卷积；S2.进行采样；C3.进行卷积；
S4.进行采样；C5.进行卷积。

图 1-5　LeNet-5 卷积网络结构图

（2）目标检测

目标检测是计算机视觉的核心任务之一，其目标是找出图像中所有感兴趣的目标（物体），并确定它们的类别和位置。图像分割、物体追踪、关键点检测等任务通常依赖目标检测。由于各类物体具有不同的外观、形状和姿态，加之成像时光照、遮挡等因素的干扰，目标检测一直是计算机视觉领域最具挑战性的任务之一。

常用的目标检测算法主要分为一阶段和两阶段目标检测算法两大类。一阶段目标检测算法通常将候选框的生成和分类/回归合并为一个步骤。常见的一阶段目标检测算法有 YOLO、SSD 等。其中，YOLO 系列算法已从 YOLOv1 发展到 YOLOv11。YOLOv1 模型结构如图 1-6 所示。它将检测建模划分为一个回归问题，将图像划分为 $S \times S$ 个网格，并为每个网格单元预测 B 个边界框和 C 类概率。这些预测最终被编码为一个 $S \times S \times (B \times 5 + C)$ 的张量。这些算法直接在特征图上生成候选框，并对每个候选框进行分类和回归，以确定目标的位置和类别。两阶段目标检测算法通常包括两个步骤：第一步是生成候选框，第二步是对候选框进行分类和回归。常见的两阶段目标检测算法有 R-CNN、Fast R-CNN 和 Faster R-CNN 等。这些算法在第一步中使用选择性搜索（Selective Search）或者区域候选网络（Region Proposal Network，RPN）生成候选框，然后在第二步对每个候选框进行分类和回归，以确定目标的位置和类别。

一阶段目标检测算法通常具有更快的计算速度和更低的计算复杂度，但可能会牺牲一些精度。两阶段目标检测算法通常可以更好地处理复杂的场景，但计算速度较慢。

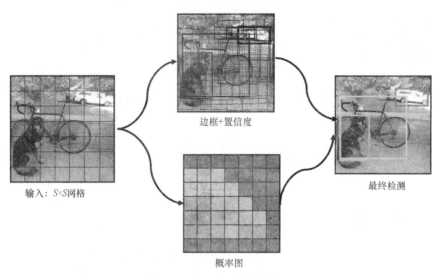

输入：$S×S$网格　　边框+置信度　　最终检测　　概率图

图1-6　YOLOv1 模型结构

（3）语义分割

语义分割（Semantic Segmentation）是计算机视觉中的一个重要任务，旨在将图像中的每个像素分配到一个特定的语义类别中。与目标检测不同，语义分割不仅关注物体的位置和边界框，还精确到每个像素的分类，实现对图像内容的深度理解。

常见的语义分割算法主要有全卷积神经网络（Fully Convolutional Networks，FCN）、U-Net、DeepLab 和 Mask R-CNN 等。其中，FCN 是 Jonathan Long 等人在 2015 年提出的语义分割框架，是深度学习用于语义分割领域的开山之作。该算法采用端到端的训练，其模型结构如图 1-7 所示。首先进行前向传播提取特征，即输入图像进入神经网络后，第一个卷积层将图像由三

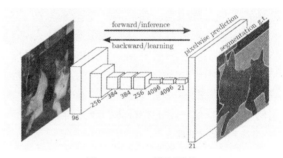

图1-7　FCN 模型结构

通道转变为 96 通道的特征图，第二个卷积层转换成 256 通道，第三个卷积层转化成 384 通道，直到最后一个卷积层变成 21 通道，每个通道对应不同的分割类型。每经过一层卷积都会对图像进行一次宽高减半的下采样；然后采用上采样恢复图像尺寸，将其扩大到与原图像尺寸相同的大小，并逐像素预测类别。最后将预测图和真实标签进行对比，通过反向传播不断优化结果。图中 forward/inference 表示前向传播，是进行特征学习的过程；backward/learning 表示反向传播，是进行预测推理的过程；pixelwise prediction 表示逐像素预测；segmentation g.t.表示真实标签。U-Net 是基于 FCN 的编码器-解码器框架，该算法的编码器部分采用经典的 CNN 结构，解码器部分则采用了上采样和跳跃连接的操作，以将语义信息传递回输入图像的各个位置。该框架可以有效地解决语义分割中轮廓不清晰的问题。DeepLab 是基于 FCN 的另一种语义分割算法。与FCN 不同的是，DeepLab 采用空洞卷积来扩大感受野，从而有效处理了语义信息缺失的问题。此外，DeepLab 还使用多尺度输入和条件随机场进行后处理，以进一步提高语义分割的精度。近几年，DeepLab 已经从 DeepLabv1 发展到 DeepLabv3+。Mask R-CNN 是一种基于目标检测的语义分割方法。该算法将目标检测的框架与 FCN 的语义分割方法相结合，可以同时识别图像中的多个目标，并将它们标注为各自的语义类别。Mask R-CNN 能够确定目标的形状和边缘，这对于边界的准确识别很有帮助。

3. 计算机视觉应用领域

计算机视觉技术已经在多个领域得到了广泛应用，包括但不限于以下几个方面。

（1）自动驾驶：计算机视觉技术被用于车辆定位、道路识别、障碍物检测和跟踪等任务，以实现自动驾驶的功能。

（2）人脸识别：计算机视觉技术可用于检测和识别人脸，并应用于安全系统，如门禁系统，以及政府机构、学校等场合。

（3）医学影像分析：计算机视觉技术可以帮助医生通过医学影像自动检测各种病症，如肿瘤、中风、骨折和皮肤病变等。

（4）虚拟现实：利用计算机视觉技术实现虚拟环境的精准重现。

（5）机器人：机器人的导航、定位和物体识别依赖于计算机视觉技术的支持。

（6）无人机：无人机利用计算机视觉技术实现目标检测和跟踪等功能。

此外，计算机视觉还应用于工业自动化、智能制造、智能分拣、物体识别和分类、图像搜索以及视频内容分析等领域。

1.3 人工智能的现状与未来趋势

人工智能的现状与未来趋势呈现出一种快速发展和广泛应用的态势。

1.3.1 人工智能的现状

1. 市场规模

据中研普华产业研究院报告《2024—2029年中国人工智能行业发展前景分析与深度调查研究报告》分析，近年来，全球 AI 市场规模持续增长。据艾瑞咨询等机构的统计，我国 AI 市场规模在 2023 年已达到数千亿元，并预计未来几年内保持高速增长。随着 AI 技术在各行各业的广泛应用，其市场规模将进一步扩大。

2. 竞争格局

全球 AI 市场竞争激烈，国内外企业纷纷加大投入，推动技术创新和应用拓展。百度、科大讯飞、腾讯、阿里巴巴等国内企业在 AI 领域取得了显著成果，成为行业领军企业。同时，国外企业如谷歌、亚马逊、IBM 等也在全球 AI 市场中占据重要地位。

3. 政策环境

各国政府高度重视 AI 技术的发展，纷纷出台相关政策支持 AI 产业的创新和应用。我国政府发布了《新一代人工智能发展规划》，明确提出到 2030 年成为世界主要人工智能创新中心的目标。同时，国家和地方政府还出台了一系列政策，实施了资金支持措施，鼓励 AI 技术研发、产品创新和市场应用。

4. 技术进步

AI 技术在自然语言处理、计算机视觉、机器学习等领域取得了显著突破。深度学习、强化学习等算法的不断优化，使 AI 系统的性能不断提升。同时，AI 芯片等硬件设备的持续升级，也为 AI 技术的发展提供了有力支撑。

5. 市场需求

随着 AI 技术的广泛应用，市场需求也在持续增长。在医疗、金融、教育、交通等领域，AI 技术正在改变传统的业务模式和服务方式，提升行业效率和服务质量。同时，消费者对 AI 产品的需求也在不断增加，推动了 AI 市场的快速发展。

6. 挑战与机遇

尽管 AI 技术在多个领域取得了应用进展，但在工程落地过程中仍面临许多挑战，主要体现在以下几个方面：

数据问题：AI 依赖大量高质量的数据进行训练，但许多行业仍面临数据获取困难、数据质量差和数据隐私等问题。数据的标注和处理也是 AI 工程实现的瓶颈之一，一些细分领域的数据难以获取或标注成本过高的问题尤其突出。

算法的可解释性和透明度：尽管深度学习和其他 AI 算法取得了显著成果，但其"黑箱"性质仍然是一个主要问题。许多 AI 决策过程缺乏可解释性，导致不透明和缺乏信任。这一问题在一些关键领域（如医疗、金融）尤为突出，因为 AI 的决策可能影响人们的生命和财产安全。

技术标准与法规：AI 的快速发展在一定程度上超出了现有法规和伦理框架的约束。许多国家和地区的法律和监管框架尚未适应 AI 技术的发展需求。在数据隐私、AI 伦理等方面，现有的法律和政策滞后于技术的发展，且缺乏统一的国际标准。

跨领域协作的难度：AI 工程往往需要跨学科的合作，包括计算机科学、数学和各细分专业。但不同领域的技术壁垒和理解差异通常导致协作困难，影响技术的实际落地。

技术与市场的匹配问题：尽管 AI 在某些技术层面取得了突破，但许多技术在实际应用中仍未能满足市场的需求。例如，自动驾驶技术仍面临技术、法律、伦理等多方面的挑战，短期内难以大规模落地。

▶▶▶ 1.3.2 人工智能的未来趋势

1. 技术持续创新与突破

（1）多模态融合与推理能力增强

AI 系统正在逐步实现对文本、图像、音频、视频等多种模态信息的融合处理，从而增强对复杂信息的理解和推理能力。这种多模态融合技术将促进 AI 在更多领域的应用，如医疗影像分析、智能客服、虚拟现实等。

（2）生成式 AI 技术的广泛应用

生成式 AI 技术，如生成对抗网络（GAN）、变分自编码器（VAE）等，正在逐步应用于图像生成、文本创作、音乐生成等领域。这些技术将为用户提供更个性化、定制化的服务，如 AI 生成个性化旅游攻略、AI 创作音乐作品等。

（3）小模型与大模型的结合

小模型具有高效、精准的优势，能够在特定任务上实现出色的性能，与大模型结合将进一步提升 AI 的效率和准确性，同时降低计算成本和能耗。

（4）量子计算在 AI 领域的应用

量子计算机具有强大的并行计算能力，有望在 AI 领域发挥重要作用。通过量子计算，AI 系统可以更快地处理大规模数据，加速模型训练和推理过程。

（5）联邦学习与隐私保护

随着 AI 技术的广泛应用，数据隐私保护成为一个重要问题。联邦学习是一种分布式机器学习方法，可以在保护用户隐私的同时进行模型训练。未来，联邦学习将在 AI 领域得到更广泛的应用。

（6）模型压缩与轻量化

为了降低 AI 系统的计算成本和能耗，模型压缩与轻量化技术正在逐步发展。通过剪枝、量化等方法，可以在不牺牲过多性能的前提下减小模型的大小并降低计算复杂度。

2. 应用场景拓展与融合

（1）AI 与物联网（IoT）的融合

随着物联网技术的普及，AI 与物联网的融合将成为一个重要趋势。通过 AI 技术，物联网设备可以实现更智能化的控制和管理，如智能家居、智能工厂等。

（2）AI 在医疗领域的深入应用

AI 技术正在逐步应用于医疗诊断、治疗、康复等多个环节。未来，AI 将帮助医生更准确地诊断疾病、制定治疗方案，并优化患者的康复过程。

（3）AI 在教育领域的创新应用

AI 技术正在改变教育方式和学习体验。通过 AI 技术可以实现个性化教学、智能辅导和在线学习等新型教育模式，从而提高教育质量和效率。

3. 治理与伦理框架的完善

（1）AI 伦理规范的制定

随着 AI 技术的广泛应用，伦理问题日益凸显。未来需要制定更完善的 AI 伦理规范，以确保 AI 技术的合规性和安全性。

（2）数据安全与隐私保护

数据是 AI 系统的基础，未来需要加强数据安全与隐私保护技术的研究和应用，以防止数据泄露和滥用。

（3）AI 治理框架的构建

为了确保 AI 技术的健康发展，未来需要构建包括政策、法律、技术在内的综合治理框架。这需要政府、企业、学界等的共同努力。未来，随着技术的不断进步和应用场景的不断拓展，AI 将在更多领域发挥重要作用，并为人类社会的可持续发展贡献力量。

习题

1. 简述人工智能的发展历程，并分析其未来发展趋势。
2. 讨论人工智能发展过程中面临的伦理挑战，并提出可能的解决方案。

第2章
机器学习基础

【学习目标】
- 掌握机器学习基础概念。
- 理解机器学习的基本原理。
- 了解机器学习的典型应用案例。

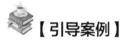
【引导案例】

机器学习如何让电商平台"读懂"用户需求?

随着电商行业竞争加剧,用户行为数据呈指数级增长,传统人工分析难以应对海量信息的实时处理需求。机器学习技术凭借其强大的数据挖掘与模式识别能力,成为电商平台破解用户行为"黑箱"、提升运营效率的核心工具。从早期的推荐系统到如今的个性化营销,机器学习正逐步重构电商行业的决策逻辑。某头部电商平台面临用户活跃度下滑、复购率降低的困境,技术人员提出了监督学习与无监督学习协同应用的方案。

通过监督学习识别高流失风险用户,制定挽留策略。首先整合用户历史行为数据(登录频率、加购次数、优惠券使用率)与标签(是否流失),然后采用逻辑回归模型分析关键特征对流失的影响,最后向预测为高风险的用户定向推送"限时折扣"或"专属客服"。3个月后,用户流失率降低了12%。

通过无监督学习挖掘用户群体的隐藏特征,细分用户群体,实现精细化运营。对标准化用户消费金额、活跃时段、品类偏好等指标进行数据预处理,然后基于聚类分析将用户划分为高频高消型、促销敏感型、夜间活跃型、低频观望型。针对不同群体设计营销活动后,用户平均客单价提升了18%,促销敏感型用户复购率增长了23%。

本例通过监督学习实现精准预测,替代人工主观判断,实现从"经验驱动"到"数据驱动";通过无监督学习挖掘群体差异,支撑个性化运营,实现从"千人一面"到"千人千面";通过数据、算法、评估的闭环迭代,最终服务于用户留存与GMV(商品交易总额)增长,为业务赋能。机器学习并非替代人类决策,而是通过高效挖掘数据规律,将业务问题转化为可量化的技术方案,为商业决策提供科学依据。

2.1 机器学习的基本概念与原理

▶▶▶ 2.1.1 机器学习的基本概念

机器学习研究的是计算机如何模拟人类的学习行为，以获取新的知识或技能，并重新组织已有的知识结构，从而不断改善自身。简单来说，就是计算机从数据中学习规律和模式，并将其应用于新数据，以完成预测任务。近年来，随着互联网数据的爆炸式增长，数据的丰富度和覆盖面远远超出人类可以观察和总结的范畴，而机器学习算法能够引导计算机从海量数据中挖掘出有用的价值。这使得无数学习者为之着迷。

机器学习基础

机器学习是一种专注于从数据中寻找模式并利用这些模式进行预测的研究领域和算法类别。它是人工智能领域的重要分支，致力于设计算法和统计模型，使计算机系统能够从输入的数据中学习并改进其性能，而无须明确编程。需要注意的是，并非所有问题都适合用机器学习解决（许多逻辑清晰的问题通过规则就可以高效且准确地处理），同时也没有任何一种机器学习算法可以适用于所有问题。

▶▶▶ 2.1.2 机器学习的基本原理

机器学习的基本原理可以概括为：使用算法从大量数据中提取特征，建立模型，然后应用这些模型对新数据进行预测或分类。图 2-1 所示为机器学习的工作流程，包括输入、特征提取、分类和输出。通过设计特定的算法，对输入数据进行特征提取，然后通过分类器对提取的特征进行分类，最终输出预测结果。数据是机器学习的基础。这些数据可以是结构化数据，如数据库中的表格；也可以是非结构化数据，如文本、图像、音频。数据的质量和数量对机器学习模型的性能具有至关重要的影响。

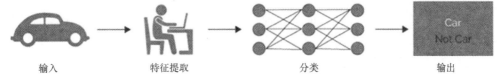

输入　　　　　特征提取　　　　　分类　　　　　输出

图 2-1　机器学习的工作流程

算法是机器学习的核心部分，它决定了如何从数据中提取有用信息。常见的机器学习算法包括线性回归、决策树、支持向量机、神经网络等。每种算法都有其适用的场景和优缺点。

模型是算法通过数据训练得到的结果，它代表了数据的内在规律和模式。模型可以用于对新数据进行预测或分类。

评估方法用于衡量模型的性能。通常我们会将数据集分为训练集和测试集，用训练集训练模型，用测试集评估模型的性能。常见的评估指标包括准确率、召回率、$F1$ 值等。

2.2 监督学习与无监督学习

监督学习（Supervised Learning）和无监督学习是机器学习中的两种基本方法，它们在多个方面存在显著的差异。

▶▶▶ 2.2.1　监督学习

1. 什么是监督学习

监督学习是机器学习中的一种重要方法，其核心在于通过已有输入数据与输出数据之间的对应关系生成一个函数，该函数能够将新的输入映射到合适的输出。在监督学习中，算法会观察训练范例，即输入和预期输出的组合，进而预测新输入的输出。

在监督学习中，训练数据既包含特征（feature），也包含标签（label）。通过训练，机器可以自动找到特征和标签之间的联系，从而在面对只有特征而没有标签的数据时，判断出对应数据的标签。图 2-2 所示的是监督学习的原理：首先，将带有标签的原始数据划分为训练数据和测试数据两部分；然后，在利用训练数据进行训练的过程中，通过计算损失不断调整模型参数；接着利用测试数据对训练出的模型进行评估；最后，使用训练好的模型对新数据进行结果预测并输出其标签。

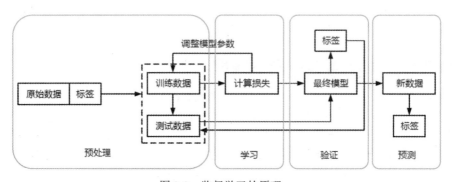

图 2-2　监督学习的原理

2. 监督学习的类别

监督学习的任务主要包括分类和回归两种。在监督学习中，数据集中的样本被称为"训练样本"，每个样本都有一个输入特征和相应的标签（用于分类任务）或目标值（用于回归任务）。

（1）分类（Classification）：分类任务的目标是将输入数据分到预定义的类别中。每个类别都有一个唯一的标签。算法在训练阶段通过学习输入特征和标签之间的关系构建模型。在测试阶段，模型用于预测新数据的类别标签。例如，将电子邮件标记为"垃圾邮件"或"非垃圾邮件"，或者将图像识别为"猫"或"狗"。

（2）回归（Regression）：回归任务的目标是预测连续数值的输出。与分类不同，在回归任务中，输出值是连续的。在训练阶段，算法通过学习输入特征和相应连续输出之间的关系构建模型。在测试阶段，模型用于预测新数据的输出值，例如预测房屋的售价或销售量。

3. 常见的监督学习算法

监督学习算法种类众多，有着极其广泛的应用，下面是一些常见的监督学习算法。

（1）支持向量机（Support Vector Machine，SVM）：SVM 是一种用于二分类和多分类任务的强大算法，它通过找到一个最优的超平面将不同类别的数据分隔开。SVM 在高维空间中表现良好，并且可以应用于线性和非线性分类问题。

（2）决策树（Decision Trees）：决策树是一种基于树结构的分类和回归算法。它通过在特征上进行递归的二分决策来进行分类或预测。决策树易于理解和解释，并且对数据的处理具有良好的适应性。

（3）逻辑回归（Logistic Regression）：逻辑回归是一种广泛用于二分类问题的线性模型。

尽管名字中带有"回归"二字，但它主要用于分类任务。逻辑回归输出预测的概率并使用逻辑函数将连续输出映射到[0,1]的范围内。

（4）K近邻算法（K-Nearest Neighbors，KNN）：KNN是一种基于实例的学习方法，它根据距离度量对新样本进行分类或回归预测。KNN使用最近K个训练样本的标签来决定新样本的类别。

4. 监督学习的应用场景

监督学习是最常见的机器学习方法之一，在各个领域都有广泛的应用。它的成功在很大程度上得益于其能够从带有标签的数据中学习，并对未见过的数据进行预测和泛化。

（1）图像识别：监督学习在图像识别任务中非常常见，例如将图像分类为不同的物体、场景或动作，或者进行目标检测以找出图像中特定对象的位置。

（2）自然语言处理：在自然语言处理任务中，监督学习被用于文本分类、情感分析、机器翻译、命名实体识别等。

（3）语音识别：监督学习在语音识别领域被广泛应用，例如将语音转换为文本、识别说话者等。

（4）医学诊断：在医学领域，监督学习可以用于疾病诊断、影像分析、药物发现等。

5. 监督学习的优缺点

优点：可以通过大量已标记数据训练模型，使模型的预测结果更加准确。

缺点：需要大量的已标记数据，而且需要人工进行标记；模型只能预测已知类别，对于类别未知的数据无法进行有效预测。

▶▶▶ 2.2.2 无监督学习

1. 什么是无监督学习

无监督学习是机器学习的另一种重要方法，用于发现数据中的特定模式。与监督学习不同，无监督学习算法处理的数据是没有标签的，因此在学习时并不知道分类结果是否正确。无监督学习的特点是传递给算法的数据在内部结构中非常丰富，但用于训练的目标和奖励非常稀少。图2-3展示了无监督学习的原理：训练数据（无标签）通过机器学习算法自动发现数

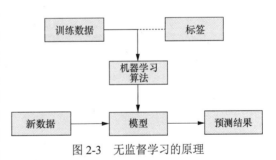

图2-3　无监督学习的原理

据内在模式，构建特征表征模型；当新数据输入时，模型基于学习到的潜在规律生成预测结果。此过程强调从无标注数据中自主挖掘知识，与监督学习依赖人工标签的本质区别在于，其"标签"由算法动态生成的抽象数据结构，而非预先定义的目标值。无监督学习广泛应用于客户分群、异常检测等场景。

2. 无监督学习的类别

无监督学习的特点是训练数据中没有标签或目标值，其目标是从数据中发现隐藏的结构和模式，而不是预测特定的标签或目标值。无监督学习主要包括以下几种类型。

（1）聚类（Clustering）：聚类是将数据样本分成相似的组别或簇的过程。它通过计算样本之间的相似性来将相似的样本聚集在一起。聚类是无监督学习中最常见的任务之一，常用于数据分析、市场细分、图像分割等场景。

（2）降维（Dimensionality Reduction）：降维是将高维数据转换为低维数据进行表示的过程，

同时尽可能保留数据的特征。降维技术可以降低数据的复杂性，去除冗余信息，可用于数据可视化、特征提取等场景。常见的降维方法有主成分分析（PCA）和 t-SNE 等。

（3）关联规则挖掘（Association Rule Mining）：关联规则挖掘用于发现数据集中项之间的关联和频繁项集。这些规则描述了数据集中不同项之间的关联性，通常在市场篮子分析、购物推荐等方面应用广泛。

（4）异常检测（Anomaly Detection）：异常检测用于识别与大多数样本不同的罕见或异常数据点，在检测异常事件、欺诈检测、故障检测等场景中有着重要作用。

无监督学习在数据挖掘、模式识别、特征学习等领域中发挥着重要作用。通过挖掘数据中的结构和模式，无监督学习能帮助我们更好地理解数据，从中提取有用的信息，并为其他任务提供有益的预处理步骤。

3. 常见的无监督学习算法

无监督学习算法在不同的问题和数据集上有广泛的应用。它能从未标记的数据中发现有用的结构和模式，在数据处理、可视化、聚类、降维等任务中发挥重要作用。以下是一些常见的无监督学习算法。

（1）K 均值聚类（K-Means Clustering）：K 均值聚类是一种常用的聚类算法，它将数据样本分成 K 个簇，使每个样本与所属簇中心的距离最小。

（2）主成分分析（Principal Component Analysis，PCA）：PCA 是一种常用的降维算法，它通过线性变换将高维数据投影到低维空间，同时保留数据最重要的特征。

（3）关联规则挖掘：关联规则挖掘是一种发现数据集中项之间关联关系的方法，常用于市场篮子分析、购物推荐等场景。

（4）异常检测：异常检测算法用于识别与大多数样本不同的罕见或异常数据点。常见的异常检测方法包括基于统计的方法、基于聚类的方法和基于模型的方法。

4. 无监督学习的应用场景

无监督学习在数据挖掘、模式识别、特征学习等应用场景中发挥着重要作用。通过无监督学习，我们可以从未标记的数据中获得有用的信息和洞察，为其他任务提供有益的预处理步骤。

（1）聚类与分组：无监督学习中的聚类算法可以将数据样本分成相似的组别或簇，例如在市场细分中将顾客分成不同的群体，在图像分割中将图像区域分割成不同的物体等。

（2）特征学习与降维：无监督学习的降维算法（如 PCA 和 t-SNE）可以用于特征学习和可视化高维数据，例如图像、音频和自然语言的处理，以及数据压缩和可视化。

（3）异常检测：无监督学习中的异常检测算法可发现与大多数数据样本不同的罕见或异常数据点，这在欺诈检测、故障检测和异常事件监测等场景中具有重要作用。

（4）关联规则挖掘：无监督学习的关联规则挖掘算法可用于发现数据集中项之间的关联，常应用于市场篮子分析、购物推荐等场景。

5. 无监督学习的优缺点

优点：无须标记大量数据，降低了数据标记的成本。

缺点：无法利用标记数据进行训练，因此预测结果可能不够准确；很难对生成的结果进行验证和解释，需要人工进行进一步分析。

▶▶▶ 2.2.3 半监督学习

半监督学习是介于监督学习和无监督学习之间的一种学习方式。

1. 什么是半监督学习

半监督学习利用同时包含有标签和无标签的数据来构建模型，使模型能够在测试阶段更好地泛化到新的、未见过的数据。与监督学习不同的是，半监督学习的训练数据中只有一小部分带有标签，大部分没有标签。通常情况下，获取带有标签的数据成本较高且耗费大量的时间，而采集无标签的数据则相对容易且便宜。

图 2-4 所示的是半监督学习的原理：训练集中同时包含少量有标签样本和大量无标签样本，模型通过双重学习范式进行训练；训练完成后，模型不仅能够对有标签数据做出准确预测，还可以通过标签传播或伪标签生成机制为无标签数据推断预测标签。这种协同学习策略显著缓解了监督学习对标注数据的高度依赖。

在半监督学习中，未标注数据具有两个重要作用：

利用未标注数据的信息：未标注数据可能包含对数据分布、结构和隐含特征的有用信息，这些信息可以帮助模型更好地进行泛化。

利用标注数据的传播效应：通过标注数据与未标注数据之间的数据分布相似性，可以传播标签信息到无标签样本，进而增强模型的性能。

半监督学习是一个非常有意义且具有挑战性的问题，它在现实世界的许多场景中都具有实际应用价值。通过充分利用未标注数据，半监督学习可以在某些情况下显著提高模型的性能，有助于在数据有限的情况下构建更加健壮且更具泛化能力的机器学习模型。

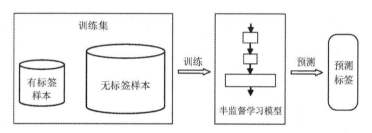

图 2-4　半监督学习的原理

2. 半监督学习的类别

半监督学习是介于监督学习和无监督学习之间的一种学习方式，它利用同时包含有标签和无标签数据的训练集构建模型。半监督学习的类别主要分为以下几种。

（1）半监督分类（Semi-supervised Classification）：在半监督分类中，训练数据中同时包含有标签样本和无标签样本。模型的目标是利用这些有标签样本和无标签样本的分布信息来提高分类性能。半监督分类算法可以在分类任务中利用未标注数据扩展有标签数据集，从而提高模型的准确性。

（2）半监督回归（Semi-supervised Regression）：半监督回归与半监督分类类似，但其应用于回归问题。模型通过有标签样本和无标签样本进行训练，以提高对未标记数据的回归预测准确性。

（3）半监督聚类（Semi-supervised Clustering）：半监督聚类算法将有标签样本和无标签样本同时用于聚类任务，通过数据的相似性信息和标签信息更好地识别潜在的簇结构。

（4）半监督异常检测（Semi-supervised Anomaly Detection）：半监督异常检测旨在从同时包含正常样本和异常样本的数据中，利用有限的标签信息检测异常，适用于异常样本较少的情况。

（5）生成对抗网络（GAN）中的半监督学习：GAN 可以用于实现半监督学习。在这种情况下，生成器和判别器网络使用有标签和无标签的样本，以提高生成模型的性能。

半监督学习是一种具有挑战性的学习范式，因为它需要在充分利用未标注数据的同时防止过度拟合。在实际应用中，根据问题的性质和可用的数据选择适当的半监督学习方法可以帮助提高模型的性能和泛化能力。

3. 常见的半监督学习算法

半监督学习算法可以在不同的问题和数据集上发挥作用。选择合适的半监督学习算法取决于问题的特性、可用的有标签和无标签数据量，以及算法的性能和复杂度要求。半监督学习在数据有限或数据标记成本高昂的场景下具有重要的应用价值。以下是一些常见的半监督学习算法。

（1）自训练（Self-Training）：自训练是一种简单的半监督学习方法。它通过使用有标签数据训练一个初始模型，然后使用该模型对无标签数据进行预测，将置信度较高的预测结果作为伪标签，并将无标签数据添加到有标签数据中重新训练模型。

（2）协同训练（Co-Training）：协同训练是一种使用多个视图或特征的半监督学习方法。它将数据划分为两个或多个视图，并在每个视图上独立训练模型，然后让模型之间进行交互并使用对方的预测结果来增强训练。

（3）半监督支持向量机（Semi-Supervised Support Vector Machines）：半监督支持向量机是一种基于支持向量机的半监督学习方法。它利用有标签数据和无标签数据之间的关系来学习一个更好的分类器。

（4）生成式半监督学习（Generative Semi-Supervised Learning）：这类方法尝试使用生成模型建模数据的分布，并利用有标签和无标签数据共同训练生成模型，以提高对未标记数据的预测能力。

（5）半监督深度学习：近年来，许多深度学习方法扩展到半监督学习。这些方法通过在深度神经网络中引入半监督性质，如半监督自编码器（Semi-Supervised Autoencoders）等，利用未标注数据的信息。

（6）图半监督学习（Graph-based Semi-Supervised Learning）：图半监督学习方法利用数据样本之间的关系来辅助半监督学习。该方法通常利用图模型或图卷积神经网络来利用数据的拓扑结构。

4. 半监督学习的应用场景

半监督学习在许多实际场景中具有重要的应用价值，尤其是在数据有限或数据标注成本高昂的情况下。以下是一些半监督学习的应用场景。

（1）自然语言处理：在自然语言处理任务中，获取大规模标注数据非常昂贵且费时。半监督学习可以利用少量有标签的文本数据和大量无标签文本数据，提高文本分类、情感分析、命名实体识别等任务的性能。

（2）图像识别和计算机视觉：在图像识别和计算机视觉领域，获取大规模标注图像数据可能较为困难。半监督学习可以在少量有标签图像和大量无标签图像上进行训练，从而提升图像分类、目标检测等任务的准确性。

（3）数据聚类：在聚类任务中，半监督学习能够结合有标签和无标签数据进行聚类，从而提高聚类结果的准确性和稳定性。

（4）医学图像分析和诊断：在医学图像分析和诊断中，获取大量标注的医学图像数据可能较为困难。半监督学习可以利用少量有标签医学图像和大量无标签医学图像上进行训练，提升医学图像分割、病变检测等任务的性能。

（5）机器人控制：在机器人控制领域，半监督学习可以帮助机器人在未知环境中实现自主决策和学习，从而增强其任务执行能力。

（6）图像生成和数据增强：在生成式模型中，半监督学习可以结合有标签数据和无标签数据训练模型，以提高生成模型的质量和多样性。

在这些场景中，半监督学习能够有效利用无标签数据的信息，帮助提高模型的性能和泛化能力。然而，半监督学习也面临挑战，例如如何有效利用无标签数据，避免过拟合和数据不平衡问题。在实际应用中，需要根据具体问题和数据情况选择适合的半监督学习方法。

5. 半监督学习的优缺点

优点：可以减少标注数据的数量，降低数据标注成本；可以利用未标注数据提高模型的预测能力，使预测结果更加准确。

缺点：需要大量未标注数据，可能导致模型过拟合，影响预测结果的准确性。无法有效处理未知类别的数据。

2.3 常见的机器学习算法

2.3.1 支持向量机

1. 间隔与支持向量

给定训练集 $D = \{(\boldsymbol{x}_1, y_1), (\boldsymbol{x}_2, y_2), \cdots, (\boldsymbol{x}_n, y_n)\}$，$y_i \in \{-1, +1\}$，分类学习最基本的思想就是基于训练集 D 在样本空间中找到一个划分超平面，将不同类别的样本分开。但是，能将训练样本分开的划分超平面可能有很多，如图 2-5 所示，那么应该选择哪一个呢？

机器学习算法

直观地，我们应该选择位于两类训练样本"正中间"的划分超平面（图中加粗部分），因为该划分超平面对训练样本局部扰动的"容忍性"最好。例如，训练集的局限性或噪声干扰可能使训练集外的样本比图中的训练样本更接近两类样本的分割界，这将导致许多划分超平面出现错误，但加粗的超平面受到的影响最小。换言之，

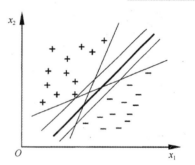

图 2-5 存在多个划分超平面将两类训练样本分开

这个划分超平面所产生的分类结果鲁棒性最好，对未见过样本的泛化能力最强。

在样本空间中，划分超平面可以用线性方程进行描述：

$$\boldsymbol{w}^\mathrm{T} \boldsymbol{x} + b = 0 \qquad (2\text{-}1)$$

其中，$\boldsymbol{w} = (w_1, w_2, \cdots, w_m)$ 为法向量，决定了超平面的方向；b 为位移项，决定了超平面与原点之间的距离。划分超平面由法向量 $\boldsymbol{w}$ 和位移 b 确定，我们可以将其写成 (w, b)，则样本空间中任意点 x 到超平面 (w, b) 的距离为：

$$r = \frac{|\boldsymbol{w}^\mathrm{T} \boldsymbol{x} + b|}{\|\boldsymbol{w}\|} \qquad (2\text{-}2)$$

假设超平面 (w, b) 可以正确分类训练样本，即 $(\boldsymbol{x}_i, y_i) \in D$，若 $y_i = +1$，则 $\boldsymbol{w}^\mathrm{T} \boldsymbol{x}_i + b > 0$；若 $y_i = -1$，则 $\boldsymbol{w}^\mathrm{T} \boldsymbol{x}_i + b < 0$；

$$\begin{cases} \boldsymbol{w}^\mathrm{T} \boldsymbol{x}_i + b \geqslant +1, \ y_i = +1 \\ \boldsymbol{w}^\mathrm{T} \boldsymbol{x}_i + b \leqslant -1, \ y_i = -1 \end{cases} \qquad (2\text{-}3)$$

如图 2-6 所示，距离超平面最近训练样本点使式（2-3）的等号成立，被称为"支持向量"（Support Vector），两个异类支持向量到超平面的距离之和为

$$r = \frac{2}{\|\boldsymbol{w}\|} \tag{2-4}$$

r 被称为 "间隔"（Margin）。

想要找到具有 "最大间隔"（Maximum Margin）的划分超平面，就要找到能满足式（2-3）中约束的参数 $\boldsymbol{w}$ 和 b，使得 r 最大，即

$$\max_{\boldsymbol{w},b} \frac{2}{\|\boldsymbol{w}\|}$$
$$\text{s.t. } y_i\left(\boldsymbol{w}^{\mathrm{T}}\boldsymbol{x}_i + b\right) \geqslant 1, \quad i=1,2,\cdots,m \tag{2-5}$$

显然，为了最大化间隔，只需要最大化 $\|\boldsymbol{w}\|^{-1}$，这等价于最小化 $\|\boldsymbol{w}\|^2$。于是，式（2-5）可以写为

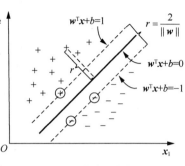

图 2-6　支持向量与间隔

$$\min_{\boldsymbol{w},b} \frac{1}{2}\|\boldsymbol{w}\|^2$$
$$\text{s.t. } y_i\left(\boldsymbol{w}^{\mathrm{T}}\boldsymbol{x}_i + b\right) \geqslant 1, \quad i=1,2,\cdots,m \tag{2-6}$$

2. 对偶问题

我们希望通过求解式（2-6）得到最大间隔划分超平面对应的模型：

$$f(x) = \boldsymbol{w}^{\mathrm{T}}\boldsymbol{x} + b \tag{2-7}$$

式中 $\boldsymbol{w}$ 和 b 是模型参数。式（2-6）是一个凸二次规划问题，可以直接用现成的优化计算包进行求解，但是我们可以有更好的方法。

对式（2-6）使用拉格朗日乘子法可得到其 "对偶问题"（dual problem）。具体地说，对式（2-6）的每条约束添加拉格朗日乘子 $\alpha_i \geqslant 0$，则该问题的拉格朗日函数可以写为

$$L(\boldsymbol{w},b,\boldsymbol{\alpha}) = \frac{1}{2}\|\boldsymbol{w}\|^2 + \sum_{i=1}^{m}\alpha_i\left(1 - y_i\left(\boldsymbol{w}^{\mathrm{T}}\boldsymbol{x}_i + b\right)\right) \tag{2-8}$$

式中 $\boldsymbol{\alpha} = (\alpha_1,\alpha_2,\cdots,\alpha_m)$。令 $L(\boldsymbol{w},b,\boldsymbol{\alpha})$ 对 $\boldsymbol{w}$ 和 b 的偏导数为 0 可得

$$\boldsymbol{w} = \sum_{i=1}^{m}\alpha_i y_i \boldsymbol{x}_i \tag{2-9}$$

$$0 = \sum_{i=1}^{m}\alpha_i y_i \tag{2-10}$$

将式（2-9）代入式（2-8），即可将 $L(\boldsymbol{w},b,\boldsymbol{\alpha})$ 中的 $\boldsymbol{w}$ 和 b 消去，再考虑式（2-10）的约束，就可以得到式（2-6）的对偶问题：

$$\max_{\boldsymbol{\alpha}} \sum_{i=1}^{m}\alpha_i - \frac{1}{2}\sum_{i=1}^{m}\sum_{j=1}^{m}\alpha_i\alpha_j y_i y_j \boldsymbol{x}_i^{\mathrm{T}}\boldsymbol{x}_j$$
$$\text{s.t. } \sum_{i=1}^{m}\alpha_i y_i = 0$$
$$\alpha_i \geqslant 0, \quad i=1,2,\cdots,m \tag{2-11}$$

解出 α 后，求出 $\boldsymbol{w}$ 和 b 即可得到模型：

$$f(x) = \boldsymbol{w}^{\mathrm{T}}\boldsymbol{x} + b$$
$$= \sum_{i=1}^{m}\alpha_i y_i \boldsymbol{x}_i^{\mathrm{T}}\boldsymbol{x} + b \tag{2-12}$$

从对偶问题接触的 α 是式（2-11）中的拉格朗日乘子，它恰好对应训练样本。注意到式中的不等约束，因此上述过程需要满足卡鲁什-库恩-塔克（Karush-Kuhn-Tucker，KKT）条件，即

$$\begin{cases} \alpha_i \geqslant 0; \\ y_i f(\boldsymbol{x}_i) - 1 \geqslant 0; \\ \alpha_i(y_i f(\boldsymbol{x}_i) - 1) = 0 \end{cases} \tag{2-13}$$

于是，对于任意训练样本 $(\boldsymbol{x}_i, y_i)$，总有 $\alpha_i = 0$ 或 $y_i f(\boldsymbol{x}_i) = 1$。若 $\alpha_i = 0$，则该样本将不会在式（2-12）的求和中出现，也就不会对 $f(\boldsymbol{x})$ 有任何影响；若 $\alpha_i > 0$，则必有 $y_i f(\boldsymbol{x}_i) = 1$，所对应的样本点位于最大间隔边界上，是一个支持向量。这显示出支持向量机的一个重要性质：训练结束后，大部分训练样本都无须保留，最终模型仅与支持向量有关。

3. 核函数

在本章前面的讨论中，我们假设训练样本是线性可分的，即存在一个划分超平面能够将训练样本正确分类。然而，在实际任务中，原始样本空间内可能并不存在能够正确划分两类样本的超平面。例如，图 2-7（a）中的异或问题就不是线性可分的。

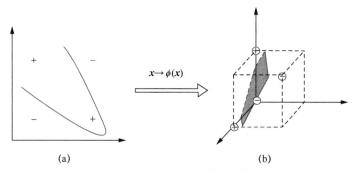

图 2-7 异或问题与非线性映射

对于这样的问题，可以将样本从原始空间映射到一个更高维的特征空间，使得样本在这个特征空间中线性可分。例如，在图 2-7（b）中，如果将原始的二维空间映射到一个合适的三维空间，就可以找到一个合适的划分超平面。如果原始空间是有限维的，即属性数有限，那么一定存在一个高维特征空间使得样本可分。

令 $\boldsymbol{\phi}(\boldsymbol{x})$ 表示将 $\boldsymbol{x}$ 映射后的特征向量，于是特征空间中划分超平面所对应的模型可以表示为

$$f(\boldsymbol{x}) = \boldsymbol{w}^\mathrm{T} \boldsymbol{\phi}(\boldsymbol{x}) + b \tag{2-14}$$

其中 $\boldsymbol{w}$ 和 b 是模型参数，类似式（2-6），有

$$\min_{\boldsymbol{w}, b} \frac{1}{2} \| \boldsymbol{w} \|^2$$
$$\text{s.t. } y_i(\boldsymbol{w}^\mathrm{T} \boldsymbol{\phi}(\boldsymbol{x}_i) + b) \geqslant 1, \quad i = 1, 2, \cdots, m \tag{2-15}$$

其对偶问题为

$$\max_{\boldsymbol{\alpha}} \sum_{i=1}^{m} \alpha_i - \frac{1}{2} \sum_{i=1}^{m} \sum_{j=1}^{m} \alpha_i \alpha_j y_i y_j \boldsymbol{\phi}(\boldsymbol{x}_i)^\mathrm{T} \boldsymbol{\phi}(\boldsymbol{x}_j)$$
$$\text{s.t. } \sum_{i=1}^{m} \alpha_i y_i = 0 \qquad \alpha_i \geqslant 0, \quad i = 1, 2, \cdots, m \tag{2-16}$$

求解式（2-16）涉及计算 $\boldsymbol{\phi}(\boldsymbol{x}_i)^\mathrm{T} \boldsymbol{\phi}(\boldsymbol{x}_j)$，这是样本 $\boldsymbol{x}_i$ 与 $\boldsymbol{x}_j$ 映射到特征空间之后的内积。由于特征空间维数可能很高，甚至可能是无穷维的，因此直接计算 $\boldsymbol{\phi}(\boldsymbol{x}_i)^\mathrm{T} \boldsymbol{\phi}(\boldsymbol{x}_j)$ 通常比较困难。为了避开这个问题，可以设想这样一个函数：

$$k(\boldsymbol{x}_i, \boldsymbol{x}_j) = \langle \boldsymbol{\phi}(\boldsymbol{x}_i), \boldsymbol{\phi}(\boldsymbol{x}_j) \rangle = \boldsymbol{\phi}(\boldsymbol{x}_i)^\mathrm{T} \boldsymbol{\phi}(\boldsymbol{x}_j) \tag{2-17}$$

即 x_i 与 x_j 在特征空间的内积等于它们在原始样本空间中通过函数 $k(\cdot,\cdot)$ 计算得到结果。有了这样的函数，我们就不用直接计算高维甚至无穷维特征空间中的内积，于是式（2-16）可以重写为

$$\max_{\alpha} \sum_{i=1}^{m} \alpha_i - \frac{1}{2} \sum_{i=1}^{m} \sum_{j=1}^{m} \alpha_i \alpha_j y_i y_j k(x_i, x_j)$$

$$\text{s.t.} \quad \sum_{i=1}^{m} \alpha_i y_i = 0 \qquad \alpha_i \geq 0, \quad i=1,2,\cdots,m \qquad （2\text{-}18）$$

求解后即可得到

$$\begin{aligned} f(x) &= w^{\mathrm{T}} \phi(x) + b \\ &= \sum_{i=1}^{m} \alpha_i y_i \phi(x_i)^{\mathrm{T}} \phi(x) + b \\ &= \sum_{i=1}^{m} \alpha_i y_i k(x, x_i) + b \end{aligned} \qquad （2\text{-}19）$$

这里的 $k(\cdot,\cdot)$ 就是核函数（kernel function）。式（2-19）显示出模型最优解可以通过训练样本的核函数展开，这一展开式也被称为支持向量展开式（support vector expansion）。

定理 2-1（核函数）令 X 为输入空间，$k(\cdot,\cdot)$ 是定义在 $X \times X$ 上的对称函数，则 $k(\cdot,\cdot)$ 是核函数。当且仅当对于任意数据 $D = \{x_1, x_2, \cdots, x_m\}$，核矩阵（kernel matrix）$K$ 总是半正定的：

$$K = \begin{bmatrix} k(x_1, x_1) & \cdots & k(x_1, x_j) & \cdots & k(x_1, x_m) \\ \vdots & \ddots & \vdots & \ddots & \vdots \\ k(x_i, x_1) & \cdots & k(x_i, x_j) & \cdots & k(x_i, x_m) \\ \vdots & \ddots & \vdots & \ddots & \vdots \\ k(x_m, x_1) & \cdots & k(x_m, x_j) & \cdots & k(x_m, x_m) \end{bmatrix} \qquad （2\text{-}20）$$

定理 2-1 表明，只要一个对称函数对应的核矩阵是半正定的，它就能作为核函数使用。事实上，对于一个半正定的核矩阵，总能找到一个与之对应的映射函数。换言之，任何一个核函数都隐式定义了一个称为再生核希尔伯特空间（Reproducing Kernel Hibert Space，RKHS）的特征空间。

通过前面的讨论可知，我们希望样本在特征空间内线性可分，因此特征空间的质量对支持向量机的性能至关重要。需要注意的是，在不知道特征映射形式的情况下，我们无法明确什么样的核函数是合适的，而核函数仅隐式定义了这个特征空间。因此，核函数的选择成为支持向量机的最大变数。如果核函数选择不合适，就可能意味着将样本映射到一个不合适的特征空间，这很可能导致模型性能不佳。

表 2-1 列出了几种常用核函数。

表 2-1 常用核函数

名称	表达式	参数
线性核	$k(x_i, x_j) = x_i^{\mathrm{T}} x_j$	
多项式核	$k(x_i, x_j) = (x_i^{\mathrm{T}} x_j)^d$	d（≥ 1）为多项式的次数
高斯核	$k(x_i, x_j) = \exp\left(-\dfrac{\|x_i - x_j\|^2}{2\sigma^2}\right)$	σ（>0）为高斯核的带宽（width）

名称	表达式	参数
拉普拉斯核	$k\left(\boldsymbol{x}_i,\boldsymbol{x}_j\right)=\exp\left(-\dfrac{\left\|\boldsymbol{x}_i-\boldsymbol{x}_j\right\|}{\sigma}\right)$	$\sigma>0$
Sigmoid 核	$k\left(\boldsymbol{x}_i,\boldsymbol{x}_j\right)=\tanh\left(\beta\boldsymbol{x}_i^{\mathrm{T}}\boldsymbol{x}_j+\theta\right)$	$\beta>0$，$\theta<0$

4. 软间隔与正则化

在前面的讨论中，我们一直假设训练样本在样本空间或特征空间中是线性可分的，即存在一个超平面能够将不同类型的样本完全划分开。然而，在实际任务中，往往很难确定一个合适的核函数，使训练样本在特征空间中线性可分；退一步说，即便可以找到某个核函数使训练样本在特征空间中线性可分，也很难断定这种貌似线性可分的结果不是由于过度拟合导致的。

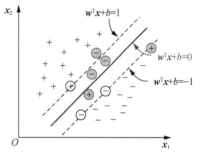

图 2-8 软间隔示意图
注：红色圈出了一些不满足约束的样本。

为了解决这一问题，可以允许支持向量机在某些样本上出错。为此，需要引入软间隔（Soft Margin）的概念，如图 2-8 所示。

具体来说，前面介绍的支持向量机形式要求所有样本都满足约束式（2-3），即所有样本都必须被正确划分，这称为硬间隔（Hard Margin）。软间隔则允许某些样本不满足约束：

$$y_i\left(\boldsymbol{w}^{\mathrm{T}}\boldsymbol{x}_i+b\right)\geqslant 1 \tag{2-21}$$

当然，在最大化间隔的同时不满足约束的样本应尽可能少。于是，优化目标可以写为

$$\min_{\boldsymbol{w},b}\frac{1}{2}\|\boldsymbol{w}\|^2+C\sum_{i=1}^{m}\ell_{0/1}\left(y_i\left(\boldsymbol{w}^{\mathrm{T}}\boldsymbol{x}_i+b\right)-1\right) \tag{2-22}$$

式中 C 是一个常数，$C>0$；$\ell_{0/1}$ 是"0/1"损失函数。

$$\ell_{0/1}(z)=\begin{cases}1, & z<0 \\ 0, & \text{其他}\end{cases} \tag{2-23}$$

然而，$\ell_{0/1}$ 非凸、非连续，这使得式（2-22）不易直接求解。于是，可以通过一些函数来代替 $\ell_{0/1}$，称为"替代损失"（Surrogate Loss）。替代损失函数一般具有较好的数学性质。图 2-9 所示为三种常用的替代损失函数：hinge 损失、指数损失、对数损失。

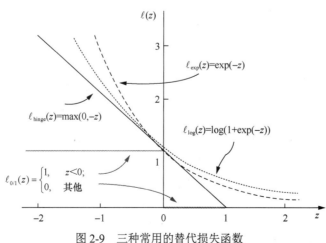

图 2-9 三种常用的替代损失函数

若采用 hinge 损失，则式（2-22）可以写为

$$\min_{w,b}\frac{1}{2}\|w\|^2 + C\sum_{i=1}^{m}\max\left(0,1-y_i\left(w^{\mathrm{T}}x_i+b\right)\right) \quad (2\text{-}24)$$

引入松弛变量（slack variables）$\xi_i \geq 0$，可将式（2-24）写为

$$\min_{w,b,\xi_i}\frac{1}{2}\|w\|^2 + C\sum_{i=1}^{m}\xi_i \quad (2\text{-}25)$$

这就是常用的软间隔支持向量机。

2.3.2 K-means 聚类

K-means 聚类是一种常用的基于距离的聚类算法，旨在将数据集划分为 K 个簇。算法的目标是最小化簇内点到簇中心的距离总和。

1. K-means 的核心思想

K-means 的目标是将数据集划分为若干个簇（Clusters），使得每个数据点属于距离最近的簇中心。通过反复调整簇中心的位置，K-means 不断优化簇内的紧密度，从而获得尽量紧凑且彼此分离的簇。

簇：K-means 通过最小化簇内距离的平方和，使得数据点在簇内聚集。一个簇就是一个数据点的集合，这些点在某种意义上"彼此相似"。例如，可以将商场顾客分为"学生群体""上班族""退休老人"这三类簇。

（1）簇中心（Centroid）：簇中心是簇中所有点的平均值，表示簇的中心位置。

（2）簇分配和更新：K-means 通过反复迭代调整簇的分配，使得簇内数据点与簇中心的距离尽可能小，从而实现逐步收敛。

如图 2-10 所示，根据数据集先随机选取 K 个对象作为初始聚类中心。然后计算每个对象与各个种子聚类中心之间的距离，并将每个对象分配给距离它最近的聚类中心。聚类中心以及分配给它们的对象共同构成一个聚类。一旦所有对象都被分配，每个聚类的聚类中心将根据聚类中现有的对象重新计算。这个过程将不断重复，直到满足某个终止条件。终止条件可以是以下任何一个：没有（或最仅有极数）对象被重新分配到不同的聚类；没有（或最仅有极数）聚类中心发生变化；误差平方和达到局部最小值。

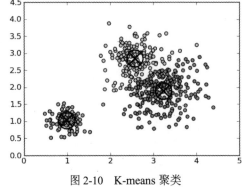

图 2-10　K-means 聚类

2. 算法步骤

K-means 聚类分为两个主要步骤：分配（Assignment）和更新（Update）。以下是详细步骤。

（1）选择 K 值：设定簇的数量 K。

（2）初始化簇中心：随机选择 K 个数据点作为初始簇中心。

（3）分配步骤：对于数据集中的每个点，将其分配到距离最近的簇中心对应的簇。这里的"距离"通常使用欧氏距离（Euclidean Distance）。

（4）更新步骤：根据当前的簇分配重新计算每个簇的簇中心，即计算簇内所有点的均值作为新的簇中心。

（5）重复步骤 3 和步骤 4：不断重复分配和更新步骤，直到簇中心不再发生变化（收敛）或达到指定的最大迭代次数。

2.4 机器学习的应用实例

通过识别模式和生成预测从数据集和过去的经验中学习，机器学习已经成为一个高价值的产业。以下是一些机器学习的应用实例。

▶▶▶ 2.4.1 营销和销售中的机器学习

在当今的数字化时代，市场营销的方式正在经历前所未有的变革。传统的市场营销方式逐渐被数据驱动的策略所取代，而机器学习作为一种强大的数据分析工具，正在为市场营销带来新的机遇和挑战。

机器学习的应用实例

全世界的顶尖公司都在利用机器学习实现自上而下的战略转变。受影响最大的两个领域是营销和销售。营销和销售团队比任何其他企业部门都更重视人工智能和机器学习。营销人员使用机器学习进行潜在客户开发、数据分析、在线搜索和搜索引擎优化（SEO）。例如，许多人使用它联系那些将产品留在购物车中或退出网站的用户。

客户细分是市场营销的基础，它帮助企业识别和理解不同类型的客户。通过机器学习，企业可以利用大量数据识别客户的行为模式和偏好，实现更精确的细分。

机器学习算法（如聚类分析）可以根据购买行为、兴趣和人口统计特征将客户分组。在制定营销策略时，企业可以利用 K-means 聚类算法将客户分为多个群体，针对不同的群体制定特定的营销策略，从而更有效地分配资源，提高营销活动的回报率。

此外，机器学习还可以通过分析社交媒体数据、在线评论和客户反馈，帮助企业识别潜在的客户群体。这种数据驱动的方法使市场营销更加精准，能够更好地满足客户的需求。

个性化推荐是机器学习在市场营销中的一个重要应用。通过分析客户的购买记录、浏览行为和偏好，企业可以为每个客户提供量身定制的产品推荐。这种个性化体验不仅提高了客户的满意度，还显著提升了商品销售额。例如，电子商务平台如亚马逊和阿里巴巴利用机器学习算法分析用户的行为数据，从而生成个性化的产品推荐。这些推荐不仅基于用户的历史行为，还考虑了其他用户的行为模式，从而提高了推荐的准确性。

预测分析是机器学习在市场营销中的另一个关键应用。通过分析历史数据，企业可以预测未来的市场趋势和客户行为，例如客户的购买意图和流失风险。这种预测能力帮助企业提前制定策略，抓住市场机会。

▶▶▶ 2.4.2 医疗健康中的机器学习

随着科技的进步，机器学习正逐步成为医疗健康领域的一股强大动力，引领从诊断到治疗整个流程的智能化革命。在传统的医疗体系中，许多诊断与治疗的过程都依赖医生的个人经验和专业知识，这不仅对医生的技能要求极高，同时也存在一定的主观性和误差风险。而现在，机器学习技术正以其独特的数据驱动能力和自学能力为医疗健康领域带来前所未有的变革。

疾病的预防与预测是机器学习在医疗健康领域的重要应用之一。通过分析大量医疗数据，包括患者的基因信息、生活习惯和环境因素等，机器学习模型可以预测个体患某种疾病的风险，并据此制定个性化的预防方案。这种基于大数据的预测方法不仅可以提高预防的精准性，还可以为医生提供更加全面细致的患者信息，有助于制定更精准的治疗方案。

医学影像分析是机器学习在医疗健康领域的另一个重要应用。传统的医学影像分析依赖医生的经验和专业知识，而机器学习可以通过大量的医学图像数据进行训练，自动识别病变区域，判断疾病类型和程度，甚至在某些情况下达到或超过专业医生的诊断水平。

机器学习在精准诊断与治疗方面发挥着重要作用。通过分析患者的基因组数据和临床数据，机器学习模型可以预测不同治疗方案的疗效和副作用，为医生提供更科学、合理的治疗建议。此外，机器学习还可以用于药物研发，通过模拟药物与生物分子的相互作用，加速新药开发过程。

在患者管理与健康管理方面，机器学习可以通过分析患者的历史健康数据、生活习惯等信息，为患者提供个性化的健康管理建议。例如，机器学习可以根据患者的运动数据、饮食数据等，为患者制订个性化的健康计划，同时实时监控患者的健康状况，提供及时的预警和干预措施。

▶▶▶ 2.4.3 智慧城市中的机器学习

随着城市化进程的加速，智慧城市建设成为各国政府和企业关注的重点。智能交通作为智慧城市的重要组成部分，借助机器学习技术，可以显著提高城市交通管理的效率和智能化水平。通过融合机器学习与智能交通技术，智慧城市能够实现交通流量预测、交通拥堵管理、智能信号控制等功能，从而提升市民出行体验和城市交通管理水平。

智能交通系统（Intelligent Traffic System，ITS）是一种利用信息技术、数据通信技术、传感器技术、控制技术及计算机技术等建立的现代化交通管理系统。智能交通系统的主要功能包括交通流量预测、交通拥堵管理、智能信号控制和智能停车管理等。

交通流量预测是智能交通系统的重要功能之一。通过对历史交通数据进行分析和建模，可以预测未来一段时间内的交通流量，为交通管理提供决策支持。

交通拥堵管理是智能交通系统的重要组成部分。通过实时监测和分析交通数据，可以识别和预测交通拥堵情况，从而采取相应措施缓解交通压力。

智能信号控制通过机器学习和优化算法，动态调整交通信号灯的时长和顺序，以提高交通流量并减少等待时间。

智能停车管理通过传感器和机器学习算法实时监测停车位的使用情况，帮助车辆快速找到停车位，提高停车效率。

习题

一、选择题

1．以下哪项属于监督学习的任务？（　　　）
　　A．客户分群　　　　B．图像分类　　　　C．数据降维　　　　D．异常检测
2．以下哪项属于无监督学习的任务？（　　　）
　　A．图像分类　　　　B．客户分群　　　　C．房价预测　　　　D．垃圾邮件过滤
3．K-means聚类算法的核心目标是（　　　）。
　　A．最大化类间距离　　　　　　　　　　B．最小化类内距离
　　C．寻找数据中的关联规则　　　　　　　D．预测连续值

二、简答题

1．解释监督学习中"分类"与"回归"的区别，并各举一个实际应用场景。
2．简述监督学习与无监督学习的区别，并各举一个实际应用场景。

第3章
深度学习基础

【学习目标】
● 掌握深度学习的基本概念与工作原理。
● 理解深度神经网络的结构与训练过程。
● 了解深度学习在计算机视觉、自然语言处理等领域的典型应用。
● 认识深度学习的技术优势与当前面临的挑战。

【引导案例】

智慧图书馆的"书籍管理员机器人"

深度学习就像是一个超级聪明的"学习机器"。想象一下，我们要教它认识各种东西，比如图片里的动物或者文字的含义。它是由许多层"神经元"组成的网络。当你给它看一张图片时，最前面一层的"神经元"先接收图片的信息，然后把这些信息传递给后面一层，后面这一层进行加工处理后再传给下一层，就像接力赛一样。每一层都在努力提取图片的特征，比如有没有四条腿，有没有毛，耳朵是什么形状等。经过多层的传递和处理，最后一层就能判断出图片里的是猫还是狗。为了让这个"学习机器"变得更厉害，我们需要给它看大量的图片，让它不断学习，调整自己的判断能力。同时，还需要强大的计算能力支持它快速进行这些学习和处理过程。这就是深度学习，通过多层神经网络和大量数据的学习来实现对各种事物的准确判断和理解。

某市立图书馆近年来面临图书分类效率低下、读者荐书匹配度不足等问题。传统基于规则的系统仅能完成 ISBN 编码识别等简单任务，对破损书脊文字的识别准确率不足 65%，为读者提供个性化推荐仍依赖人工经验。为提升服务智能化水平，图书馆联合科技公司部署了基于深度学习的图书管理系统。

系统首先采用多层卷积神经网络处理复杂视觉任务：第一层卷积核提取书脊图像的边缘特征，第二层识别文字笔画结构，第三层整合上下文语义信息，最终通过全连接层实现 98.7% 的破损书脊文字识别率。在个性化推荐模块，系统构建深度神经网络处理读者借阅历史、检索关键词、阅读时长等多维度数据，通过嵌入层将离散行为特征映射为连续向量，经 5 个隐藏层的非线性变换捕捉深层兴趣模式，最后输出层生成 TOP10 荐书列表。经三个月试运行，读者荐书点击率提升 41%，图书流通效率提高 32%。

该项目突破了传统机器学习特征工程的限制，通过端到端学习自动提取高阶抽象特征。系统部署时面临 GPU 算力不足的问题，通过模型压缩技术将参数量减少 60%，同时保持 92% 的原始精度。该案例表明，深度学习通过多层非线性变换建模复杂数据关系，在特征自动提取与复杂模式识别方面展现显著优势。

3.1 深度学习概述

1. 深度学习基本介绍

深度学习是机器学习的一个强大分支，其核心在于构建具有多个层次的神经网络模型，旨在从海量数据中自动挖掘复杂的模式和特征表示，进而实现对各类任务的精准预测和高效决策。

深度学习基础

与传统机器学习算法相比，深度学习具有独特的优势。传统机器学习往往依赖人工精心设计的特征工程，这需要领域专家深入了解数据的内在结构和任务需求，耗费大量时间和精力。例如，在图像识别任务中，传统方法可能需要人工提取图像的边缘、纹理、颜色直方图等特征，并且需要不断调整这些特征组合以适应不同的识别场景。而深度学习则能直接处理原始数据，通过深度神经网络的多层结构，自动从数据中学习高度抽象和复杂的特征表示。在同样的图像识别任务中，深度学习模型可以直接接收图像的像素信息，经过多个隐藏层的非线性变换和特征提取，自动识别出图像中物体的关键特征，如动物的外形轮廓、面部特征等，无须人工手动设计这些复杂的特征。

深度学习被广泛应用于解决诸多领域的实际任务，例如计算机视觉（涉及图像）、自然语言处理（关乎文本）以及自动语音识别（针对音频）。简言之，深度学习是机器学习工具集中一种方法，其主要依托人工神经网络，而此类算法在某种程度上受人类大脑的启发。机器学习、深度学习和人工智能的关系如图 3-1 所示。

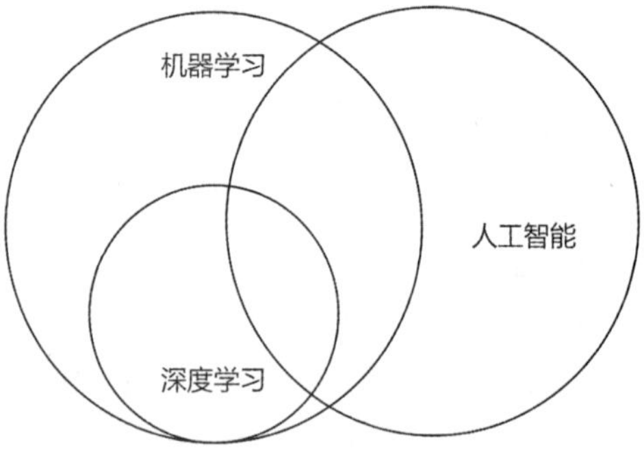

图 3-1 机器学习、深度学习和人工智能的关系

2. 深度学习发展历史

人们可能会好奇，人工神经网络的首个实验在 20 世纪 50 年代就已完成，为什么深度学习直到最近才被视为关键技术。实际上，自 20 世纪 90 年代起，深度学习就在商业应用上取得进展，但它一直被视为只有专家才能驾驭的艺术，而非一种技术。这种看法直到最近才有所改变。要让深度学习算法发挥良好性能确实需要一些技巧，不过幸运的是，随着训练数据的增多，所需技巧正逐渐减少。如今，能在复杂任务上达到人类水平的学习算法，和 20 世纪 80 年代用于解决玩具问题的学习算法几乎相同。尽管我们用来训练模型的算法经历了变革，简化了极深架构的训练，但最重要的新进展是我们现在拥有了成功训练这些算法所需的资源。

随着越来越多的活动在计算机上进行，我们的行为也越来越多地被记录下来。而且，由于计算机联网越来越普遍，这些记录更易于集中管理，也更容易整理成适合机器学习应用的数据集。由于统计估计中观察少量数据以在新数据上泛化的主要负担已经减轻，大数据时代让机器学习变得更加容易。截至 2016 年，一个大致的经验法则是：监督深度学习算法在每类给定约 5000 个标注样本的情况下通常能达到可接受的性能；当用于训练的数据集至少有 1000 万个标注样本时，它将达到或超过人类表现。此外，在更小的数据集上取得成功是一个重要的研究领域。为此，我们应特别注重如何通过无监督或半监督学习充分利用大量未标注样本。

20 世纪初，统计学家使用数百或数千个手动制作的度量来研究数据集。20 世纪 50 年代到 80 年代，受生物启发的机器学习开拓者通常使用小型合成数据集，如低分辨率的字母位图，旨在表明在低计算成本下神经网络能够学习特定功能。20 世纪 80 年代到 90 年代，机器学习变得更加统计化，并开始利用包含成千上万个样本的更大数据集，如手写扫描数字的 MNIST 数据集（图 3-2）。在 21 世纪的第一个十年，相同大小但更复杂的数据集持续出现，如 CIFAR-10 数据集。包含数万到数千万样本的数据集完全改变了深度学习的能力上限，这些数据集包括公共的 Street View House Numbers 数据集、各种版本的 ImageNet 数据集以及 Sports-1M 数据集等。在图的顶部，我们看到翻译句子的数据集通常远大于其他数据集，例如根据 Canadian Hansard 制作的 IBM 数据集和 WMT2014 数据集。

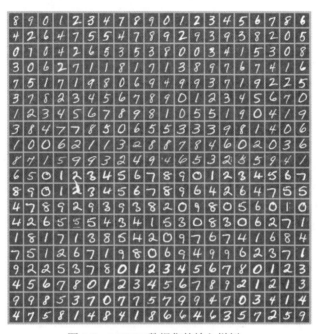

图 3-2　MNIST 数据集的输入样例

对于图 3-2 的 MNIST 数据集，"NIST"代表国家标准和技术研究所，是最初收集这些数据的机构；"M"代表"修改的"，为了更方便地与机器学习算法一起使用，数据已经过预处理。MNIST 数据集包括手写数字的扫描和相关标签（描述每个图像包含 0～9 中的哪个数字）。这个简单的分类问题是深度学习研究中最简单且最广泛使用的测试之一（尽管现代技术很容易解决这个问题）。2018 年图灵奖得主、2024 年诺贝尔物理学奖得主 Geoffrey E.Hinton 将其描述为"机器学习的果蝇"，这意味着机器学习研究人员可以在受控的实验室条件下研究他们的算法，就像生物学家经常研究果蝇一样。

如今神经网络能取得如此成功，一个重要原因是我们现在拥有的计算资源能够运行更大的模型，其中联结主义起到了重要作用。其主要观点之一是，当动物的众多神经元协同工作时，动物就会变得聪明，单独的神经元或小规模的神经元集合并没有特别大的用处。就神经元的总数而言，直到最近，神经网络的规模都小得惊人。但自从引入隐藏单元以来，人工神经网络的规模大约每 2.4 年就扩大一倍。这种增长是由更大的内存、更快的计算速度以及更大的可用数据集所推动的。更大的网络意味着能够在更复杂的任务中实现更高的精度，而且这种趋势看起来还将持续数十年。实际上，除非出现能够迅速扩展的新技术，否则至少要到 21 世纪 50 年代，人工神经网络才可能具备与人脑相同数量级的神经元。

现在看来，神经元数量比水蛭还少的神经网络无法解决复杂的人工智能问题也就不足为奇。即便现在的网络从计算系统的角度来看可能已经相当庞大，但实际上它比相对原始的脊椎动物（如青蛙）的神经系统还要小。随着更快的 CPU、通用 GPU、更快的网络连接以及更好的分布式计算软件基础设施的出现，模型规模也在不断增大。这是深度学习最重要的趋势之一，人们普遍预计这种趋势将在未来持续下去。

最早的深度模型被用于识别裁剪紧凑且非常小的图像中的单个对象。此后，神经网络可处理的图像尺寸逐渐增大，现代对象识别网络已经能够处理丰富的高分辨率照片，且无须在被识别对象附近进行裁剪。类似的，早期网络只能识别两种对象（或在某些情况下判断单类对象的存在与否），而现代网络通常至少能够识别 1000 个不同类别的对象。对象识别领域最大的比赛是每年举行的 ImageNet 大规模视觉识别挑战赛（ILSVRC）。在这一挑战中，深度卷积网络将高水平的前 5 错误率从 26.1%降至 15.3%。这意味着该卷积网络针对每个图像的可能类别生成一个顺序列表，除了 15.3%的测试样本外，其他测试样本的正确类别都出现在此列表的前 5 项中。此后，深度卷积网络连续赢得这一比赛。截至写书时，深度学习已经将该比赛的前 5 错误率降至 3.6%。

深度学习对语音识别也产生了巨大影响。语音识别在 20 世纪 90 年代得到提高后，直到约 2000 年都停滞不前。深度学习的引入使语音识别的错误率陡然降低，有些错误率甚至降低了一半。

深度网络在行人检测、图像分割中也取得了令人瞩目的成功，在交通标志分类上甚至超越了人类的表现。在深度网络的规模和精度有所提高的同时，它们可解决的任务也日益复杂。有研究表明，神经网络可以学习输出描述图像的整个字符序列，而不仅仅识别单个对象。此前，人们普遍认为这种学习需要对序列中的单个元素进行标注。循环神经网络（如之前提到的 LSTM 序列模型）现在用于对序列和其他序列之间的关系进行建模，而不仅仅是固定输入之间的关系。这种序列到序列的学习似乎引领机器翻译这一应用的颠覆式发展。

这种复杂性日益增加的趋势已将深度学习推向逻辑结论，即神经图灵机的引入。它能学习读取存储单元和向存储单元写入任意内容，这样的神经网络可以从期望行为的样本中学习简单的程序，例如从杂乱和排好序的样本中学习对一系列数据进行排序。这种自我编程技术正处于起步阶段，但原则上未来可适用于几乎所有的任务。

深度学习的另一个重要成就是其在强化学习领域的扩展。在强化学习中，一个自主的智能体必须在没有人类操作者指导的情况下通过试错来学习执行任务。DeepMind 表明，基于深度学习的强化学习系统能够学会玩 Atari 视频游戏，并在多种任务中可与人类匹敌。深度学习也显著改善了机器人强化学习的性能。

许多深度学习应用都是高利润的，现在深度学习被许多顶级的技术公司使用，包括 Google、Microsoft、Facebook（现 Meta）、IBM、百度、Apple、Adobe、Netflix、NVIDIA 和 NEC 等。

深度学习的进步也严重依赖于软件基础架构的进展，软件库如 Theano、PyLearn2、Torch、DistBelief、Caffe、MXNet 和 TensorFlow 都支持重要的研究项目或商业产品。

深度学习也为其他科学做出了贡献，用于对象识别的现代卷积网络为神经科学家提供了可研究的视觉处理模型，其在处理海量数据以及在科学领域作出有效预测方面提供了非常有用的工具。现已成功用于预测分子如何相互作用，从而帮助制药公司设计新药、搜索亚原子粒子，以及自动解析用于构建人脑三维图的显微镜图像等。我们期待深度学习未来能够出现在越来越多的科学领域中。

总之，深度学习是机器学习的一种方法。在过去几十年的发展中，它大量借鉴了我们关于人脑、统计学和应用数学的知识。近年来，得益于更强大的计算能力、更大的数据集和能够训练更深网络的技术，深度学习的普及性和实用性都有了极大的提升。可以预测，未来几年进一步提高深度学习并将其应用到新领域的挑战和机遇将不断涌现。

3. 深度学习基本工作原理

许多人工智能任务可以通过先提取合适的特征集，再将其提供给简单机器学习算法来解决。例如，在通过声音鉴别说话者时，声道大小的估计是一个有用的特征，它能够为判断说话者的性别和年龄提供线索。然而，许多任务难以确定应该提取哪些特征。例如，在编写检测照片中车辆的程序时，虽然知道车辆有轮子，但很难依据像素值准确描述车轮的样子，因为车轮图像会因场景不同而变化，如阴影、金属零件、挡泥板或被前景物体遮挡等。

解决这一问题的一种途径是使用机器学习来发掘表示本身，也就是表示学习。表示学习所学到的表示往往比手动设计的更好，并且只需最少的人工干预就能让 AI 系统快速适应新任务。对于简单任务，几分钟就能发现好的特征集；对于复杂任务，则只需要几小时到几个月。而手动为复杂任务设计特征则需要耗费大量人力和时间，甚至可能需要几十年。

表示学习的一个典型例子是自编码器。自编码器由编码器函数和解码器函数自动组合而成，编码器将输入数据转换为不同的表示，解码器再将新的表示还原为原始形式。自编码器的训练目标是使输入数据在处理后尽可能保留信息，同时使新的表示具有良好的特性。使用时，可以设计不同形式的自编码器来实现不同的特性。

在设计特征或相关算法时，目标通常是分离出能够解释观察数据的变差因素。这里的变差因素指的是影响数据的不同来源，通常不可直接观测，可能是现实世界中看不见的物体或力，也可能是人类思维中的概念。例如，在分析语音记录时，变差因素包括说话者的年龄、性别、口音和说话内容等；在分析汽车图像时，变差因素包括汽车的位置、颜色、太阳的角度和亮度等。许多人工智能应用中的困难在于多个变差因素同时影响数据。例如，红色汽车在夜间可能接近黑色，汽车轮廓的形状取决于视角。多数应用需要厘清变差因素，并忽略那些不关心的因素。显然，从原始数据中提取高层次的抽象特征是非常困难的。像口音这样的变差因素，需要对数据进行复杂且接近人类水平的理解才能辨识，这和获得原问题的表示一样困难。因此，乍看之下，表示学习似乎帮不上忙。

深度学习通过较简单的表示来表达复杂表示，解决了表示学习的核心问题。图 3-3 展示了一个用于图像识别的深度学习模型架构。从底部可见层接收固定像素的原始输入（如图像）开始，首先通过第一隐藏层提取基础像素特征，随后在第二隐藏层将边缘组合成角和轮廓，接着在第三隐藏层通过整合轮廓形成可识别的物体部件，最终在顶部的输出层综合所有部件特征，基于"object only"原则排除背景干扰后，通过概率计算准确识别具体物体类别（如汽车、人或动物）。该示例直观展现了模型从像素到语义的逐层抽象过程，不同颜色区块的渐变层次和节点连接方式清晰呈现了特征提取的递进关系与神经网络的工作原理。

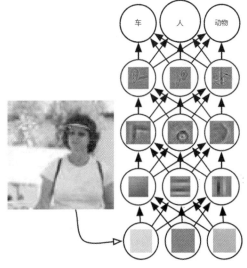

图 3-3 用于图像识别的深度学习模型架构

计算机难以理解原始感官输入数据的含义，比如像素值集合的图像，将像素映射到对象标识的函数很复杂，直接处理几乎不可能学习或评估此映射。深度学习通过将复杂的映射分解为一系列嵌套的简单映射（由模型的不同层描述）来解决问题。输入位于可见层，因为它包含可观察的变量。接下来是一系列隐藏层，这些隐藏层从数据中提取越来越抽象的特征（由于这些层的值不直接在数据中给出，因此称为"隐藏"层）。模型需要确定哪些概念有助于解释观察数据中的关系。图像可以被视为每个隐藏单元所表示特征的可视化。给定像素，第一层可以通过比较相邻像素的亮度来识别边缘。在第一层描述的边缘基础上，第二层可以搜索由边缘组成的集合，这些集合可以识别为角和延伸的轮廓。基于第二层中关于角和轮廓的图像描述，第三层可以找到特定的轮廓和角的集合，从而检测特定对象的整体部分。最后，根据图像描述中包含的对象部分，模型可以识别图像中的对象。深度学习模型的一个典型例子是前馈深度网络或多层感知机。它是一个将一组输入值映射到输出值的数学函数，由许多较简单的函数复合而成。每次应用不同的数学函数都会为输入提供新的表示。

目前度量模型深度主要有两种方式。第一种是基于评估架构所需执行的顺序指令数目，将模型表示为给定输入后计算对应输出的流程图，然后将该流程图中的最长路径视为模型深度。与用不同语言编写的等价程序长度不同一样，相同函数绘制成的流程图深度也因可作为一个步骤的函数不同而有所不同。

图 3-4 展示了一个结合特征工程与逻辑回归的混合机器学习模型架构。左侧的 Element Set（特征工程模块）通过加法（+）和乘法（×）运算符对原始输入特征（如 x_1, x_2）进行组合运算，右侧的 Element Set（参数模块）用于对不同特征集进行加权处理，最终将加工后的特征输入 Logistic Regression（逻辑回归）核心，通过 sigmoid 函数将加权线性组合转化为概率预测值。整个结构将分层特征工程与参数化融合，实现了从原始特征到分类决策的可解释性建模流程。因此，对于 Logistic Regression 的输出 $\sigma(\boldsymbol{w}^{\mathrm{T}}\boldsymbol{x})$，若用加法、乘法和 Logistic Sigmoid 作为计算机语言元素，模型深度为三；若将逻辑回归视为元素本身，模型深度则为一。

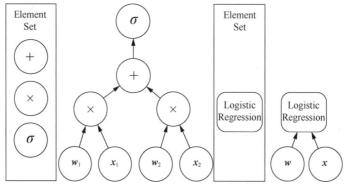

图 3-4　混合机器学习模型架构

另一种方法是在深度概率模型中使用，该方法不将计算图的深度视为模型深度，而是将描述概念之间关联的图的深度视为模型深度。在这种情况下，每个概念所表示的计算流程图的深度可能比概念本身的图更深，因为系统对简单概念的理解在获得复杂概念信息后可以进一步细化。例如，当 AI 系统观察到脸部图像中一只眼睛处于阴影中时，最初可能只检测到一只眼睛，但在检测到脸部存在后，可以推断出第二只眼睛也可能存在。此时，概念的图仅包含两层（关于眼睛的层和关于脸的层），但细化每个概念的估计可能需要额外的 n 次计算，即计算图将包含 $2n$ 层。

由于无法明确计算图的深度或概率模型图的深度哪个更有意义，并且由不同最小元素集构建的图就像计算机程序长度一样，没有单一正确值，因此架构的深度也没有单一正确值，也不存在关于模型多深才能被称为"深"的共识。不过，与传统机器学习相比，深度学习研究的模型涉及更多功能或概念的组合，这一点是毋庸置疑的。

总之，深度学习是通向人工智能的途径之一，能够让计算机系统从经验和数据中不断提高。我们坚信，机器学习是构建能够在复杂实际环境下运行的 AI 系统的唯一切实可行的方法。深度学习具有强大的能力和灵活性，它将大千世界表示为嵌套的层次概念体系，通过简单概念之间的联系定义复杂概念，从一般抽象概括到高级抽象表示。图 3-5 展示了每个学科如何工作的高层次原理，对比呈现了规则系统、经典机器学习和深度学习三类方法的核心工作流程差异。通过三列垂直架构分别展示了三者从底部输入到顶部输出的处理机制：规则系统（Rule-based Systems）在输入原始数据后完全依赖人工编写的预设程序（Hand-designed Program）直接生成输出；经典机器学习（Classic Machine Learning）需要先通过人工特征工程（Hand-designed Features）将输入数据转化为预设特征向量，再通过算法实现特征到标签（Mapping from Features）的映射；而深度学习（Deep Learning）则通过多层神经网络自动实现表征学习（Representation Learning），从输入层开始逐步构建简单特征（Layer of Simple Features）和更多抽象特征层（Layers of More Abstract Features），直至最终输出。三列架构自左向右的演进过程直观揭示了机器学习从完全依赖人工规则（如条件判断语句）到人机协作特征工程，最终发展为端到端自动特征提取技术的跃迁。其中，深度学习通过逐层递进的抽象化处理（如从边缘到部件再到整体）实现了对复杂数据的高效解析。框图与箭头的层级分布不仅突显了不同方法在特征处理深度上的本质区别，也印证了现代人工智能从硬编码规则向数据驱动范式转变的核心发展规律。

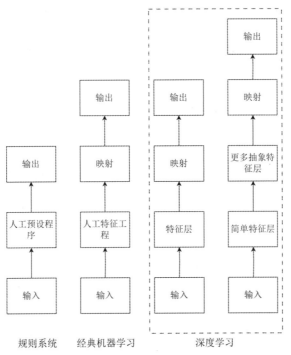

图 3-5　不同 AI 方法的关联

3.2　深度学习框架

在当今人工智能领域，深度学习无疑是最具影响力和变革力的技术之一，正在深刻地改变我们生活的方方面面。从图像识别、语音助手到自动驾驶，众多领域都离不开深度学习的支撑。而深度学习框架作为实现深度学习算法的重要工具，就如同建筑师手中的蓝图和施工队的工具，为开发者提供了便捷、高效的途径来构建和训练复杂的神经网络模型。在众多深度学习框架中，TensorFlow、PyTorch 和 Keras 脱颖而出，成为广大开发者和研究人员的热门选择。它们各有优势和特点，在不同场景和需求下发挥重要作用，引领深度学习技术的发展与应用。

1. TensorFlow

（1）简介

TensorFlow 是由谷歌大脑团队开发并开源的深度学习框架，自发布以来在业界和学界都占据了重要地位。它支持多种编程语言，其中 Python 是最常用的接口语言，同时也提供了 C++、Java 等语言的接口，方便不同背景的开发者使用。

TensorFlow 的核心是计算图（Computational Graph），它将神经网络的计算过程表示为一个有向图，图中的节点表示各种数学运算，边表示数据的流动。这种基于计算图的架构使 TensorFlow 能够高效地进行分布式计算和自动求导，为处理大规模数据和复杂模型提供了强大的支持。

（2）主要特点

强大的分布式计算能力：TensorFlow 可以轻松地在多个 CPU、GPU 甚至 TPU（张量处理单元）上进行分布式训练，充分利用集群的计算资源，大大缩短模型的训练时间。这对于处理海量数据和训练超大规模神经网络模型（如深度卷积神经网络用于图像识别、循环神经网络用于自然语言处理等）至关重要。在大型互联网公司中，TensorFlow 被广泛用于构建大规模的推荐系统、广告点击率预测模型等。这些模型通常需要处理数十亿级用户数据和特征，TensorFlow 的分布式计算能力使训练过程能够在合理的时间内完成。

丰富的工具和生态系统：TensorFlow 拥有庞大而丰富的工具和生态系统。TensorFlow Hub 提供了大量预训练的模型，涵盖了图像分类、目标检测、文本生成、机器翻译等多个领域，开发者可以通过迁移学习快速构建自己的应用，大大降低了开发门槛和时间成本。TensorBoard 是一个强大的可视化工具，可以实时监控训练过程中的各种指标（如损失函数值、准确率、学习率等），可视化模型的结构和参数分布，帮助开发者更好地理解模型的训练状态和性能，便于调试和优化。此外，TensorFlow 还与其他谷歌云服务（如 Google Cloud Storage、BigQuery 等）紧密集成，方便用户在云端进行数据存储、处理和模型训练。

可扩展性和灵活性：虽然 TensorFlow 提供了高层 API（如 tf.keras）以便快速构建模型，但它也允许开发者深入底层进行自定义操作。开发者可以使用 TensorFlow 的底层 API（如 TensorFlow Core）来实现更复杂的计算逻辑和算法，如自定义层、优化器、损失函数等。这种灵活性使 TensorFlow 能够适应各种深度学习任务和研究需求，无论是工业界的实际应用还是学界的前沿研究，都能得到很好的支持。

2. PyTorch

（1）简介

PyTorch 是由 Meta（原 Facebook）开发的深度学习框架，近年来凭借其简洁易用和动态计算图的特性迅速崛起，尤其受到学术界和研究人员的青睐。PyTorch 的设计理念强调 Pythonic 风格，使代码编写更加自然直观，符合 Python 开发者的习惯。

与 TensorFlow 的静态计算图不同，PyTorch 采用动态计算图（Dynamic Computational Graph），即在运行时动态构建计算图。这意味着计算图的结构可以根据输入数据和控制流（如循环、条件判断等）实时变化。这种动态特性使模型的构建和调试更加方便，开发者可以像编写 Python 代码一样编写神经网络模型，无须提前定义完整的计算图结构。

（2）主要特点

处理灵活：动态计算图使得 PyTorch 在处理一些具有复杂逻辑和动态结构的任务时更为灵活。例如，在自然语言处理的序列到序列（Sequence-to-Sequence）模型中，输入序列的长度可能不固定。使用 PyTorch 可以根据实际输入序列的长度轻松构建计算图，而无须像静态计算图那样进行复杂的填充（Padding）和截断（Truncation）操作。此外，在模型调试过程中，动态计算图可以更方便地查看中间计算结果和梯度信息，有助于快速定位和解决问题。

简洁的 API 和快速上手：PyTorch 的 API 设计简洁明了，对初学者非常友好。例如，创建一个简单的神经网络模型只需定义模型的类，在类的初始化方法中定义网络的层结构，然后在 forward 方法中实现前向传播过程即可。这种简洁的方式使开发者能够快速将自己的想法转化为实际代码，大大提高了开发效率。同时，PyTorch 的文档清晰易懂，丰富的示例代码和教程为学习者提供了极大帮助，使新手能够快速上手并掌握深度学习的基本概念和实践技巧。

强大的 GPU 支持和高效计算：PyTorch 对 GPU 的支持非常出色，能够充分利用 GPU 的并行计算能力加速模型的训练和推理。其张量（Tensor）操作在 GPU 上的实现非常高效，开发者可以通过简单的代码将张量移动到 GPU 上进行计算，并且 PyTorch 会自动处理 GPU 内存的管理和分配，开发者无须过多关注底层细节。此外，PyTorch 还提供了一些高级的 GPU 优化技术，如自动混合精度（Automatic Mixed Precision），可以在不损失模型精度的情况下，通过使用半精度浮点数进一步提高计算速度并降低内存占用，这对于大规模模型训练和实时推理应用非常有帮助。

活跃的社区和丰富的资源：PyTorch 拥有一个非常活跃的社区，社区成员包括来自世界各地的开发者、研究人员和学生。社区在 GitHub 上积极贡献代码、提交问题和解决方案，使 PyTorch 的代码库不断更新和完善。此外，社区还创建了大量的开源项目、教程、博客文章和视频教程等资源，涵盖了从基础入门到高级研究的各个方面。这种活跃的社区氛围和丰富资源为 PyTorch 用户提供了强大的支持，使开发者在遇到问题时能够快速找到解决方案，同时也促进了深度学习技术的交流和传播。

3．Keras

（1）简介

Keras 是一个高层神经网络 API，它最初由 François Chollet 开发，旨在为用户提供一种快速、便捷构建深度学习模型的方式。Keras 可以运行在多种深度学习后端之上，如 TensorFlow、Theano 和 CNTK 等，目前最常用的后端是 TensorFlow。Keras 的设计理念是简洁、模块化和可扩展性，它将深度学习模型的构建过程抽象为一系列简单的步骤，没有深厚编程和深度学习背景的用户也能够轻松上手。

（2）主要特点

简单易用的 API：Keras 提供了一套简洁而直观的 API，使得构建神经网络模型变得非常容易。例如，使用 Keras 创建一个包含多个全连接层的神经网络，只需要几行代码就可以完成模型的定义、编译和训练。Keras 将常见的神经网络层（如 Dense 层、Conv2D 层、LSTM 层等）、激活函数（如 ReLU、Sigmoid 等）、损失函数（如均方误差、交叉熵等）和优化器（如 SGD、Adam、RMSprop 等）都封装成简单易用的模块，用户只需通过简单的参数设置就可以将这些模块组合成一个完整的模型。这种简洁的 API 设计大大降低了深度学习的入门门槛，使数据科学家、机器学习工程师等能够快速将深度学习技术应用到实际项目中。

快速原型设计和实验：由于 Keras 的简洁性和高效性，它非常适用于快速原型设计和实验。开发者可以在短时间内尝试不同的模型架构、超参数组合和数据预处理方法，快速验证自己的想法和假设。例如，在数据科学竞赛中，参赛者可以使用 Keras 快速构建多个模型进行比较和融合，从而提高模型的性能和竞争力。此外，对于一些小型研究项目或概念验证，Keras 也能够帮助研究者快速搭建实验环境，加速研究进程。

模块化和可扩展性：Keras 的模块化设计不仅体现在其内置的各种层和函数上，还体现在其可扩展性方面。用户可以自定义新的层、激活函数、损失函数和评估指标，以满足特定任务需求。

除了 TensorFlow、PyTorch 和 Keras 这三大主流深度学习框架之外，一些新兴的框架也逐渐崭露头角。JAX 是由谷歌开发的一个基于 Python 的数值计算库，它结合了自动求导和即时编译（JIT）技术，能够高效处理数组计算和机器学习任务，尤其在研究新的深度学习算法和模型时具有优势。另外，MXNet 也是一个高性能的深度学习框架，它支持多种编程语言，具有灵活的分布式训练能力和高效的内存管理，在一些工业级应用中也得到了广泛使用。随着深度学习技术的不断发展和创新，未来还会涌现更多优秀的深度学习框架，它们将不断推动人工智能领域的进步，为我们带来更多惊喜和可能性。

3.3 神经网络的结构与工作原理

神经网络作为深度学习的核心架构，其独特的结构和精妙的工作原理使其在众多复杂任务中展现出强大的能力。从图像识别到自然语言处理，从语音识别到时间序列预测，神经网络取得了显著成果。

1. 神经网络的基本结构

神经网络的基本构建模块是神经元，它模拟了生物神经元的基本功能。在人工神经网络中，神经元接收来自其他神经元或外部输入的信号，对这些信号进行加权求和，并通过一个激活函数产生输出。多个神经元按照一定的层次结构组织起来，形成了神经网络的整体架构。

神经网络通常包含输入层、隐藏层和输出层。输入层负责接收外部数据，其神经元数量取决于输入数据的特征数量。例如，在图像识别任务中，如果图像是 28×28 的灰度图像，那么输入层可能有 784 个神经元，每个神经元对应图像的一个像素点。输出层则根据任务需求产生相应的输出：在二分类任务中，输出层通常有一个神经元，其输出经过激活函数处理后表示属于某一类别的概率；在多分类任务中，输出层的神经元数量与类别数量相同，每个神经元的输出表示对应类别的概率。隐藏层位于输入层和输出层之间，其数量和每个隐藏层的神经元数量可以根据任务的复杂程度和数据的特点进行调整。隐藏层的作用是对输入数据进行特征提取和转换，通过层层递进的方式将原始数据的低层次特征逐步转换为更抽象、更高级的特征，以便网络能够更好地学习数据中的模式和规律。

2. 数据在神经网络中的流动与处理

数据输入神经网络时，首先进入输入层。输入层的神经元将数据传递给第一个隐藏层的神经元。在这个过程中，每个连接都有一个权重，权重决定了输入信号对神经元的影响程度。神经元接收到输入信号后，会将其乘以相应的权重并求和，再加上一个偏置项，然后将结果输入激活函数进行处理。

激活函数是神经网络中的关键元素，它为神经网络引入了非线性特性。常见的激活函数有 ReLU、sigmoid、tanh 等。ReLU 函数在输入大于 0 时返回输入值，在输入小于或等于 0 时返回 0，其计算效率高，能够有效缓解梯度消失问题，在现代神经网络中被广泛应用。sigmoid 函数将输入值映射到 0 到 1 之间，常用于二分类问题的输出层，将输出转换为概率值。tanh 函数将输入值映射到-1 到 1 之间，输出具有一定的对称性。

经过激活函数处理后的输出作为下一层神经元的输入，数据就这样在神经网络中逐层向前传播，直到到达输出层。输出层的神经元根据任务的类型产生最终的输出结果，如分类任务中的类别概率或回归任务中的预测值。

3. 神经网络的学习机制

神经网络的学习过程主要基于反向传播算法和梯度下降优化方法。在训练过程中，神经网络会接收大量的输入数据和对应的标签（在监督学习中）。网络首先进行前向传播，计算预测输出，然后将预测输出与真实标签进行比较，计算损失函数的值。损失函数衡量了网络预测结果与真实结果之间的差异程度，常见的损失函数有均方误差（用于回归任务）、交叉熵（用于分类任务）等。

计算出损失函数后，网络通过反向传播算法计算损失函数对网络中每个权重的梯度。反向传播算法利用链式法则，从输出层开始，逐层向后计算梯度，将误差信号反向传播到网络的每一层。得到梯度后，使用梯度下降算法更新网络的权重。梯度下降算法的基本思想是沿着梯度的反方向调整权重，使损失函数逐渐减小。在实际应用中，通常会使用小批量梯度下降，即每次使用一小批数据计算梯度并更新权重，这样可以在一定程度上提高训练效率和稳定性。

除了基本的梯度下降算法，还有一些改进的优化算法，如带动量的梯度下降、Adagrad、Adadelta、RMSProp 和 Adam 等。这些算法通过引入额外的机制（如动量项、自适应学习率等）加速训练过程、提高收敛速度并避免陷入局部最优解。

神经网络通过不断重复前向传播、计算损失、反向传播和权重更新的过程，逐渐调整网络的权重，使网络能够更好地拟合训练数据，提高在测试数据上的性能，从而学习数据中的模式和规律，实现对未知数据的准确预测和分类等任务。神经网络结构和工作原理的协同作用使其成为一种强大的机器学习工具，在各个领域不断推动技术的发展和创新。它们之间的关系如图 3-6 所示。

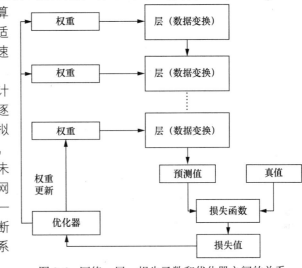

图 3-6 网络、层、损失函数和优化器之间的关系

在后续章节中，我们将进一步探讨如何构建和训练神经网络，以及如何应用神经网络解决实际问题，以帮助读者深入理解和掌握神经网络技术，并能将其应用到实际的项目和研究中。

习题

一、选择题

1．深度学习的理论基础来源于（　　　）。
  A．符号主义　　　　　B．连接主义　　　　　C．行为主义　　　　　D．经验主义
2．深度学习与传统机器学习的主要区别是（　　　）。
  A．需要人工设计特征　　　　　　　　B．依赖大规模标注数据
  C．自动学习特征表示　　　　　　　　D．使用监督学习方法

二、简答题

1．对比传统机器学习，说明深度学习在特征处理方式上的根本性突破，并分析其技术优势。
2．深度神经网络为何需要多层结构？以图像识别为例解释各层次的特征抽象过程。
3．列举当前突破深度学习应用的三大技术瓶颈，并提出可能的解决思路。

第4章
自然语言处理基础

【学习目标】
- 理解文本预处理技术及其应用方法。
- 理解分词技术及其应用方法。
- 了解自然语言处理的基本模型。

 【引导案例】

自然语言处理技术重塑生活方式

全球约 80%的数据为非结构化文本，如社交媒体评论、医疗记录等。NLP 通过语义分析、关键词提取等技术，将文本转化为可分析的结构化数据，支持企业决策和用户行为分析。传统交互依赖代码或固定指令，而 NLP 技术（如语音助手、聊天机器人）实现了自然语言对话，降低使用门槛。例如，智能客服可通过语义理解快速响应用户需求；跨国企业需消除语言障碍，NLP 的机器翻译技术可实时转换语言，将会议中的英语发言同步翻译为中文，显著提升沟通效率。

在医疗健康领域，可通过 NLP 将医生口述内容实时转录为结构化电子病历，减少人工记录错误，并支持后端自动纠错；利用语义分析技术可从海量医疗文献中提取关键信息，辅助诊断和治疗方案的制定。在企业服务场景中，某科技公司基于神经机器翻译（NMT）开发了实时翻译系统，通过自注意力机制优化翻译流畅度，解决跨国会议中的语言障碍。在舆情监测中，政府部门借助 NLP 技术分析社交媒体和新闻中的公众意见，实时追踪政策反馈并生成情感倾向报告。在客户服务与营销方面，智能客服已经广泛应用，结合情感分析和意图识别技术自动处理用户咨询并分类紧急程度，提升响应速度。在市场研究方面，企业可通过文本挖掘分析消费者评论，识别产品优劣势及潜在需求，从而指导营销策略优化。

4.1 NLP 简介

自然语言交互是人机交互中的重要技术之一。自然语言与人工智能的结合基本可分为自然语言处理及自然语言生成两个部分，演化为理解和生成文本的任务。而随着预训练大模型的不断发展，这两个分支逐渐呈现融合的趋势。在自然语言处理与人工智能的交织发展中，NLP 技术作为连接人类语言与机器智能的桥梁，其重要性日益凸显。

NLP（Natural Language Processing，自然语言处理）是计算机科学领域

自然语言处理
基础

与人工智能领域的一个重要方向。它研究实现人与计算机之间用自然语言进行有效通信的各种理论和方法。图 4-1 描述了 NLP 的基本架构，主要包括自然语言处理、自然语言理解和自然语言生成三个方面。

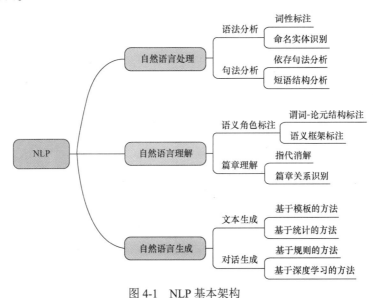

图 4-1　NLP 基本架构

NLP 被应用于很多领域，以下是一些常见应用：

（1）机器翻译：计算机具备将一种语言翻译成另一种语言的能力。

（2）情感分析：计算机能够判断用户评论是否积极。

（3）智能问答：计算机能够正确回答输入的问题。

（4）文摘生成：计算机能够准确归纳、总结并产生文本摘要。

（5）文本分类：计算机能够采集各种文章，进行主题分析并将其自动分类。

（6）舆论分析：计算机能够判断当前舆论的导向。

（7）知识图谱：知识点相互连接而成的语义网络。

其发展过程经历三个阶段：

（1）基于规则的方法：通过总结规律判断自然语言的意图，常见的方法有 CFG（上下文无关文法）、JSGF（Java Speech Grammar Format，Java 语音语法格式）等；

（2）基于统计的方法：对语言信息进行统计和分析，并从中挖掘语义特征，常见的方法有 SVM（支持向量机）、HMM（隐马尔可夫模型）、MEMM（最大熵马尔可夫模型）、CRF（条件随机场）等；

（3）基于深度学习的方法：CNN、RNN、LSTM、Transformer 等。

4.2　语言模型

语言模型是自然语言处理领域的核心概念，主要用于预测自然语言中下一个词或序列的概率分布，分为基于统计的模型和基于深度学习的模型两类。目前，基于大模型的自然语言处理应用更为广泛。

1. 基于统计的 N-gram 模型

N-gram 模型是一种基于统计的语言模型。它的基本思想是通过统计文本中连续的 n 个单词

（或字符）出现的频率，预测下一个单词（或字符）出现的概率。

计算原理：以预测单词为例，对于一个 N-gram 模型，给定前面 $n-1$ 个单词的序列 $w_1, w_2, \cdots, w_{n-1}$ 计算下一个单词 w_n 出现的概率 $P(w_n | w_1, w_2, \cdots, w_{n-1})$，计算公式基于条件概率的平稳 Markov 链。其基本假设为：一个单词出现的概率只与它前面的 $n-1$ 个单词有关，而与更早的单词无关。N-gram 模型的概率计算公式如式（4-1）所示。

$$P(w_n | w_1, w_2, \cdots, w_{n-1}) = \frac{\text{count}(w_1, w_2, \cdots, w_{n-1}, w_n)}{\text{count}(w_1, w_2, \cdots, w_{n-1})} \tag{4-1}$$

式中，分子表示单词序列 $w_1, w_2, \cdots, w_{n-1}, w_n$ 在文本中出现的次数，而分母表示前面 $n-1$ 个单词序列出现的次数。根据单词个数的不同，后续出现了 unigram、bigram 和 trigram 等模型。

unigram（一元模型）中 $k=1$，只考虑单个字符出现的概率，忽略上下文，即序列中的每个字符相互独立。在此模型下，即使改变字符在序列中的顺序，序列概率也不变。

bigram（二元模型）中 $k=2$，考虑当前字符和它前面一个字符一起出现的概率。

trigram（三元模型）中 $k=3$，考虑当前字符和它前面两个字符一起出现的概率。

更高阶的 N-gram 按照此规律类推，可以构建四元模型、五元模型等。

一般中文语言模型处理的字符以汉字或词语为基本单位。例如，句子"深度神经网络是人工智能研究的热点"，如果以字为基本单位处理较复杂，但如果用词作为分析的基本单元，可以得到一个长度为 6 的序列，即"深度神经网络""是""人工智能""研究""的""热点"。这样需要处理的序列长度大大减小，语言模型也能更准确地进行计算。

2. 基于深度学习和预训练的模型

（1）词袋模型（Bag of Words，BOW）：将文本表示为单词的集合，不考虑单词的顺序，每个单词对应一个特征。

（2）递归神经网络：通过递归结构处理序列数据，能够捕捉文本中的长距离依赖关系。

（3）长短时记忆网络：RNN 的一种变体，通过特殊的门控机制解决长序列训练中的梯度消失问题。

（4）支持向量机：一种经典的机器学习模型，通过核函数将文本数据映射到高维空间，寻找最优分割平面。

（5）卷积神经网络：最初用于图像处理，后来也被应用于 NLP 领域，能够捕捉文本中的局部特征。

（6）生成对抗网络：由生成器和判别器组成，通过对抗训练生成新的文本数据。

（7）转换器模型（Transformer）：基于自注意力机制，能够同时处理文本中的长距离和短距离依赖关系，是当前 NLP 领域的主流模型。

（8）BERT（Bidirectional Encoder Representations from Transformers）：基于 Transformer 的预训练模型，通过双向编码器捕捉文本的深层语义信息。

（9）GPT（Generative Pre-trained Transformer）：同样是基于 Transformer 的预训练模型，采用单向语言模型，能够生成连贯的文本。

（10）ELMo（Embeddings from Language Models，语言模型嵌入）：通过预训练获得单词的深层表示，考虑单词的上下文信息。

3. 大语言模型

大语言模型（Large Language Model，LLM）是在大量数据上训练的大规模神经网络，通常具有数亿甚至数千亿参数。这些参数使模型具备了处理复杂语言的能力，并能在没有明确规则的情况下生成连贯且语义合理的文本。

大语言模型的核心技术是 Transformer 架构。Transformer 由 Google 提出，最初用于机器翻译任务，但其强大的自注意力机制（Self-Attention）使其迅速成为 NLP 的主流架构。BERT 和 GPT 是 LLM 的两个代表，分别对应 Transformer 的编码器和解码器架构。前者擅长文本的理解，后者擅长文本的生成。在发展过程中，GPT 的功能不断扩展，逐渐具备了 BERT 的理解能力，并在多项任务上取得了更好的表现。因此，对于 BERT，我们重点关注其在文本嵌入上的优势。

4.3 文本预处理技术

文本预处理是将原始文本数据转换为符合模型输入要求格式的过程。它涉及多个环节，包括数据清洗、文本标准化、分词、文本向量化等，旨在将原始非结构化的文本数据转换为结构化、数值化的形式，以便机器学习模型能够理解和处理。

文本预处理技术

1. 文本预处理的主要环节

（1）数据清洗

① 去除噪声：删除与文本分析任务无关的信息，如 HTML 标签、URL 链接、特殊符号等。

② 处理缺失值：对于缺失或不完整的数据，可以选择填充（如使用特定标记、平均值或算法预测的值）或删除。

③ 纠正文本错误：发现并纠正拼写错误、语法错误等。中文纠错相对复杂，可以利用开源工具或自行训练模型实现。

（2）文本标准化

① 转换为小写：将所有文本转换为小写，以降低词汇的复杂度。

② 去除停用词：删除常见但对文本意义贡献不大的词，如中文的"是""在"等，英文的 "the""is""in"等。

（3）分词

① 中文分词：中文没有单词的分割符号，因此需要复杂的分词模型进行分析。常用的中文分词工具包有 jieba、THULAC、NLPIR 等。特定领域的分词可以加入自定义词库进行分词。如果分词误差较大，可以重新训练分词模型。

② 英文分词：英文单词之间有分隔符，通常不需要分词，但在处理缩写、复合词等情况下仍需要词语切分。

（4）词干提取和词形还原

① 词干提取：找到单词的基本形式（词干），以降低词汇的复杂度。英文中常用的词干提取工具有 PorterStemmer、LancasterStemmer 和 SnowballStemmer 等。

② 词形还原：将变化的词还原为原形，进一步提高对语义的理解。英文中常用的词形还原工具有 WordNetLemmatizer 等。

（5）特征提取

① 将文本转换为数值特征，以便机器学习模型处理。常见的方法包括词袋模型、TF-IDF（词频-逆文档频率）等。

② 使用预训练的词嵌入模型（如 Word2Vec、GloVe、FastText 等），将单词转换为固定大小的向量，这些向量捕捉单词的语义信息。

（6）文本向量化

对于需要考虑词序的模型，如 RNN、LSTM、Transformer，保持文本的序列信息非常重要。这可以通过将文本转换为整数序列（每个整数代表一个单词在词汇表中的索引）来实现。还可以使用 one-hot 编码、Word2Vec、Word Embedding 等方法进行文本向量化。

2. 文本预处理的作用

（1）规范化文本数据：原始文本数据通常包含各种噪声，如拼写错误、无关字符、格式不一致等。文本预处理可以去除这些噪声，使文本数据更加规范化。

（2）降低处理难度：原始文本数据可能包含大量词汇和复杂语法结构，直接处理会很困难。预处理可以通过简化文本（如分词、去除停用词、词干提取等）降低后续处理的难度。

（3）提高模型性能：经过科学预处理的文本可以更有效地指导模型超参数的选择，进而提升模型的评估指标和整体性能。

（4）适应模型输入要求：不同的机器学习模型对输入数据有不同的要求。文本预处理可以将文本转换为模型所需的格式，如将文本转换为张量、规范张量的尺寸等。

3. 应用场景

文本预处理技术广泛应用于各种 NLP 任务中，如智能助手、情感分析、命名实体识别、关系抽取、机器翻译、对话系统等。利用预处理技术可以更有效地提取文本中的关键信息，提高模型的准确性和效率。

综上所述，文本预处理技术是自然语言处理中的一项重要技术，对于提高模型的性能和准确性具有至关重要的作用。在实际应用中，需要根据具体的任务和数据特点选择合适的预处理方法和工具。

4.4 分词技术

1. 分词技术原理

基于规则的分词方法：依据语言学的规则和词典进行分词，如最大匹配法，包括正向最大匹配和逆向最大匹配。正向最大匹配从句子的开头开始，每次尝试匹配词典中最长的词；逆向最大匹配则从句子的末尾开始。

分词技术

基于统计的分词方法：利用语料库中词语出现的统计信息进行分词，常见的方法有隐马尔可夫模型（HMM）。HMM 假设文本中的每个词是一个状态，词与词之间的转换是一个马尔可夫过程。通过对大量文本进行训练，可以学习到词语出现的概率和转移概率，从而实现分词。

2. 分词技术主要方法

最大匹配法：该方法需要一个词表。在分词过程中，用文本的候选词与词表中的词匹配，如果匹配成功，则认为候选词是词并予以切分；否则按照贪心算法进行切割。这种方法的优点在于程序简单易行，开发周期短，且适用于大多数情况。缺点在于切分歧义消除的能力较弱。

最少分词法：基本思想是使每一句切出的词最少。可以将最少分词法看作最短路径搜索问题，即根据词典找出字串中所有可能的词，构造词语切分的无环有向图，每个词对应图中的一条有向边，边长为 1。然后针对该切分图，在起点到终点的所有路径中寻找长度最短的路径。其优缺点与最大匹配法类似。

最大概率法：汉语词语切分可以看作是求使 $P(W|Z)$ 最大的切分，其中 $Z = z_1, z_2, \cdots, z_n$ 表示字串，$W = w_1, w_2, \cdots, w_m$ 表示切分后的词串。词串的概率可以通过 n 元语法来求。最大概率法可以发现所有的切分歧义，在很大程度上取决于统计语言模型的精度和决策算法，并需要大量的标注语料。

与词性标注结合的分词方法：将分词和词类标注结合起来，利用丰富的词类信息为分词决策提供帮助，并在标注过程中反过来对分词进行校验和调整，从而极大地提高切分的准确度。

基于互现信息的分词方法：从形式上看，词是一个稳定的字组合，相邻的字同时出现的次数越多，就越可能构成一个词。可以对语料中相邻各字组合的频度进行统计，计算它们的互现信息（互现信息体现了汉字间结合关系的紧密程度）。当紧密程度高于某一阈值时，便可以认为是一个词。

基于字符标注的分词方法：将分词过程看作是字的分类问题，每个字在构造一个特定的词语时都占据一个确定的构词位置。

基于实例的汉语分词方法：在训练语料中存放事先切分好的汉字串，为输入的待切分句子提供可靠的实例。分词时根据输入句子和训练语料找到所有切分片段的实例和可能的词汇，然后依据某些优化原则和概率信息寻求最优词序列。

3. 分词技术的优缺点

（1）优点

① 分词技术能够显著提高 NLP 任务的准确性和效率。

② 对于一些具有明确语法规则的文本，分词技术能够取得较好的效果。

（2）缺点

① 规则的制定依赖人工，对于复杂的语言现象（如歧义、新词等）的处理能力有限。

② 基于统计的分词方法需要大量的训练数据来估计概率模型，且模型相对复杂，训练和推理的时间成本较高。

4. 分词技术的应用场景

分词技术在自然语言处理中扮演着重要角色，广泛应用于以下领域。

（1）搜索引擎：分词技术能够帮助系统快速理解用户的查询意图，从而提供更精准的搜索结果。

（2）机器翻译：通过对源语言文本进行分词，系统可以更好地理解句子的结构和语义，从而生成更准确的翻译结果。

（3）情感分析：分词技术可以帮助系统识别并分析文本中的情感倾向，了解用户的喜好、需求和意见。

（4）智能客服：分词技术可以帮助机器人更好地理解用户的问题，从而给出适当的回答，提升客服效率和用户体验。

（5）舆情分析：通过对海量文本数据进行分词和语义分析，可以及时了解公众对某一事件或话题的看法和态度。

4.5 自然语言处理实战

本节以百度为例进行自然语言处理方面的案例介绍，主要包含文本分析、情感分析、对话管理和智能写诗四个方面，最后介绍了交互中常用的中文界面实现。在开展处理任务之前需要先完成 AipNlp 对象的初始化，然后才能通过调用相关功能函数实现具体任务。

1. 初始化 AipNlp 对象

AipNlp 是百度 AI 开放平台提供的自然语言处理 SDK 中的一个核心类，用于帮助开发者快速调用百度的自然语言处理服务。通过 AipNlp 对象，开发者可以轻松实现文本分析、情感分析、词法分析、文本分类等功能。初始化 AipNlp 对象的步骤如下：

（1）注册百度 AI 平台账号

首先需要在百度 AI 平台注册一个账号，并创建相应的应用以获取 API Key 和 Secret Key。

（2）安装百度 AI Python SDK

使用 pip 安装百度 AI 的 Python SDK，安装命令如下：

```
pip install baidu-aip
```

（3）创建应用

如图 4-2 所示，在百度控制台创建一个应用，获取应用的 ID、Key 如标号 1～3 所示，并开放如标号 4 对应权限。

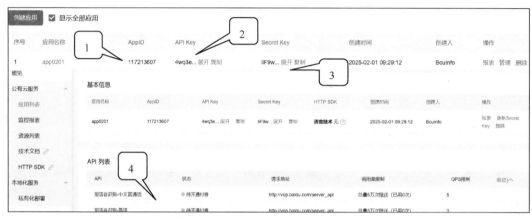

图 4-2　在百度控制台创建一个应用

完成上述步骤后即初始化 AipNlp 对象，代码示例如下。注意，在实践时需要将 APP_ID、API KEY 和 SECRET_KEY 替换成实际信息。

```
from baidu_aip import AipNlp
# 你的 API Key 和 Secret Key
APP_ID = '你的 APP_ID'
API_KEY = '你的 API_KEY'
SECRET_KEY = '你的 SECRET_KEY'
# 初始化 AipNlp 对象
client = AipNlp(APP_ID, API_KEY, SECRET_KEY)
```

2. 文本分析

client.lexer 函数可以实现文本分析功能，完成对用户输入的分词、词性标注等处理。例 4-1 中给出了完整的分词程序代码示例及运行结果。

【例 4-1】文本分析的实现

```
from aip import AipNlp
# 调用时必须更换为你自己的 APP_ID、API_KEY 和 SECRET_KEY
APP_ID = '117213607'
API_KEY = '4wq3eBJkHiG0Ybps6jpLkMhA'
SECRET_KEY = 'llF9wfL2T3kjsE47JyWR0lLcLtXglhfW'
# 初始化 AipNlp 对象
client = AipNlp(APP_ID, API_KEY, SECRET_KEY)
text="我爱自然语言处理"
result = client.lexer(text)
for word in result['items']:
 #print(f'词: {word['item']}, 词性: {word['part_of_speech']}')
 print(f'词: {word['item']}')
```

运行结果如图 4-3 所示，可以看到文本被分成"我""爱""自然""语言""处理"五部分。

3. 情感分析

client.sentimentClassify 函数能够实现情感分析功能，用于判断用户输入的情感倾向（积极、消极、中性）。例 4-2 给出了情感分析代码示例及运行结果。

【例 4-2】情感分析的实现

```
from aip import AipNlp
# 调用时必须更换为你自己的 APP_ID、API_KEY 和 SECRET_KEY
APP_ID = '117213607'
API_KEY = '4wq3eBJkHiG0Ybps6jpLkMhA'
SECRET_KEY = 'l1F9wfL2T3kjsE47JyWR0lLcLtXglhfW'
# 初始化 AipNlp 对象
client = AipNlp(APP_ID, API_KEY, SECRET_KEY)
text="我今天心情很好！"
result = client.sentimentClassify(text)
print(f"情感倾向: {result['items'][0]['sentiment']}")
```

运行结果如图 4-4 所示，其中返回值 0 为消极，1 为中性，2 为积极。

图 4-3　实现分词　　　图 4-4　实现情感分析

4. 对话管理

对话管理是实现自然语言交互的关键部分。虽然百度 AI 平台没有直接提供对话管理服务，但我们可以使用其他服务（如 UNIT 对话训练平台）或自行实现一个简单的对话系统。这里为了简化，例 4-3 仅展示了调用百度 AI 的文本理解功能来模拟对话的一部分。

【例 4-3】对话管理的实现

```
def simple_dialog(user_input):
# 假设我们有一个简单的对话规则
if "你好" in user_input:
return "你好！欢迎使用自然语言交互系统。"
elif "天气" in user_input:
# 这里可以调用天气 API 来获取天气信息# 为了简化，我们直接返回模拟的天气信息
return "今天是晴天，气温适宜。"
else:
return "我不太明白你的意思，请再说一遍。"
# 调用示例
user_input = "你好，今天天气怎么样？"
response = simple_dialog(user_input)
print(response)
```

5. 智能写诗

智能写诗功能基于百度自主创新的神经网络序列生成技术实现，poem 函数可根据用户输入的任意主题词，自动生成与主题相关的七言绝句。但需注意，给出的主题词不能过长，一般不超过 4 个汉字，每天调用次数不超过 10 次。例 4-4 展示了智能写诗的代码示例及运行结果。

【例 4-4】智能写诗的实现

```
from aip import AipNlp
# 调用时必须更换为你自己的 APP_ID、API_KEY 和 SECRET_KEY
APP_ID = '117213607'
API_KEY = '4wq3eBJkHiG0Ybps6jpLkMhA'
SECRET_KEY = 'llF9wfL2T3kjsE47JyWR0lLcLtXglhfW'
# 初始化 AipNlp 对象
client = AipNlp(APP_ID, API_KEY, SECRET_KEY)
user_input = "吃好喝好"
response = client.poem(user_input)
print(response)
```

代码运行后收到的 Jason 数据包如下：

{'poem': [{'content': '雨霁风和草色青\t 吟诗对月赋心声\t 清辉洒落千山外\t 一夜相思到天明', 'title': ''}], 'log_id': 1885546971404599769}

6. 交互界面设计

创建中文输入界面，可以使用第三方库，如 tkinter 库。Combobox 小部件提供下拉选择框，Entry 小部件提供中文输入的接口，然后通过 tkinter 的事件循环进行管理。例 4-5 展示了简单交互界面设计代码示例及运行结果。

【例 4-5】交互界面设计的实现

```
import tkinter as tk
from tkinter.ttk import Combobox, Entry
def main():
    # 创建主窗口
    root = tk.Tk()
    root.geometry("400x200")  # 设置窗口大小
    root.title("中文输入界面示例")
    # 创建一个下拉选择框，根据需要进行更改
    combo_values = ["选项一", "选项二", "选项三"]
    combo = Combobox(root, values=combo_values)
    combo.current(0)
    combo.pack()
    # 创建一个中文输入框
    entry_var1 = tk.StringVar()
    entry1 = Entry(root, textvariable=entry_var1, font=("微软雅黑", 10))
    entry_var1.set("请输入中文进行查询")
    entry1.pack()
    entry_var2 = tk.StringVar()
    entry2 = Entry(root, textvariable=entry_var2, font=("微软雅黑", 10))
    entry_var2.set("北京城市学院美景")
    entry2.pack()
    # 启动事件循环
    root.mainloop()
if __name__ == "__main__":
    main()
```

运行结果如图 4-5 所示，可以看到生成了一个中文菜单。

图 4-5 交互界面运行效果

习题

一、选择题

1．以下哪项属于自然语言处理的技术？（　　　）

   A．语言技术   B．语音信号处理

   C．语音转文本   D．说话人声音识别

2．以下哪项不属于自然语言处理的应用场景？（　　　）

   A．搜索引擎   B．机器翻译

   C．智能客服   D．运动物体识别

3．哪个公司没有产出自然语言处理工具？（　　　）

   A．百度   B．科大讯飞   C．华为   D．腾讯

二、简答题

1．解释自然语言处理中语言模型的区别，并各举一个实际应用案例。

2．简述常见分词技术并各举一个实际应用场景。

人工智能工具应用篇

第5章
人工智能工具应用基础

【学习目标】

● 掌握操作提示词工程、智能文档处理、AI 辅助 PPT 制作、AI 辅助影音编辑及 AI 编程工具，具备跨场景的实践能力。

● 理解 AI 工具的技术逻辑，如提示词与模型输出的关联性、NLP 文档处理原理、统计模型在数据分析中的应用边界，以及生成式 AI 的局限性。

● 了解 AI 工具生态分类、版权与隐私风险、行业创新案例，以及低代码化、多模态融合等技术趋势。

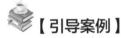

【引导案例】

从"词穷"到"妙笔生花"——AI 赋能新品推广文案

某宠物用品公司即将推出一款专为猫咪设计的高端智能饮水机，特点是"活水循环、静音运行、智能监测饮水量"。公司的市场专员小李需要为电商平台和社交媒体撰写宣传文案和视觉概念草图。时间紧迫，但小李对如何精准打动养宠人群感到毫无头绪。小李决定尝试运用 AI 工具破局，启动"提示词工程"进行文案生成。他在通义千问平台中输入："写一段关于猫咪智能饮水机的电商文案。"，结果得到一段通用、平淡的描述。他意识到需要更精准的指令，于是修改提示词："你是一个资深的宠物用品营销专家。请为高端猫咪智能饮水机撰写一段充满温情、能打动养宠人群的电商广告文案，核心卖点包括模拟活水泉源吸引猫咪多喝水、超静音运行不打扰、App 智能监测饮水量守护健康。要求：语言生动温馨，突出猫咪健康饮水的重要性，结尾要有强烈的购买号召力，字数 150 字以内。"，通义千问迅速生成了几版符合要求的文案，语言更专业、情感更充沛，直击目标用户痛点（关心猫咪健康、饮水习惯）和痒点（追求高端、便捷）。接下来，小李选择了即梦 AI 工具，他将文案核心卖点转化为视觉描述，构建出了图像提示词；即梦 AI 工具根据提示词生成了多张高质量的概念草图，完美呈现了产品的使用场景和核心卖点，为设计师提供了清晰的视觉设计方向。

在 AI 工具的辅助下，小李在极短的时间内高效地产出了多套高质量、卖点清晰的文案初稿和视觉概念图。这些素材经过他进一步的筛选和微调，快速被用于电商平台和社交媒体广告。这个案例告诉我们，掌握精准构建提示词是驱动 AI 工具生成理想结果的核心技能；熟练运用 AI 工具，能够极大地提升创意工作的效率和质量，将人们从重复性劳动中解放出来，并专注于创意和优化。

5.1　人工智能工具简介

　　随着生成式人工智能、多模态大模型和自动化技术的突破性发展，人工智能工具已从单一功能向全场景协同进化。如今，AI 工具在文本、视觉、音视频、代码等应用场景中的生产力提升幅度超过 300%。其核心价值体现在降低专业门槛、缩短创作周期和激发创新潜能。

人工智能工具应用
基础

▶▶▶ 5.1.1　文本生成工具

　　文本生成技术作为自然语言处理领域的重要分支，旨在让机器能够理解、学习并生成人类语言。这一技术不仅极大丰富了内容创作的手段，还为信息检索、客户服务、教育辅导等多个领域带来了革新。

1．GPT 系列

　　GPT 由 OpenAI 开发，是一款基于 Transformer 架构的预训练语言模型，能够通过大规模文本数据学习语言结构，生成连贯、自然的文本。从撰写文章、报告到编写代码注释，GPT 系列展现了其广泛的适用性。GPT-3 更是因其强大的文本生成能力，被用于创意写作、自动摘要、问答系统等多种场景。

2．BERT 系列

　　BERT 由 Google 推出，是一款深度双向预训练语言模型，能够理解文本的上下文信息，提高语言理解的准确性。BERT 在搜索引擎优化、情感分析、文本分类等方面表现出色，能够更精准地捕捉用户意图，提升信息检索与处理的效率。

3．Copy.ai

　　Copy.ai 是一款利用 AI 技术辅助内容创作的工具，能够根据用户输入的关键词或短语生成博客文章、社交媒体文案、广告词等多种类型的文本。它适用于市场营销、内容营销、社交媒体管理等领域，帮助用户快速生成高质量内容，提升品牌传播效率。

4．豆包（字节跳动）

　　豆包是一款基于 AI 的写作助手，支持多种语言，能够根据用户指令生成文章、故事、电子邮件等，甚至提供不同风格的写作模板，适用于内容创作、企业文案撰写、邮件处理、社交媒体管理等，帮助用户克服写作障碍，提高创作效率。

5．文心一言（百度）

　　文心一言是百度推出的 AI 大模型，擅长处理语言理解与生成任务，提供智能对话、文本创作等功能。其行业报告生成能力在国内排名第一，金融、法律领域的报告误差小于 8%。独有的"逻辑校准"功能可检测文本矛盾点，适用于方案撰写、自媒体运营等。

6．DeepSeek（深度求索）

　　DeepSeek 是一款开源高效的大语言模型，擅长代码生成、数据分析与多模态任务，推理能力极强。它是目前唯一支持多文档交叉分析的 AI，能够在 1 分钟内提取合同/报告的关键信息并生成方案，自带数据验证功能，引用来源可追溯，适用于会议决策、学习攻坚等。

　　文本生成技术的出现不仅极大缩短了内容创作时间，还拓宽了创意的边界，使得个性化、定制化的内容生产成为可能，为数字时代的内容经济注入了新的活力。

►►► 5.1.2 PPT 生成工具

PPT（PowerPoint，演示文稿）作为现代职场中不可或缺的演示工具，其设计与制作往往耗费大量时间与精力。而 AI 技术的融入让 PPT 制作变得智能化、自动化，极大提升了 PPT 的制作效率与质量。

1. Beautiful.ai

Beautiful.ai 是一款智能 PPT 设计工具，利用 AI 算法分析用户内容，自动推荐匹配的设计模板、图表和配色方案，使 PPT 既专业又美观。它适用于商业报告、项目提案、教育培训等演讲场合，有助于提升演讲效果。

2. Slidebean

Slidebean 通过 AI 技术简化 PPT 制作过程，用户只需输入大纲或要点，系统即可自动生成结构清晰、设计精美的幻灯片，有效节省时间，提高演示文稿的专业性，适合初创企业、学生、教师等需要频繁制作 PPT 的群体。

3. Canva Presentation

Canva 是一款强大的在线设计平台，其 Presentation 功能集成了 AI 设计助手，能够根据 PPT 内容智能推荐布局、图片和元素，让 PPT 设计更加个性化，广泛应用于个人展示、团队汇报、产品发布等场合。凭借丰富的模板库和易用的编辑工具，Canva 能满足不同用户的 PPT 制作需求。

4. Prezi Next

Prezi Next 虽然不完全依赖 AI 生成内容，但其创新的演示方式和智能编辑功能，如自动调整布局、动态缩放等，为 PPT 设计带来了新维度，适合追求创新演示效果的演讲者。Prezi Next 通过非线性动态的展示方式增强观众的参与感，提升信息传递效率。

5. WPS AI

WPS AI 是金山办公推出的一款智能助手，具备强大的 AI PPT 生成功能。只需输入一段描述，它就能自动生成 PPT 大纲并快速调整内容，形成精美的 PPT。

PPT 生成工具的智能化不仅降低了设计门槛，还激发了更多创意的可能性，使每个人都能轻松制作出既专业又富有吸引力的 PPT，有效提升沟通与表达效果。

►►► 5.1.3 图表生成工具

在数据驱动决策的时代，图表作为数据可视化的重要手段，对信息的高效传递与理解至关重要。AI 图表生成工具的出现使复杂数据的可视化变得简单快捷，极大提升了数据分析与呈现的效率。

1. Infogram

Infogram 是一款在线图表制作工具，集成了 AI 智能设计功能。用户只需导入数据，系统即可自动生成多种类型的图表，如柱状图、折线图、饼图等，帮助用户快速将数据转化为直观、易懂可视化信息。该工具适用于市场报告、财务分析、教育统计等应用场景。

2. Charticulator

Charticulator 由微软研究院开发，是一款交互式图表设计工具。通过 AI 技术，该工具辅助用户定制复杂图表，如桑基图、热力图等，满足高级数据可视化需求。它适合数据科学家、分析师及研究人员用于深度数据分析与展示，提升报告的专业性与说服力。

3. Datawrapper

Datawrapper 专注于简化数据可视化流程。用户无须掌握编程知识，即可通过其直观的界面和 AI 辅助功能快速创建并发布交互式图表。Datawrapper 广泛应用于新闻报道、博客创作、学术研究等场景，为内容增添数据支撑，提高信息的可信度与吸引力。

4. Tableau

Tableau 是一款强大的数据可视化软件。虽然其核心功能不完全依赖 AI，但其智能推荐、自动分析等功能极大提升了数据处理的效率与图表的交互性。该工具适用于企业数据分析、商业智能、市场调研等多个应用场景，帮助用户从海量数据中挖掘价值，做出更加精准的决策。

5. 亿图 AI

亿图 AI 是一款跨平台的思维导图软件，支持 AI 一键生成思维导图、解析总结文件、生成 PPT/海报，以及生成演说视频等功能。该工具适用于项目规划、学习笔记整理、创意头脑风暴等场景。

AI 图表生成工具的出现不仅降低了数据可视化的技术门槛，还提高了图表的美观性与交互性，使数据驱动决策更加直观、高效。

▶▶▶ 5.1.4　音视频生成工具

随着短视频和在线教育的兴起，音视频内容的需求日益增长。AI 音视频生成工具以其高效、自动化的特点，正逐步改变音视频内容的创作与分发方式。

1. Lumen5

Lumen5 是一款 AI 视频制作平台，用户只需输入文章或博客链接，系统即可自动提取关键信息，生成配有动画、音乐和剪辑效果的短视频，适用于内容营销、社交媒体推广、教育培训等，帮助用户快速将文字内容转化为更吸引人的视频形式，扩大影响力。

2. Descript

Descript 是一款集录音、编辑、转录于一体的 AI 音视频处理工具，其独特的"Overdub"功能能够利用 AI 技术生成自然流畅的语音，替换原有录音中的部分或全部内容。该工具适合播客制作者、视频创作者、远程教育工作者等用户，用于提高音视频内容的制作效率与质量，尤其是在需要修改或补充录音时，可大大节省了创作者的时间与精力。

3. Magisto

Magisto 是一款智能视频编辑软件，通过 AI 算法分析用户上传的素材，自动剪辑、配乐并添加特效，生成专业级的视频作品。该软件广泛应用于个人回忆录、企业宣传片、活动回顾等视频创作场景。

4. Amper Music

Amper Music 是一款 AI 音乐创作平台，提供个性化且无版权风险的音乐解决方案，降低了音乐创作的门槛与成本。用户只需根据需求选择风格、节奏、乐器等，系统即可自动生成原创音乐，适合视频制作者、广告商、游戏开发者等用于生成视频配乐或背景音乐。

5. 可灵

可灵是快手公司推出的一款视频生成大模型，支持文本生成视频和图像生成视频，视频分辨率可达 1080p。其具备时空联合注意力机制和物理特性模拟能力，可生成符合现实逻辑的动态画面，适用于视频制作、广告创意等场景。

6. 海螺 AI

海螺 AI 是在海外爆火的 AI 视频生成工具。生成速度快，视频画面细腻，在画面、色彩和主体的情绪表现上表现出色，适用于短视频制作、广告创意等场景。

AI 音视频生成工具的发展不仅丰富了多媒体内容的创作手段，还提高了内容生产的效率与质量，为内容创作者、教育工作者、企业营销人员等提供了强大的技术支持，推动了音视频内容产业的繁荣。

▶▶▶ 5.1.5 代码生成工具

在软件开发领域，AI 代码生成工具正逐渐成为程序员的新宠。通过理解自然语言描述或分析现有代码，AI 能够自动生成新的代码片段，甚至整个程序，从而极大地提高了代码开发效率，降低了编程门槛。

1. GitHub Copilot

GitHub Copilot 由 GitHub 与 OpenAI 合作开发，是一款基于 GPT-3 的代码生成工具，能够根据用户输入的注释或代码上下文实时推荐代码补全或生成新代码。它适用于各种编程语言与开发环境，帮助程序员快速编写代码，减少重复劳动，提高开发效率。

2. TabNine

TabNine 是一款 AI 驱动的代码补全工具，支持多种编程语言。它通过深度学习技术分析大量代码数据，为用户提供智能的代码建议，广泛应用于软件开发、数据分析、机器学习等领域，提升编程体验，加速项目进展。

3. Kite

Kite 是一款专为 Python 开发者设计的 AI 代码助手，它集成在常见的 IDE（如 PyCharm、VS Code 等）中，能够根据开发者当前的代码上下文提供实时的代码补全、文档提示和示例代码，特别适合 Python 开发者。无论是初学者还是经验丰富的程序员，都能通过 Kite 快速获取函数用法、参数信息，以及相关代码片段，从而极大提升了编码效率和准确性。

4. DeepCode

DeepCode 原本是一款独立的 AI 代码分析与生成工具，利用深度学习技术，不仅提供代码补全，还能检测代码中的潜在错误，提出改进建议，甚至优化代码性能，适用于软件开发的全生命周期。从编码初期的快速原型设计到后期的代码审查与优化，DeepCode（及其后续在 TabNine 中的体现）都能为开发者提供有力支持。

5. 通义灵码

通义灵码是阿里巴巴基于通义大模型开发的智能编程辅助工具。它提供代码续写、自然语言生成代码、单元测试生成、代码注释生成、代码解释、研发智能问答、异常报错排查等功能，与主流 IDE 无缝集成，并针对阿里云进行服务优化，支持多语言开发，适用于 Java、Python、Go 等主流编程语言。

6. CodeGeeX

CodeGeeX 是智谱 AI 推出的开源免费 AI 编程助手，基于 130 亿参数的预训练大模型，可快速生成代码，提升开发效率。它支持多种 IDE 与编程语言，提供代码自动生成和补全、代码翻译、自动添加注释、智能问答等 AI 功能。

7. iflycode 开发助手

iflycode 开发助手是科大讯飞基于语音识别与自然语言处理技术开发的 AI 编程工具。它支持通过语音输入编程命令，极大提高了开发的灵活性和便捷性。同时，它提供智能代码补全、错误修复和优化建议等功能，适用于语音交互频繁的开发环境，如远程开发或无法使用键盘的场景。

AI 代码生成工具的出现标志着软件开发行业正迈向一个更智能化、自动化的新时代。这些工具不仅极大提高了开发效率，降低了编程的复杂性，还推动了更多非专业开发者参与软件开发，促进了技术的普及与创新。

人工智能工具在文本生成、PPT 生成、图表生成、音视频生成及代码生成等领域的广泛应用不仅展示了 AI 技术的强大潜力，也深刻改变了我们的工作方式、学习模式和内容创作手段。用户应关注技术动态，在法律和伦理框架内结合人工审核，最大化人工智能工具的价值。

5.2 提示词工程

提示词工程（Prompt Engineering）是人工智能和自然语言处理领域中的一项关键技术，尤其是在大语言模型（如 ChatGPT、DeepSeek、豆包、文心一言、智谱清言等）的应用中。其核心目标是通过设计、优化和调整输入模型的提示词（Prompt），引导模型生成准确、相关且符合预期的输出结果。

提示词工程

▶▶▶ 5.2.1 提示词基础

1. 什么是提示词

提示词是用户向 AI 模型输入的指令或问题，用于引导模型生成特定输出。它的作用是控制生成内容的范围、风格与质量，弥补模型对上下文理解的不足。提示词与模型输出的关系如图 5-1 所示。在机器学习和人工智能系统中，提示词与模型输出之间通过一系列处理步骤紧密相连。首先，用户或系统提供初始数据（可以是文本、图像或其他形式的数据）作为提示词。接着，模型对接收到的提示词进行分析，提取关键特征，并基于内部算法和训练得到的知识生成相应的输出。提示词的质量直接影响模型输出的准确性。同时，模型的设计、训练程度以及所用算法等因素也间接影响了这一过程。在某些应用场景中，模型的输出还可以作为新的提示词再次输入模型，形成一个闭环系统，使模型能够基于上下文连续工作，从而提高任务完成的质量和效率。

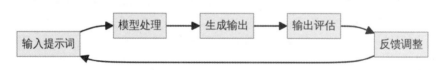

图 5-1 提示词与模型输出的关系

从技术视角看，提示词是 AI 模型的"解码器输入"，通过 Token 序列激活模型参数中的知识分布，大语言模型通过自注意力机制解析提示词，生成概率最高的下一个 Token 序列。

大语言模型是一类基于深度学习技术的人工智能模型，旨在理解和生成自然语言。这些模型通常包含数十亿甚至更多的参数，通过在大量文本数据上进行训练学习语言的模式、结构和上下文关系。训练完成后，大语言模型能够执行多种自然语言处理任务，如文本生成、机器翻译、摘要生成和情感分析等。

大语言模型的核心技术之一是 Transformer 架构，它通过自注意力机制有效处理和生成序列数据。自注意力机制使模型能够关注输入序列中不同部分的相关性，从而捕捉语言中的复杂依赖关系和细微差别。

2. 提示词的组成部分

一个完整的提示词通常包含四个部分，即核心指令、背景信息、示例和约束条件。

（1）核心指令：明确任务目标（如"生成""总结""翻译"）。

（2）背景信息：补充上下文（如受众、场景、领域知识）。

（3）示例：提供参考样本（如"仿照以下风格……"）。

（4）约束条件：限制输出范围（如字数、格式、禁止内容）。

提示词不同组成部分的示例如表 5-1 所示。

表 5-1　提示词不同组成部分示例

组成部分	作用	案例片段
核心指令	明确任务目标	"生成 5 条社交媒体文案，主题为……"
背景信息	补充上下文	"目标用户是 Z 世代，语言风格需活泼"
约束条件	限制输出范围	"每条文案不超过 20 字，包含 emoji"

3. 提示词的分类

提示词依据其对应的任务类型可分为三类：生成型、分析型与交互型。每一类都有其独特的应用场景和设计要点。

（1）生成型提示词

生成型提示词主要用于请求模型创作内容，涵盖从撰写文章到编写代码等广泛的应用领域。这类提示词又可细分为创意型提示词和模板型提示词两种。创意型提示词适用于需要创造力的任务，如诗歌创作或故事编写；模板型提示词针对需要遵循严格格式要求的任务，例如撰写邮件或合同。

（2）分析型提示词

分析型提示词旨在让模型解析并提供关于特定信息的见解，包括情感分析、数据总结等。在设计此类提示词时，应避免提出过于宽泛的问题，例如"分析全球经济趋势"这样的开放式问题。相反，应该提出具体问题，例如"基于 IMF 2023 年数据，分析通胀对新兴市场货币汇率的影响并按国家列表对比"，以便获得更加精准和有针对性的分析结果。

（3）交互型提示词

交互型提示词用于多轮对话中，以实现渐进式的信息引导和需求细化，常见于客户服务场景。以推荐徒步旅行背包为例，第一轮提示词为"推荐一款适合徒步旅行的背包。"第二轮提示词对需求描述进一步细化："预算 500 元以内，需防水且容量在 30 升以上。"每一轮对话都以前一轮的回答为基础，进一步缩小选择范围，直至找到满足用户所有条件的产品或解决方案。

综上所述，理解不同类型提示词的设计原则及其应用场景对于有效利用 AI 模型至关重要。无论是提升内容创作的质量、获取深入的数据分析，还是优化客户服务体验，恰当的提示词设计都能显著增强模型的表现力和实用性。图 5-2 展示了三类提示词的对比树状图。

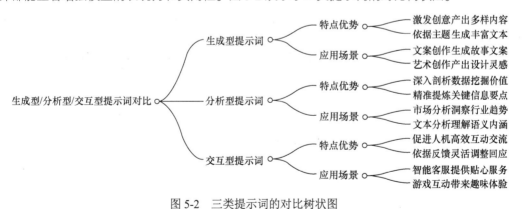

图 5-2　三类提示词的对比树状图

▶▶▶ 5.2.2　提示词设计原则

1. 明确性优先

明确性优先要求避免模糊表述，用具体指标替代抽象要求，具体可概括为 SMART 原则。

（1）Specific（具体）：明确任务类型与输出形式。

（2）Measurable（可衡量）：添加量化指标（如字数、数据范围）。

（3）Achievable（可实现）：避免超出模型能力（如"预测未来10年的股价"）。

（4）Relevant（相关）：确保任务与整体输出相关联。

（5）Time-bound（有时限）：为每项任务设定明确的完成时间。

表5-2展示了模糊提示词与明确提示词之间的对比。这种对比凸显了在向AI模型传达需求时清晰性和具体性的重要性。将模糊提示词转化为明确提示词至关重要，它不仅能帮助模型理解任务的具体要求，还可以确保任务的效率和准确性，从而输出更优质的成果。

表5-2　提示词对比

模糊提示词	明确提示词
"做一个PPT"	"制作10页科技风PPT，内容为2023年的AI趋势，每页包含图表与关键词摘要。"
"帮我修代码"	"修复Python代码中的索引越界错误，代码片段如下：……"

2. 结构化表达

结构化表达是提升模型输出效果的重要手段之一。通过采用分块、编号或符号等方式组织信息，可以使提示词更加清晰易懂且便于执行。例如，在描述一项复杂任务时，可以先提供总体概述，然后详细列出每个步骤的具体要求，最后补充必要的附加说明。这种"总—分—补充"的递进式结构能够帮助模型更准确地理解任务需求，从而提高响应的质量和效率。图5-3展示了为结构化表达的示例。

结构化提示词与模型响应质量的关联如图5-4所示。该图通过比较提示词在准确性、相关性、完整性和连贯性四个维度的表现，展示了结构化程度对模型响应质量的影响。

> 任务：生成短视频脚本
>
> 要求：
> 1. 时长：60秒以内；
> 2. 场景：校园毕业季；
> 3. 元素：需包含"友谊""成长""离别"三个关键词；
> 4. 风格：温暖治愈，结尾有悬念。

图5-3　结构化表达示例

量的影响。从图中可以看出，随着提示词结构化程度的提高，模型响应质量在各个维度的评分均显著提升，表明更具体且结构化的指令能够有效提高AI生成内容的质量和适用性。这强调了在设计提示词时注重细节描述和结构规划的重要性。

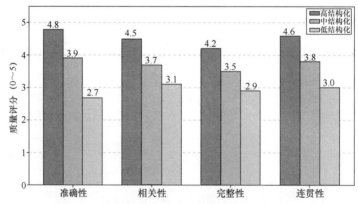

图5-4　结构化提示词与模型响应质量的关联

3. 上下文信息

提供角色设定和背景信息可以有效缩小模型的猜测空间，进而提高输出的相关性和精确度。例如，相较于简单的"写一封邮件"，更有效的提示可能是"假设你是某电商公司的客服主管，撰写一封回复客户关于物流延迟请求退款的邮件，表达歉意并提出补偿方案"。这种方式不仅提供了明确的任务框架，还通过上下文信息增强了输出的相关性和实用性。

图 5-5 展示了上下文信息对模型输出质量的影响评估。图中通过 7 个维度（准确性、相关性、完整性、连贯性、逻辑性、细节深度、时效性）对比了"无上下文"和"有上下文"两种情况下的模型输出质量。从图中可以看出，当提供上下文信息时（蓝色区域），各个维度的评分普遍高于没有上下文信息的情况。这表明上下文信息显著提升了模型输出的质量和准确性。

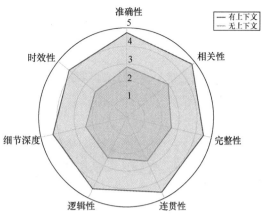

图 5-5　上下文信息对模型输出质量的影响评估

4. 提示词优化

提示词优化的必要性在于，它能显著提升模型输出的准确性、相关性和实用性，确保最终结果更贴合用户的具体需求和预期目标。在优化提示词的过程中，迭代优化法是一种非常有效的方法。图 5-6 展示了提示词迭代优化的过程，包括从初版提示词开始，分析模型输出问题，添加约束或细化描述，并重复这一过程直至满意。首先，用户从初版提示词开始，比如"写一个关于人工智能的故事"。然而，这种宽泛的指令往往导致输出内容过于笼统，缺乏具体的冲突点或细节。通过分析模型的初步输出结果，可以发现存在的问题，并针对性地进行改进。例如，在上述案例中，为了使故事更加具体、更具吸引力，可以将提示词优化为"写一个 1500 字的科幻短篇小说，主角是一名 AI 伦理学家，因发现公司滥用 AI 技术而陷入道德困境，要求包含对话描写与反转结局"。利用这种方法进行反复试验和调整，就能获得满意的输出效果。

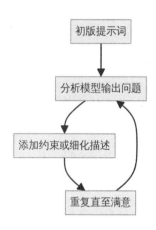

图 5-6　提示词迭代优化过程

提示词在 AI 工具的使用中起到了桥梁的作用，它将用户的意图和需求转化为 AI 能够理解和执行的指令，进而影响输出的质量和相关性。通过精心设计的提示词，用户可以更精确地引导 AI 生成期望的内容，解决问题或提供所需信息，从而提升交互效率和满意度。

习题

1. 将模糊提示词"描述气候变化的影响"优化为符合 SMART 原则的版本，要求包含具体数据来源（如 IPCC 2023 报告）和输出格式（分点论述）。

2. 某电商公司需回复客户关于物流延迟的投诉邮件，请设计一个包含角色设定和背景信息的提示词。

3. 用户要求 AI 生成一段短视频脚本，主题为"校园毕业季"，但初始输出内容过于平淡。请根据迭代优化法，分步骤说明如何优化提示词。

第6章
AI 辅助写作

【学习目标】
● 掌握主流国产 AI 辅助写作工具（如 Kimi、通义千问、豆包等）的具体操作步骤与功能特点，能够独立完成从选题到内容生成的完整写作流程。
● 理解 AI 辅助写作的底层逻辑与核心技术（如自然语言处理、深度学习、语义分析等），明确其在文本生成、优化及个性化推荐中的作用机制。
● 了解 AI 辅助写作的发展历程、应用场景，认识其在教育、媒体、营销等领域的实际应用价值与局限性。

【引导案例】

AI 如何让写作"零卡顿"？

距离"当代文学研究"课程论文提交仅剩 72 小时，大三学生小陈的写作进度仍停留在标题《魔幻现实主义在新生代网络文学中的嬗变》上。选题的宏大与文献的庞杂让她陷入僵局：既难以梳理传统魔幻现实主义与《诡秘之主》《道诡异仙》等网络文学的关联，又苦于缺乏理论框架支撑。熬夜搜索的文献要么过于陈旧，要么偏离网络文学特性，导师"要有创新性"的批注更让她压力倍增。凌晨三点，室友一句"试试通义千问的文献综述功能"让她半信半疑地打开了 AI 辅助写作工具。

小陈首先在通义千问中输入核心指令："对比马尔克斯《百年孤独》与网文《道诡异仙》的魔幻叙事逻辑，需包含时空结构、符号隐喻、读者接受差异三方面。"10秒后，通义千问不仅列出《幽灵维度：拉美魔幻现实主义东方嬗变》等20篇前沿文献，还生成了一张思维导图——传统文学将"魔幻"作为社会批判载体，而网络文学则将其解构为"修仙系统"中的超现实设定。更令她惊喜的是，通义千问通过语义分析推荐了"克苏鲁神话本土化"这一独特切入点。她随即用豆包搭建论文框架，输入"从《克苏鲁神话》到《诡秘之主》：不可名状之物的东方转译"后，豆包自动生成包含"旧日支配者与修真境界的符号缝合""神秘恐惧感的娱乐化消解"等二级标题的大纲，并嵌入福柯的"异质空间"理论作为锚点。在撰写"修真者晋升仪式中的阈限性"章节时，讯飞星火根据她的零散笔记重组了兼具学术深度和网络文学圈层话语的段落，甚至自动标注了《乡村教师》与《三体》的互文案例。

最终，小陈提交的论文不仅凭借"东西方神秘主义双向驯化"的独特视角获得了 95 分，还被推荐至省级青年学者论坛。小陈在反思中写道："AI 像一位不知疲倦的学术搭档，但它无法替代人类的两项能力——从《百年孤独》的黄花雨联想到《道诡异仙》心素困境的直觉，以及质问'AI 推荐的克苏鲁案例是否过度拟合市场偏好'的批判性。"这场与 AI 的共舞让她深刻意识到：当工具能够一键生成文献综述时，真正的学术价值愈发凸显在人类独有的问题嗅觉、理论野心以及在数字洪流中保持思辨能力。

6.1 AI 辅助写作概述

▶▶▶ 6.1.1 发展历程

AI 辅助写作概述

AI 辅助写作的发展历程可以追溯到 20 世纪 50 年代，当时计算机科学家开始探索机器理解和生成自然语言的方法。早期的 AI 辅助写作工具主要集中于语法检查、拼写纠正和文本排版等基础功能，通过自然语言处理技术提高写作效率和质量。

进入 21 世纪，随着深度学习和大数据技术的发展，AI 辅助写作工具逐渐具备了更强的语义理解能力，能够分析大量语料库数据，深入理解文本的意义和上下文关系，从而生成更加准确、连贯且富有逻辑的文章。OpenAI 的 GPT 系列语言模型展示了生成自然语言文本的强大能力，使 AI 辅助写作工具从辅助工具演变为创作伙伴，能够独立完成具有创意和思想深度的作品。

近年来，AI 写作技术已经发展到能够根据用户输入的主题或情感创造高质量、个性化的文本。AI 写作的准确率已达到 85%以上，这标志着应用场景的逐步成熟。AI 辅助写作工具不仅限于辅助写作任务，在创意激发和协同创作方面也展现出强大的潜力。基于对大量文学作品的学习，AI 辅助写作工具可以生成创新的故事情节、角色设定和表达方式，帮助作者克服创作障碍和思维定式。

然而，AI 写作也面临一些挑战。如何保持内容的原创性和独特性，避免陷入模式化的表达，是 AI 写作需要解决的问题之一。此外，如何保护用户隐私和信息安全，避免被滥用，也是 AI 写作需要关注的重点。未来，随着技术的不断进步和算法的持续改进，AI 写作有望继续发展壮大，为人们提供更加个性化和高质量的写作体验。

AI 辅助写作经历了从简单规则驱动系统到复杂深度学习模型的演进，不仅提高了写作效率和质量，还推动了文学创作方式的多样化和创新化。尽管存在挑战，AI 写作技术的潜力和应用前景仍然广阔，值得持续关注与探索。

▶▶▶ 6.1.2 核心技术

AI 辅助写作的核心技术主要集中在自然语言处理、深度学习和机器学习等方面。这些技术共同构成了 AI 辅助写作的基础框架。

1. 自然语言处理

自然语言处理是 AI 辅助写作的核心技术之一，它使机器能够理解和生成自然语言，包括词汇分析、语法分析、情感分析等多个层面。

2. 深度学习与机器学习

深度学习通过构建多层神经网络模型，如 Transformer 架构（如 GPT 系列），使 AI 可以学习语言的模式和逻辑结构，从而实现文本生成、摘要提取、语法检查等功能，提高 AI 生成文章的质量和准确性。机器学习通过学习大量文本数据，使 AI 能够模仿人类的写作风格和思维模式。这些算法的应用使 AI 能够从海量文本数据中提取关键信息，并根据这些信息生成新的文本内容。

3. 语义分析与内容生成

除了基本的文本处理，AI 辅助写作还依赖高级的语义分析技术。利用这种技术，AI 能够深入理解文本背后的含义、情感和意图，帮助生成更加贴合主题、富有逻辑的内容。基于深度学习的内容生成模型（如 GPT 系列、BERT 等），AI 能够模拟人类的写作思维，生成高质量、多样化的文案和文章。

4. 知识图谱与个性化推荐

知识图谱作为结构化的数据组织形式，为 AI 辅助写作提供了丰富的知识库和逻辑关联。通过将海量知识点以图的形式组织起来，AI 可以更加智能地从知识库中检索、整合信息，为特定场景生成专属内容。结合用户行为和偏好数据，AI 还能实现个性化内容推荐，使内容创作更加精准高效。

5. 模板与规则方法

在特定领域（如新闻报道、商务邮件），基于模板与规则的方法也能生成符合规范的内容。这种方法虽然不如深度学习模型灵活，但在快速生成结构化文本方面具有一定的优势。

凭借这些技术基础，AI 辅助写作广泛应用于新闻报道、广告文案、科技论文等不同类型的写作任务中，并显著提高了写作效率和质量。然而，尽管 AI 技术在写作辅助中已经展现了巨大潜力，但其也存在一些挑战和局限性。例如，过度依赖 AI 可能影响作者的创造力和批判性思维。因此，在使用 AI 辅助写作工具时，仍需重视人工编辑和润色，以确保最终输出的质量和创意。

▶▶▶ 6.1.3 应用场景

AI 辅助写作的应用场景非常广泛，涵盖多个领域和行业。以下是 AI 辅助写作的一些主要应用场景。

（1）教育领域：在教育领域 AI 辅助写作工具被广泛应用于学生作业和论文的辅助撰写。这些工具可以帮助学生快速构思和组织文章结构，并提供实时的语法和风格建议，从而提高写作效率和质量。此外，AI 还可以用于教学，帮助学生提升写作技能和创造力。

（2）媒体行业：新闻工作者和编辑可以利用 AI 快速生成新闻稿和评论文章，提高信息传播的速度和稿件的质量。AI 辅助写作工具在新闻报道中的应用可以显著提高新闻报道的时效性和准确性。

（3）市场营销：在市场营销中，AI 辅助写作工具能够根据品牌调性和目标受众生成吸引人的广告文案和社交媒体内容，从而提升品牌曝光度。这些工具还能分析市场趋势、竞争对手和目标受众，帮助营销团队快速生成高质量的营销文案。

（4）学术研究：科研人员可以使用 AI 撰写文献综述和实验报告，并在论文投稿前进行语言润色，以提升学术成果的质量。AI 辅助写作工具可以帮助学者整理参考资料、生成引文，并为文章提出逻辑结构方面的建议。

（5）创意写作与小说创作：AI 在创意写作领域的应用包括帮助作家生成写作灵感、写作片段，甚至构思人物关系和情节线索。AI 可以作为作家的可靠合作伙伴，提供支持以推进写作进程。

（6）电商产品描述：AI 能够自动生成详细、生动的产品描述，从而提高商品的吸引力和转化率。

（7）社交媒体内容：AI 可以根据用户兴趣和平台特点生成适合在社交媒体传播的内容。

（8）翻译与跨语言交流：AI 辅助写作工具具备强大的翻译功能，可以快速翻译多种语言，满足跨语言交流的需求。

（9）文档处理与排版：AI 辅助写作工具具备自动排版、语法检查和拼写纠正等功能，可提高写作的专业性和准确性。

　　AI 辅助写作工具不仅提高了写作效率，还带来了灵活性和创造力，预示未来办公方式的智能化和高效化。随着技术的发展，AI 写作领域将拥有更广阔的发展前景，掌握并善用 AI 辅助写作工具有助于在信息时代中建立核心竞争力。

6.2　常用 AI 辅助写作工具应用示范

　　目前市场上的 AI 辅助写作工具非常多，但许多专用工具需要收费。表 6-1 展示了现阶段免费的国产主流大模型 AI 辅助写作工具及其特点。

表 6-1　AI 辅助写作工具及其特点

软件	特点
Kimi	有提示词工程
通义千问	语音记录，音视频阅读
豆包	分区明显，分步写作，提示词嵌入
天工	可配图
文心一言	百宝箱提示词，可配图
讯飞星火	可选类型及语气，有提示词，可配图

　　下面以十一游记写作为例，介绍上述 6 款工具的使用步骤。

【例 6-1】使用 Kimi 完成一篇十一游记写作。

【操作步骤】

（1）登录 Kimi 官方网址，单击 Kimi+，找到文本写作智能体，如图 6-1 所示。

（2）输入具体的写作要求，如图 6-2 所示。

AI 辅助写作工具
应用示范

图 6-1　Kimi 文本写作智能体界面　　　　　图 6-2　Kimi 使用截图

【例 6-2】使用通义千问写作智能体完成一篇十一游记写作。

【操作步骤】

（1）登录通义千问官方网址。

（2）找到"效率"或"智能体"，如图 6-3 所示。

图 6-3　通义千问写作智能体界面

【例 6-3】使用豆包完成一篇十一游记写作。

【操作步骤】

（1）登录豆包官方网址，找到"帮我写作"，如图 6-4 所示。

图 6-4　豆包写作工具界面

（2）选好对应的文章类型，如图 6-5 所示。

图 6-5　豆包使用截图

【例6-4】使用天工完成一篇十一游记写作并配图。

【操作步骤】

（1）登录网址天工官方网址，找到写作模块，如图6-6所示。

（2）输入文章写作要求及配图要求。提示词及结果如图6-7和图6-8所示。

图6-6　天工写作模块界面

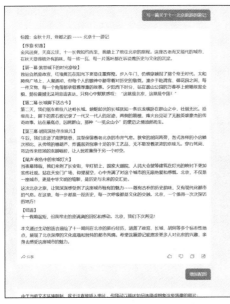

图6-7　天工使用截图

图6-8　天工智能配图

【例6-5】使用文心一言完成一篇十一游记写作。

【操作步骤】

（1）登录文心一言官方网址，在一言百宝箱搜索"写作"相关主题，选择"续写专栏"，如图6-9所示。

（2）输入指令。提示词及结果如图6-10所示。

图6-9　一言百宝箱界面

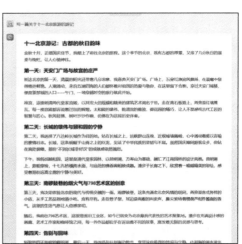

图6-10　文心一言使用截图

【例 6-6】使用讯飞星火完成一篇十一游记写作。

【操作步骤】

（1）登录讯飞星火官方网址，工具界面如图 6-11 所示。

（2）可选类型及语气，输入提示词，如图 6-12 所示。

图 6-11　讯飞星火界面

图 6-12　讯飞星火使用截图

6.3　AI 辅助写作案例——论文写作

AI 辅助写作案例

本节将介绍利用 AI 辅助写作工具完成论文写作的过程，包括设置身份、确定选题、收集文献、确定目录、撰写正文、摘要、总结、致谢，整理参考文献，以及降重和降低 AI 检测的操作。下面以电子信息工程专业毕业论文撰写为例，详细介绍如何在各写作环节设置提示词，以更好地辅助论文写作。

1. 设置身份

提示词的设计首先要让 AI 进入角色，描述其具备的能力以及用户的具体诉求。身份设置示例如图 6-13 所示。

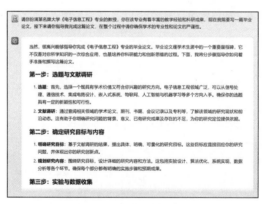

图 6-13　身份设置示例

2. 确定选题

确定选题时需要明确告知具体要求。确定选题的示例如图 6-14 所示。

如果对输出结果不满意，可以继续追问，例如使用以下提示词："我对'基于 STM32 单片机的智能环境监测系统的设计与实现'这个选题感兴趣，想进一步了解该方向亟须解决的问题，请列举几个供我参考。"

3. 收集文献

收集文献时一定要使用可提供权威出处的 AI 工具。如果需要学术方面的建议，可以使用密塔 AI。文献收集示例如图 6-15 所示。AI 收集完成后，通常会提供一些关于文献的简单介绍，并附上原文链接，用户根据自身需求深入阅读。

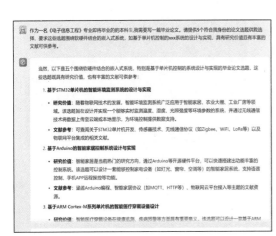

图 6-14　确定选题示例

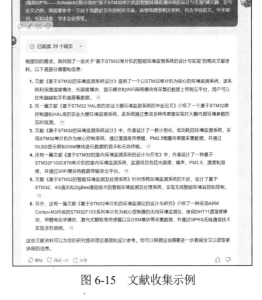

图 6-15　文献收集示例

写作论文时需要将参考资料整理成文献综述，这部分工作可以利用以下提示词完成："请根据上面搜索到的文献，将其整理成一段500字左右的文献综述，要求记录每篇文章的关键观点、实现方案以及优缺点，提出亟须解决的问题并标注出处。"

4. 确定目录

用户可以使用 AI 生成目录，也可以上传一个模板，提示 AI 参考模板进行设计。确定目录示例如图 6-16 所示。

图 6-16　确定目录示例

5. 撰写正文

由于大语言模型输出字符的限制，一次性按照目录生成整篇论文是不现实的，因此需要通过编写提示词，引导大语言模型逐章逐节地输出内容，针对每个章节的不同撰写要求，如字数限制、内容范围、是否需要包含图片、公式或代码等，需具体设置相应的提示词。图 6-17 展示了通过在提示词中设定字数要求、内容要求及写作语气要求，完成论文"研究背景与意义"小节的撰写。图 6-18 中的提示词则体现了用户对"DHT22 传感器模块"的特定需求，要求 AI 结合该传感器模块提供原理、参数及核心代码，代码生成结果如图 6-19 所示。

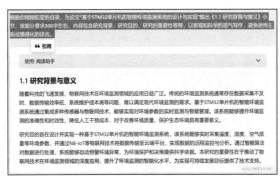

图 6-17　撰写正文示例一

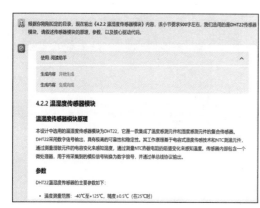 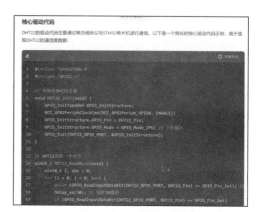

図 6-18　撰写正文示例二　　　　　図 6-19　代码生成结果

6. 撰写摘要

基于我们完成的正文，AI 可以生成相应的摘要。撰写摘要的示例如图 6-20 所示。

7. 撰写总结

利用 AI 撰写总结时，需要在提示词中详细说明字数、内容等具体要求。撰写总结的示例如图 6-21 所示。

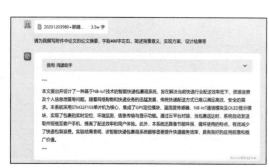 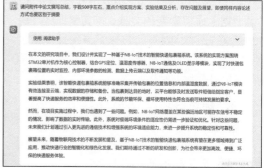

图 6-20　撰写摘要示例　　　　　图 6-21　撰写总结示例

8. 撰写致谢

让 AI 撰写致谢需要在提示词中描述致谢的语气、字数及详细要求。撰写致谢示例如图 6-22 所示。

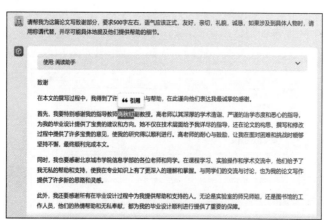

图 6-22　撰写致谢示例

9. 整理参考文献

参考文献的整理可以借助 AI 工具完成，但须明确具体的文献格式标准。整理参考文献的示例如图 6-23 所示。

图 6-23　整理参考文献示例

10. 降重、降 AI

"降重"通常指降低文本的重复率；"降 AI"是指减少文本中人工智能生成特征的痕迹。降重和降 AI 的核心在于语义重构及原创强化。可以通过同义词替换、句式调整和段落重组等基础技巧改写原文，达到降重的目的；也可以通过增加原创分析、用图表替代文字描述、调整论文结构等方式提升学术深度，同时注入个性化表达和批判性思考。

需要指出的是，AI 仅是我们工作和创作过程中的助手，人类才是决策的主导者。我们必须明确自己的目标和需求，并具备判断结果正确性的能力。在利用 AI 辅助写作时，应由我们引导这一过程，确保其输出符合我们的期望和标准。通过这种方式，我们可以有效利用 AI 工具提升写作效率和质量，同时保持对创作内容的控制和主导权。

习题

1．简述 AI 辅助写作包括哪些关键步骤？

2．结合自己的专业背景，完成一篇 5000 字左右的论文，要求内容翔实、格式规范。题目自拟。结合论文形成过程，说明如何利用 AI 辅助写作工具完成以下任务：

（1）文献综述。

（2）论文大纲搭建。

（3）技术章节的代码示例生成。

第7章
AI 辅助 PPT 制作

【学习目标】
● 掌握 PPT 自动生成的步骤和基本方法。
● 理解 PPT 智能美化的过程。
● 熟悉常见的 PPT 辅助增强技术。

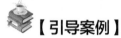

【引导案例】

智能 PPT 让传统生成方式迈向快车道

传统 PPT 制作存在效率低、设计门槛高、协作困难等问题，例如手动排版、调整格式耗时，占整体制作时间的 60% 以上；非专业人员制作的 PPT 视觉效果差，影响信息传达；多人修改版本混乱，反馈周期长；无法自动匹配内容与图表，需人工二次加工等问题。

例如，某跨国企业市场团队需在 3 天内完成 20 页的年度行业报告 PPT，要满足数据图表清晰、品牌元素嵌入及多语言版本输出等要求。市场团队在制作 PPT 过程中会面临如下问题，手动整理数据并设计图表需 8 小时/人，效率低；多部门协作时因软件版本不同导致重复修改；品牌 LOGO 和配色需人工逐页调整。在这种情况下，传统方式几乎不可能完成任务。

借助智能 PPT 技术可大大优化这一过程。首先，使用 AI 生成内容：输入报告大纲，自动生成结构化 PPT 框架（节省 60% 时间）。然后，关联 Excel 数据源，AI 会自动生成动态图表并匹配解读文案。再使用智能设计引擎识别"科技感""商务风"等关键词，3 秒内推荐 10 余种模板。最后使用自动语音技术加速文本录入，语音转文本的实时显示也为展示效果增色不少。

智能 PPT 的制作技术极大提升了制作效率，带来了三个方面的改变：效率提升，制作周期从 3 天缩短至 4 小时；成本下降，设计外包费用减少 80%；质量保障，客户对 PPT 的满意度从 65% 提升至 92%。目前，智能 PPT 技术在学术答辩、销售提案、内部培训等诸多场景中都得到了广泛应用。

7.1 PPT 内容生成与制作

AI 工具能够显著降低 PPT 制作的技术门槛，同时提升内容创作效率与专业性。传统 PPT 制作常面临三大挑战：信息整合耗时、视觉设计经验不足导致呈现效果欠佳，以及逻辑结构编排困难。AI 工具通过智能文本分析自动生成内容大纲，基于主题语义推荐匹配图文素材，并运用设计算法提供配色方案、版式布局等专业建议，使零基础用户也能在 15 分钟内构建出结构清晰、风格统一的演示框架。此外，AI 的实时语法检查与数据可视化功能可避免常识性错误，动态图表工具能够将抽象概念转化为直观图示，将复杂信息转化为具有传播力的视觉表达。

AI 辅助 PPT
制作

目前，使用 AI 辅助 PPT 制作的方法一般分为直接输入主题生成 PPT 和上传文档生成 PPT 两种。例如，在百度文库的相关页面（如首页或文档助手页面），用户直接输入想要创建的 PPT 主题，系统会根据主题自动生成 PPT；用户也可以上传已有的 Word 文档或其他类型文件，百度文库会分析文档内容并生成 PPT。

▶▶▶ 7.1.1　上传文档生成 PPT

上传文档生成 PPT 适用于需要将已有文档快速转化为 PPT 的场景。在制作 PPT 之前，对原始文档进行整理至关重要，因为这将直接影响后续 PPT 的质量和呈现效果。因此，准备一份内容清晰、结构有序的文档，可以为利用 AI 生成 PPT 提供良好的基础。

1. 准备阶段

（1）明确目标：确定 PPT 的主题和目的，思考 PPT 需要传达的核心信息。

（2）收集素材：整理与主题相关的文字、图片、图表等素材，确保所有素材的质量和版权合规。

2. 内容组织

（1）规划结构：根据 PPT 的主题设计合理的大纲，确定每个部分的主要内容和小标题。

（2）撰写文案：编写每个部分的详细内容，注意语言的简洁性；使用段落和图表组织信息，使其易于阅读和理解。

（3）筛选素材：根据内容选择适合的图片、图表等视觉素材；对素材进行裁剪、调整大小和分辨率等处理，使其符合 PPT 的风格和要求。

3. 文件排版

（1）设置字体和样式：选择清晰易读的字体，如微软雅黑、宋体等；根据内容的重要性，设置不同的字体样式，如加粗、斜体等。

（2）插入和排版素材：将图片、图表等素材插入 Word 文档中；调整素材的位置和大小，使其与内容紧密相关且视觉效果良好。

（3）导出为特定格式：将 Word 文档导出为 PDF 或其他适合的格式，以便某些 AI 工具更容易解析和处理；注意保留文档中的结构和样式信息。

4. 生成 PPT

根据需求选择适合的 AI 工具生成 PPT，确保所选择的 AI 工具支持从 Word 文档或 PDF 中获取内容，然后上传前期准备好的文档。

目前能够实现 PPT 辅助生成的大模型工具很多，常见的 PPT 辅助生成 AI 工具如表 7-1 所示。

表 7-1　常见 PPT 辅助生成 AI 工具

	AiPPT	迅捷 PPT	beautiful.ai	Decktopus AI	Tome	Gamma	百度文库	Kimi
特点	预设模板多，生成速度快，适合新手	界面友好，操作简便，支持在线使用，模板丰富	设计优雅，智能布局，符合专业设计原则，网格系统和自动对齐功能强大	个性化幻灯片制作，模板多样，适合追求个性化的用户	美观度和设计感高，提供多种模板和设计元素，支持拖放编辑	瞬间生成美观幻灯片，支持 GIF、视频、图表等多种多媒体格式	依赖多年收集的知识库，生成的内容质量较高，但收费	借助第三方插件（如 AiPPT），可生成高质量文本内容

▶▶▶ 7.1.2 直接输入主题生成 PPT

　　PPT 生成需要首先生成大纲内容。除了基于现有文档生成外，还可以使用 AI 工具直接生成大纲。例如，在百度文库中输入"生成一个 PPT 的大纲，描述内容为人工智能简介"，大纲示例如图 7-1 所示。可以看到，该大纲简要描述了人工智能的发展历史、基本技术和应用领域等。

图 7-1　大纲示例

　　生成大纲之后，就可以使用 AI 工具自动生成 PPT。例 7-1 至例 7-3 展示了使用不同 AI 工具生成 PPT 的步骤。

【例 7-1】 使用 WPS 生成 PPT。

【操作步骤】

（1）把生成的文本导入 WPS 中。

（2）单击"另存为"→"输出为 PPTX"，即可看到图 7-2 所示的 PPT 了。

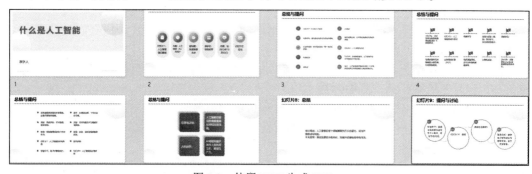

图 7-2　使用 WPS 生成 PPT

　　WPS 生成的 PPT，不添加图表，且不会自动更正或添加内容。

【例 7-2】 使用百度文库生成 PPT。

【操作步骤】

（1）登录百度文库官方网址。

（2）单击"智能 PPT"按钮。

（3）单击"上传文档生成"按钮。

（4）单击"生成"按钮。

　　使用百度文库生成 PPT 时会根据文本信息添加配图，添加的配图通常比较贴合主题；缺点是免费模板较少。

【例 7-3】使用 DeepSeek+Kimi 生成 PPT。

【操作步骤】

（1）登录 DeepSeek 官方网址。

（2）上传初始的大纲文档，指示 DeepSeek 优化大纲内容，并为 PPT 的安排提供建议。

（3）复制优化后的大纲文档，另存为 Word 文档。

（4）登录 Kimi 官方网址。

（5）单击 PPT 助手并上传优化后的文档，Kimi 会自动根据上传内容提示生成 PPT，单击"开始"按钮。

（6）Kimi 解析文档后会提示一键生成 PPT，此时可以选择 PPT 模板、设计风格和主题颜色，也可以直接单击"生成"按钮，效果如图 7-3 所示。

本例使用 DeepSeek 对大纲内容进行优化，然后通过 Kimi 选择模板生成 PPT。可以看出，生成的 PPT 无论是配图风格、模板设计还是内容优化，都有较大提升。

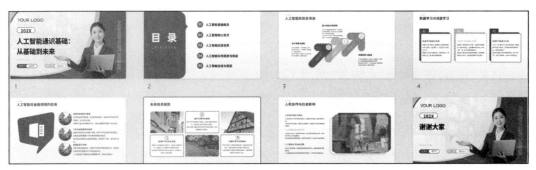

图 7-3 使用 DeepSeek+Kimi 生成 PPT

借助 AI 工具可以大大节省 PPT 的制作时间。在准备阶段，确定主题后即可利用 AI 工具检索并生成大纲，极大简化了从 0 到 1 的制作过程。在模板选择阶段，AI 工具通常会提供一些免费模板，并根据大纲进行个性化推荐。在美化和优化 PPT 阶段，目前 AI 工具能够提供较为模糊的方向，具体调整仍需人们根据经验进行修改和确定。在优化和美化 PPT 时，可能涉及数据转表格、文字转图片、文字转视频、文字转音频等工作。这些工作需要借助 AI 工具进行初步优化后，再使用相应工具或插件生成转换后的文件，并将其插入 PPT 中。

7.2 PPT 美化

PPT 美化一般分为对 PPT 本身的美化和对生成 PPT 大纲的美化。对生成 PPT 大纲进行美化时，可以在 DeepSeek 中上传大纲文件，然后输入提示词，如"请把这份 PPT 大纲美化"，选择深度思考后单击开始。对 PPT 本身进行美化分为两种方法：直接美化和借助 AI 工具美化。

▶▶▶ 7.2.1 直接美化

直接美化 PPT 需要注意以下事项。

1. 确定整体风格

选择与主题相符的模板，确保字体、颜色、图标等元素一致。这不仅能体现 PPT 的专业性，还能帮助观众更好地聚焦内容。应选择简洁明了的字体，避免过于花哨，建议使用不超过三种字体，并统一字号和颜色。

2. 色彩搭配

色彩搭配要和谐，避免对比过强的颜色，以确保视觉上的舒适感。要有明确的视觉层次，以突出重点内容。可以通过色彩填充、渐变填充等方式增强视觉效果。

3. 高质量的图片和图表

使用高清、无水印的图片，并确保它们与 PPT 内容紧密相关。高质量的图片可以有效吸引观众的注意力，同时传递更多信息。图表应简洁明了、易于理解，避免过于复杂的设计。

4. 合理的排版

合理安排文字、图片和图表的位置，确保页面布局清晰、层次分明。使用项目符号、编号或分段等方式组织文字内容，避免大段文字堆砌。同时保持适当的行间距和字间距，提高阅读舒适度。

5. 适当的动画和过渡效果

动画效果可以增添活力，但应适度使用，避免分散观众的注意力。选择简洁明了的动画效果，如淡入淡出、缩放等，以引导观众的视线流动。过渡效果要自然，并与演示节奏相匹配。

6. 适当的留白

页面不要填得太满，适当留白既可以让观众的眼睛得到休息，也可以突出重点。优化细节，检查并修正错别字、语法错误和排版问题，确保所有链接和引用准确无误，并注意调整页面大小以适应不同的播放环境。

7. 利用母版

通过母版设置统一的标题、页脚、背景等元素，提高 PPT 的整体一致性和专业性。

8. 选择新颖版式

可以尝试不同的排版方式，如上图下文、左图右文、多图排版等，以增强 PPT 的设计感和吸引力。

9. 动态元素的运用

插入 GIF 图片或视频文件，为 PPT 增添动态效果，提高演示的生动性和趣味性。使用 PPT 插件或第三方动画软件制作自定义动画时需注意与演示内容的契合，避免过度使用。

▶▶▶ 7.2.2 借助 AI 工具进行美化

使用 AI 工具美化 PPT 的过程如下。

1. 选择 AI 工具

在市场上选择一款适合的 AI 工具，要求能够自动识别 PPT 内容，并提供多种美化模板和风格。

2. 上传 PPT 文件

将需要美化的 PPT 文件上传至 AI 工具中，确保文件格式兼容且内容完整。

3. 分析 PPT 内容并提供建议

AI 工具会自动分析 PPT 的每一页内容，包括文字、图片、图表等元素，提供优化建议。比如对文字内容进行增添，对历史事件进行扩充，当然也可能会出现内容的删减。因此，这一步需要细心检查 AI 所做的修改是否合适。修改示例如图 7-4 所示。从示例中可以看出，幻灯片 4 经过美化后，内容以时间轴为序进行叙述，并自动补充了 2023 年的重大事件 ChatGPT 的发布。

4. 选择美化模板

根据 PPT 的主题和风格,从 AI 工具提供的模板库中选择一个或多个合适的美化模板。有些 AI 工具除了提供有限的免费模板,还提供许多收费模板。

图 7-4　AI 修改内容示例

5. 应用美化模板

将选中的美化模板应用到 PPT 的每一页,AI 工具会自动调整布局、配色、字体等,使 PPT 看起来更美观和专业。

6. 预览与调整

预览美化后的 PPT,检查是否有需要调整的地方。AI 工具通常提供手动调整功能,允许用户根据自身需求进行微调。

7. 导出与保存

将美化后的 PPT 导出为所需格式(如.pptx)并保存。

DeepSeek 是我国优秀的开源大模型工具,将文档导入后即可自动进行美化。经过短暂的深度思考后,DeepSeek 会针对每页 PPT 给出具体的美化建议,但目前尚不具备根据建议自动修改 PPT 的功能,需要用户根据修改建议自行调整。

7.3　PPT 辅助增强技术

常见的 PPT 辅助增强多媒体技术包括智能语音技术、数据图表、文生图、文生视频、图生文字、图片识别与文字提取、视频理解等。AI 工具正在高速发展,各种工具层出不穷,因此在使用时,我们需要明确生成、美化 PPT 的具体需求,然后根据需求选择对应的 AI 工具。

PPT 辅助增强技术

▶▶▶ 7.3.1　PPT 图表制作

在 PPT 制作中,图表和数据可视化是提升演示效果、传递信息效率和增强观众参与感的关键。

1. 图片制作

图片是信息传递的重要工具,能够直观呈现复杂概念或场景,有效减少文字冗余,提升视觉吸引力。例如,流程图可以展示业务逻辑,产品细节图可以帮助观众快速抓住重点。合适的图片还能激发情感共鸣,比如团队照片传递信任,自然风景图唤起环保理念的联想。在实际应用中,选择高清且与主题相关的图片至关重要,应避免使用模糊或存在版权争议的图片。此外,适当使用蒙版或文字框可以确保图文对比清晰,进一步提升视觉效果。

AI 辅助图片制作工具可以帮助用户高效生成和优化 PPT 中的图片。例如,讯飞星火支持通过自然语言描述快速生成符合需求的高质量图像,为演示文稿增添视觉吸引力;Canva 结合 AI 功能,提供智能图片设计与排版方案,轻松满足多样化设计需求;Visme 则通过 AI 驱动的模板和自动化图表生成功能,助力用户打造专业且美观的 PPT。这些工具显著提升了 PPT 制作效率与创意水平,极大简化了 PPT 图片制作流程,提升了设计效率与创意表现力。例 7-4 展示了基于讯飞星火进行图片生成的操作步骤。由于讯飞星火对用户的提示词要求较高，因此可以使用 DeepSeek 生成提示词。

【例 7-4】基于讯飞星火+DeepSeek 生成图片。

【操作步骤】

（1）登录 DeepSeek 并进行简单描述，例如："请对以下文字使用文生图：在北京城市学院校园的秋日早晨，一名帅气的男生夹着课本，正快步走向教室。"

（2）DeepSeek 生成的提示词如图 7-5 所示。可以看到生成结果包含对画面主体以及环境设定、光影氛围、细节增强和艺术风格的描述。

画面主体：

"一位英俊的亚洲男大学生（20 岁左右），身穿深蓝色连帽卫衣和浅色牛仔裤，腋下夹着《高等数学》课本，迈着轻快的步伐走在校园林荫道上，黑色短发被晨风微微吹动，露出阳光的笑容"

环境设定：

"北京城市学院秋日校园全景，金黄色的银杏叶铺满道路两侧，古典钟楼与现代教学楼在晨雾中若隐若现，远处可见写着校训的景观石，路边长椅上散落着几片枫叶"

光影氛围：

"清晨 7:30 的柔光，45 度侧逆光营造温暖氛围，薄雾中透出金色晨光，男生身后拉出长长的影子，梧桐树叶间隙漏下光斑"

细节增强：

"课本封面的反光细节，卫衣纤维纹理清晰可见，男生手腕上的智能手表显示 07:35，背景中模糊走动的学生身影，天空呈现粉橘色的朝霞"

艺术风格：

"写实风格混合电影质感，4K 超高清渲染，类似《情书》的清新色调，带有轻微的运动模糊强调行走动感"

图 7-5 DeepSeek 生成的提示词

（3）登录讯飞星火官方网址，选择图像生成，粘贴生成的提示词后单击生成即可。

2. 图表制作

图表可以将复杂的数据结构化，使信息更加清晰易懂。无论是用柱状图对比销量差异，还是用饼图展示占比分布，图表都能帮助观众快速理解数据背后的逻辑。这种可视化方式不仅提升了内容的专业性和说服力，还显著减少了阅读长文本的时间成本。为了充分发挥图表的价值，在设计时应根据数据类型选择合适的图表形式（如体现趋势时用折线图、体现分布时用散点图）并简化设计，去掉冗余网格线，突出关键数据标签，使信息一目了然。表 7-2 列举了常见的 6 种 AI 数据图表生成工具，并对其使用场景、核心优势和主要局限性进行了对比。例 7-5 以智谱清言为例，展示了使用 AI 工具进行图表绘制的操作步骤。

表 7-2 常见生成数据图表的 AI 工具

AI 工具	使用场景	核心优势	主要局限性
Tableau	商业分析、复杂数据可视化	自动识别数据趋势，生成交互式图表	高成本，依赖数据预处理
智谱清言	基础图表快速生成	免费，集成数据检索	功能单一，基本不支持复杂图表
ChatGLM	科研报告、多模态分析	多语言支持，Excel 集成	需人工校验，输入格式要求高
boardmix AI	信息图与协作设计	模板丰富，可生成多种图表类型	需联网，功能复杂
Whimsical AI	流程图与原型设计	界面简洁，实时协作	复杂数据图表生成能力有限
EviMed AI	医学 Meta 分析	全流程自动化，可生成专业图表	垂直领域专用，通用性不足

【例 7-5】基于智谱清言，绘制 2024 年 12 月 26 日—2025 年 1 月 1 日北京温度数据折线图。

【操作步骤】

（1）进入智谱清言官方网址并登录账号，在输入栏输入"给出 2024 年 12 月 26 日—2025 年 1 月 1 日北京的天气数据"，得到反馈信息如图 7-6 所示。

（2）在智谱清言的输入框中输入一段描述性文字，说明需要生成的图表类型及数据内容。例如，本例输入"请将数据整理成表格，列名包括日期、天气、最高温度、最低温度、风向、风力"，生成的数据表格如图 7-7 所示。

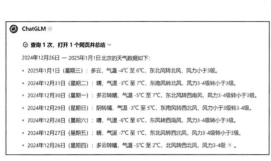

图 7-6　智谱清言反馈信息

图 7-7　智谱清言生成的数据表格

（3）需要明确指出需要生成的数据以及图表类型，如饼图、折线图、雷达图等，以便系统正确理解需求。本例需要针对"温度数据"生成"折线图"，因此输入如下提示词：根据上述表格绘制温度折线图。智谱清言会利用其内置的图表生成功能或调用第三方工具（如 Plotly、Matplotlib 等）完成图表绘制。智谱清言生成的折线图如图 7-8 所示。

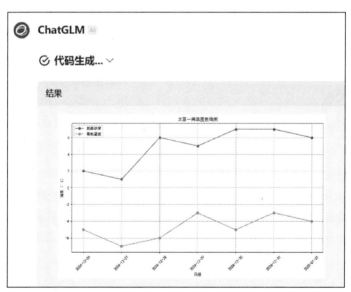

图 7-8　智谱清言生成的折线图

（4）查看折线图的效果，检查是否符合预期，包括数据准确性、标题、标签等内容。如果有特定的样式或颜色需求，可以补充提示词后重新生成，如"折线颜色：蓝色，背景颜色：白色，字体：Arial"。

（5）如果生成结果满意，可以单击"下载"按钮，将图表保存为图片文件（如 PNG、JPEG）。

3. 数据可视化

数据可视化是一种动态呈现数据的方式，能够吸引观众注意力并揭示隐藏的规律。相比静态图表，动态或交互式图表（如热力图、时间轴动画）更能引导观众深入探索数据背后的信息。例如，通过销售热区地图可以发现潜在市场机会，利用用户行为路径图可以优化产品设计。为了增强记忆点，可以在可视化结果中运用颜色区分数据层级（如红色警示、绿色增长），并通过文字标注解释关键结论，帮助观众更好理解数据的意义。

【例 7-6】假设你是一家电商公司的数据分析专员，需要向管理层展示近一年的销售趋势、热销品类分布以及订单地域分布。请利用 AI 工具生成动态且富有吸引力的数据可视化内容以提升演示效果。

【操作步骤】

（1）准备数据。月度销售额：近一年的月度销售额总和；产品品类占比：各品类（如服装、电子产品、家居用品等）的销售额占比；订单地域分布：分析订单的地理分布（按省份或城市划分）。

（2）数据存储。将这些数据存储为 CSV 文件，包含列名和数值。例如：月度销售额数据的列名包括"月份"和"销售额"；品类占比数据的列名包括"品类"和"销售额占比"；订单地域分布数据的列名包括"省份"和"订单数量"。

（3）选择工具。选择一款支持数据可视化的工具，例如 Tableau、Power BI 或 Python 中的 Matplotlib/Seaborn 库。如果希望快速生成美观的数据可视化内容，可以使用基于 AI 的在线工具（如 Canva、Visme 或 Google Data Studio）。

（4）生成折线图，展示月度销售趋势。上传月度销售额数据到 AI 工具中，选择"折线图"模板。通过 AI 工具调整颜色方案，突出关键节点（如最高点和最低点），并添加趋势线预测未来走势。最终生成一条平滑的折线图，清晰显示全年销售高峰和低谷。

（5）生成饼图，直观表示各品类的销售额占比。上传品类占比数据，选择"饼图"模板。利用 AI 工具自动分配颜色，并确保每个扇区的标签清晰可见。还可以加入交互功能，使单击某个扇区时能显示详细信息。最终生成一个色彩鲜明的饼图，让观众一目了然地了解各品类的销售额占比。

（6）生成热力地图，展示用户订单的地理分布。上传订单地域分布数据，选择"热力地图"模板。AI 工具会根据订单数量自动生成不同颜色深浅的地图。还可以添加悬浮提示，使鼠标悬停时显示具体数据。最终生成一张覆盖全国的地图，帮助管理层识别重点市场。

（7）整合与输出。将生成的三个图表整合到一份报告或 PPT 中，注意使用统一的配色方案（如公司品牌色）以保持一致性，并添加简短的文字说明，解释每个图表的关键信息。如果条件允许，可将所有图表嵌入一个交互式仪表盘中，方便管理层实时查看和探索数据。

（8）分享与反馈。分享最终成果并收集反馈意见，例如是否需要调整某些图表的细节或补充其他数据维度等。通过不断迭代优化，逐步完善可视化内容。

在上述实操示例中，AI 工具不仅简化了数据处理流程，还提升了数据可视化内容的美观性和专业性。通过折线图、饼图和热力图的结合，成功实现了对销售趋势、品类占比和订单分布的全面解读，为决策提供了有力支持。这种方法既高效又灵活，非常适合现代企业的数据分析需求和 PPT 展示需求。

4. 小结

图片、图表和数据可视化各有侧重，但它们结合起来能够形成强大的递进式信息流：图片吸引观众注意，图表以逻辑化的方式解释信息，数据可视化深化理解，为观众提供更深层次的洞察。这种协同作用不仅提升了信息传递效率，还增强了演示的专业性。例如，在商业报告中，仪表盘图表展示 KPI，简洁图标突出重点；在学术演讲中，流程图解释研究步骤，热力图呈现实验结果。通过统一配色、字体和风格，还可以塑造品牌或主题的一致性，适应不同场景需求。

尽管图片、图表和数据可视化具有显著优势，但在实际应用中也需注意一些常见误区。

首先，过度设计会适得其反，过多的动画或复杂的配色可能分散观众注意力，因此建议动画适度、配色不超过三种主色，避免图表信息过载。其次，数据的准确性和真实性必须得到保障，数据来源需明确标注，图表比例不得扭曲事实（如截断 Y 轴误导趋势）。最后，版权和伦理问题也不容忽视，应使用合规的图片和字体，并对敏感数据进行脱敏处理，确保内容合法且尊重隐私。

图片、图表和数据可视化是 PPT 的"视觉语言三要素"，通过降低认知负荷、增强逻辑说服力和触发情感响应，帮助观众在短时间内理解核心信息。而成功应用这三个要素的关键在于精准匹配内容目标+简洁美观的设计。例如，在销售 PPT 中，用产品实拍图建立信任，用折线图展示增长潜力，再用热力图呈现市场覆盖率，三者结合可最大化打动决策者。

▶▶▶ 7.3.2 智能语音技术

AI 大模型还引入了文字自动朗读功能，这一创新使 PPT 演示不再局限于静态的文字与图片，而是通过生动的语音播报，将信息以更直观、生动的方式呈现给观众。

文字自动朗读功能不仅解放了演示者的双手，使他们能够更加专注于内容的传达与互动，还极大地提升了观众的体验。观众在聆听语音播报的同时，可以更轻松地跟随演示节奏理解并记录关键信息。此外，这一功能还支持多种语音与语速的选择，以满足不同场合与受众的个性化需求。

添加音频的一般过程如下：

（1）打开 PPT，进入要添加音频的幻灯片页面。

（2）在"插入"选项卡中选择"音频"，然后单击"录音"按钮。

（3）在弹出的窗口中选择"使用计算机麦克风录音"，并单击"开始录制"按钮。

（4）开始录制需要添加音频的内容。

（5）录制完成后，单击"停止录制"。

（6）在"录音"选项卡中，可以选择"播放"以试听录制的内容，也可以选择"保存"以保存音频文件。

（7）选择保存格式并设置文件名，保存音频文件，并将其嵌入 PPT 中。

（8）录音完成后，可以在幻灯片中调整音频的播放时间和音量大小，以达到最佳效果。

AI 工具还可以实现 PPT 智能配音，PPT 智能配音是指利用人工智能技术将 PPT 中的文字内容自动转化为语音进行播放。下面是详细的设置步骤。

（1）准备 PPT：首先制作需要配音的 PPT，并确保每个需要配音的文本内容都在 PPT 中。

（2）导入文本内容：在 PPT 中选择需要配音的文本，将文本内容复制到剪贴板。

（3）在线语音合成：打开浏览器，搜索并选择一款在线语音合成平台，如百度语音合成、讯飞开放平台、微软的 Azure Speech 服务、谷歌的 Text-to-Speech API 等。根据个人需求和实际情况进行选择，然后进入所选平台的官方网址。

（4）注册账号：如果没有账号，需要先注册并登录该语音合成平台的开发者账号。

（5）创建应用：在平台上创建一个新的应用，并获取相应的 API 密钥。这个 API 密钥是使用该语音合成服务的凭证。

（6）配置参数：创建应用后，进入语音合成的相关设置界面。根据平台提供的接口文档，设置相应的参数，例如选择语音合成的语种、音量、语速等。

（7）调用 API：使用开发者账号下的 API 密钥，通过调用相应的接口，将需要配音的文本发送给语音合成平台。

（8）下载音频文件：语音合成结束后，平台将返回一个音频文件的链接。单击该链接，将音频文件下载至本地存储。

（9）校对和编辑：智能配音工具可能会出现一些语音转换的错误或不符合要求的地方，需要进行校对和编辑，对不满意的部分进行修正。

（10）导入音频文件：回到 PPT，选中需要配音的文本，单击"动画"选项卡中的"音频"按钮，导入刚刚下载的音频文件。

（11）调整配音时长：根据音频的时长调整幻灯片的播放时长，使音频的播放时间与文本的出现时间相吻合。

（12）预览播放：单击 PPT 中的"幻灯片放映"按钮，进行预览播放，以确保音频与幻灯片的配合效果。

通过以上步骤，就可以实现 PPT 的智能配音。在展示 PPT 时，不仅能够让文字内容更加生动，还能节省演讲者录音的时间和精力。PPT 智能配音功能虽然可以提高幻灯片的演讲效果，但仍然需要人工校对和编辑，以保证最终的配音质量。

习题

一、选择题

1. 以下哪项技术是智能 PPT 生成必要的步骤？（　　　）
   A. 内容生成　　　　B. 美化　　　　　　C. 辅助增强　　　　D. 数据处理
2. 以下哪项属于自动 PPT 生成工具？（　　　）
   A. ChatGPT　　　　B. DeepSeek　　　　C. AiPPT　　　　　D. Manus
3. 在 PPT 辅助增加技术中，语音处理常用到的技术有哪些？（　　　）
   A. 语音录入　　　　B. 语音转文本　　　C. 文本转语音　　　D. 内容自动处理

二、简答题

1. 解释智能 PPT 生成与常规 PPT 生成过程的区别，并各举一个实际应用场景。
2. 简述 PPT 智能美化过程，并结合案例说明 PPT 美化的重要意义。

第8章
AI 辅助影音处理

【学习目标】
● 掌握使用常见 AI 工具进行基础图片生成、音频处理和视频创作的操作。
● 理解图片生成、音频处理和视频创作的技术逻辑及关键步骤。
● 了解 AI 辅助影音处理技术在影视制作、广告创意、教育等领域的典型应用案例。

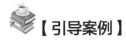
【引导案例】

AI 如何让短视频创作"零门槛"？

随着短视频平台的崛起与多媒体内容需求的激增，传统影音制作面临效率低、成本高、技术门槛高等挑战。AI 辅助影音处理技术通过图像生成、语音转写、动态合成等功能正在重塑内容生产模式。某大学摄影社团计划在开学周举办招新活动，但原定负责宣传视频的成员因突发情况无法参与。距离活动仅剩 3 天，社长小林紧急挑战技术突破：从零开始完成全流程 AI 创作。

小林首先使用 AI 工具以"文生图"方式生成宣传海报，并选择了一张构图饱满、色彩明亮的图像作为视频封面，节省了传统设计所需的数小时工作时间。为增强视频感染力，小林录制了一段激情洋溢的招新解说词，但手动添加字幕耗时过长。于是，小林通过上传录音至"通义听悟"，基于语音转文字技术，"通义听悟"很快自动生成旁白字幕。仅用 5 分钟，小林便获得了精准的字幕文件，其中中英文混用部分也被自动区分。最后，为展示社团活动场景，小林需要补充校园采风、讲座交流等片段，但缺乏实拍素材。在了解到"文生视频"技术可以一键生成动态内容后，小林在"度加"平台输入文本描述，设置视频风格，生成了三分钟的动态视频。由于户外录制的音频夹杂风声，影响听觉体验，小林再次应用 AI 工具"讯飞听见"的"智能降噪"功能，一键去除背景杂音，保留人声清晰度。最终，视频在 24 小时内完成制作，包含 4 个场景、3 段 AI 生成动画及智能配音。视频发布后获得 2000 多次播放量，招新报名人数同比增长 40%。

从上述案例可以看出，AI 工具大幅降低了影音处理的专业门槛，使"零基础"学生也能产出高质量内容。"文生图""语音合成"等功能突破了素材限制，激发了更多创作可能性。影音处理 AI 不仅适用于艺术专业学生，更能为理工科学生提供表达创意的桥梁。AI 辅助影音处理已从"专业壁垒"转化为"通用技能"。无论是制作课程汇报视频、社团活动记录，还是未来职场中的多媒体展示，掌握 AI 工具的核心逻辑与操作方法将成为数字时代不可或缺的竞争力。

8.1 AI 辅助图片生成

▶▶▶ 8.1.1 图片生成方式

图片生成是人工智能生成内容（AIGC）领域的重要组成部分，其核心目标是通过算法从零开始生成高质量的图像，或对现有图像进行优化。在人工智能生成内容领域，图片生成技术已经发展出多种方式，每种方式基于不同的原理和技术，适用于不同的应用场景。以下是对这些生成方式的详细介绍。

1. 文生图

文生图是 AIGC 图片生成中最常见的形式之一，其核心目标是通过输入自然语言描述（Prompt）生成对应的图像。文生图主要依赖于扩散模型以及对比语言-图像预训练模型（CLIP）。CLIP 负责理解文本与图像之间的语义关系，扩散模型则负责从噪声中逐步生成高质量的图像。用户只需输入一段文字描述即可生成符合需求的图像，支持多样化的风格和主题。这种生成方式具有高度灵活性，广泛应用于艺术创作、广告设计、品牌宣传、虚拟角色生成等领域，尤其适用于快速生成视觉素材的场景。

2. 图生图

图生图是指基于现有图像生成新的图像或对图像进行编辑，是一种更注重图像处理的图片生成方式。图生图可以对图像进行风格化处理、分辨率提升或特定修改，适用于图像修复、增强和转换等任务。相比文生图，图生图更注重对已有图像的优化和调整。这种方式常用于照片修复、图像风格化、医学影像增强等领域，在保留原始图像内容的情况下尤为有效。

3. 视频帧生成

视频帧生成是从视频中提取关键帧或生成连续动态画面的一种技术方式。视频帧生成结合了文生图和图生图技术，通常使用视频生成模型（如文本到视频模型）和帧插值（Frame Interpolation）技术。这些技术能够处理时间序列数据，生成动态的画面效果。视频帧生成不仅能够生成静态图像，还能生成连贯的动态画面，但其计算复杂度较高，对硬件资源要求较大。这种方式广泛应用于动画制作、影视特效、虚拟现实等领域，在生成高质量动态内容的场景中表现突出。

4. 数据驱动生成

数据驱动生成是一种基于大规模数据集训练模型，生成符合特定分布图像的方式。数据驱动生成主要依赖自编码器和其变体（如 VAE）以及扩散模型。这些模型通过对大量数据进行学习，生成符合数据分布的图像集合。数据驱动生成不依赖显式的输入（如文本或参考图像），而是直接生成符合统计特性的图像，适合生成具有特定模式或特征的图像集合。数据驱动生成常用于数据增强、科学研究、模式识别等领域，在需要生成大量样本数据时具有显著优势。

5. 交互式生成

交互式生成允许用户通过与系统的实时交互逐步生成或优化图像，是一种更加灵活的生成方式。交互式生成通常结合强化学习和实时反馈机制，使用户能够在生成过程中进行参数调整和优化。交互式生成提高了生成过程的可控性和个性化，用户可以根据自己的需求实时调整生成结果，增强了用户的参与感和满意度。这种方式适用于设计工具、教育应用、创意协作等领域，特别适合需要用户深度参与的场景。

AIGC 图片生成的方式多种多样，从简单的文生图到复杂的交互式生成，每种生成方式都有其独特的技术原理和应用场景。随着技术的不断发展，这些生成方式之间的界限逐渐模糊，多模态融合和跨领域生成成为未来的重要趋势。

▶▶▶ 8.1.2 图片生成工具

1. 即梦

即梦专注于创意设计和科幻场景生成，结合了扩散模型与多模态预训练技术，能够快速生成抽象艺术、科幻场景以及其他类型的图像。即梦的特点在于其强大的参数调整能力和多语言支持，用户可以灵活设置生成符合特定需求的图像。此外，即梦的界面设计简洁直观，适合初学者和专业设计师使用。

2. 可灵

可灵基于扩散模型构建，能够在较低的计算资源下生成高质量图像。可灵的文本生成图像操作流程简单明了，用户只需输入一段描述性文字即可快速生成所需图像。它支持常见的艺术风格和主题生成，广泛应用于个人创作、小型团队设计以及教学实验等领域。

3. 通义万相

通义万相是阿里云通义旗下的一款 AI 创意作画平台，基于扩散模型和多模态预训练技术构建。该工具支持中文 Prompt 输入，能够生成高质量的写实、卡通、艺术化等多种风格图像。利用先进的人工智能技术，通义万相提供了多种艺术创作功能，如文本生成图像、图像风格迁移等，用户可以根据文本描述、图片或特定风格生成各种图像，支持多种场景的图片创作。它具备强大的风格迁移能力和广泛的适用场景，无论是艺术创作还是商业设计，都能提供优质的解决方案。通义万相的特点还在于其强大的语义理解和处理能力，能够准确理解各种输入内容的含义。

4. DALL-E

DALL-E 是由 OpenAI 开发的多模态生成模型，能够根据用户输入的文本描述直接生成对应的图像，结合 CLIP 和生成模型的优势。DALL-E 能够根据复杂的文本描述生成高度相关的高质量图像，适用于艺术创作、广告设计和品牌宣传等多个领域。

5. MidJourney

MidJourney 是一款专注于艺术化图像生成的 AI 工具，由 MidJourney Inc.团队开发，发布于 2022 年，以独特的艺术风格和快速的生成速度而闻名。其名称寓意"创造旅程的中间阶段"，旨在辅助用户快速实现从概念到视觉表达的转化。与传统的图像生成工具相比，MidJourney更加注重艺术性和创意表达，能够生成具有强烈视觉冲击力的图像。用户可以通过简单的文本描述生成抽象艺术、科幻场景或概念设计等作品，广泛应用于插画、游戏设计和虚拟现实等领域。

图像生成工具的选择应根据具体需求和应用场景进行权衡。表 8-1 从主要特点、使用成本、适用场景三个方面对以上五种工具进行了对比（表格中的信息基于当前公开资料整理，具体细节可能因版本更新而有所变化，可参考官方文档或最新公告获取最新信息）。对于需要高质量图像生成的用户，可以选择 DALL-E；对于注重艺术风格的用户，MidJourney 可能是更好的选择；而对于资源有限或需要快速生成的用户，可灵则提供了轻量化的解决方案。除了上述工具，用户也可以通过智谱清言、通义千问、DeepSeek 等完成简单的图片生成。

表 8-1　五种图像生成工具对比

工具名称	主要特点	使用成本	适用场景
即梦	抽象艺术风格 语言支持 参数调整灵活	免费/ 部分收费	科幻场景设计 创意设计 虚拟现实

工具名称	主要特点	使用成本	适用场景
可灵	轻量级设计操作简单 常见艺术风格支持	免费/ 部分收费	个人创作 小型团队设计 教学实验
通义万相	中文支持 多种风格选择 风格迁移能力强	免费/ 部分收费	艺术创作 商业设计 教育科研
DALL-E	高质量图像生成支持复杂组合性描述 强大的语义理解能力	收费 （按使用量）	艺术创作 广告设计 品牌宣传
MidJourney	独特的艺术风格 快速生成 实时预览功能	收费 （订阅制）	插画设计 科幻场景设计 概念艺术

▶▶▶ 8.1.3 图片生成实操

【例 8-1】使用可灵生成图片。

（1）登录可灵官方网址。本案例以网页端体验为例展开。注册账号后登录可以看到图 8-1 所示界面，选择"AI 图片"。

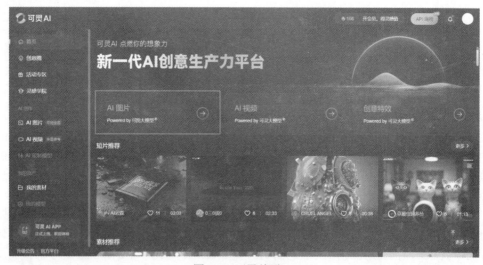

图 8-1 可灵首页

（2）输入提示词。在"创意描述"模块中输入任意文本，平台目前支持中/英文输入，但需注意字数限制为 500 字以内。图 8-2 展示的创意描述为单击"萌宠"后自动生成的文字。

（3）参数设置。在使用文本生成图片的过程中，可以使用"垫图"功能。"垫图"功能指在文本生成图像的基础上上传参考图作为新增参数，最终生成与参考图内容相关的图片结果。单击"上传参考图"按钮即可从本地或平台历史生成结果中选取图片。此外，在"参数设置"模块中，可以灵活设置生成图片的尺寸和数量。平台目前支持 8 种图片尺寸，一次最多可生成 9 张图片。参数设置界面如图 8-3 所示。

图 8-2 创意描述界面

图 8-3 参数设置界面

（4）生成与保存。单击"立即生成"按钮，等待工具完成图像生成，本例生成的图像如图 8-4 所示。生成完成后，将图像保存到本地并进行后期处理。还可以对生成的图像进行反馈或二次创作，例如通过"赞"或"踩"表示对本次生成结果的反馈；通过"垫图"将生成结果用作参考图；通过"生成视频"将生成结果转换为视频。

图 8-4 生成图像

通过本例可以看出，最终的图片效果是由提示词、参考图和参数设置三者共同决定的。提示词和参考图主要决定画面内容，而参数设置则决定图片效果的基本属性。关于如何更好地生成图片，可灵官方网址提供的使用指南进行了非常全面且详细的讲解，包括提示词教学、参数选择说明、如何使用参考图等。指南查找方式及指南内容大纲如图 8-5 所示。

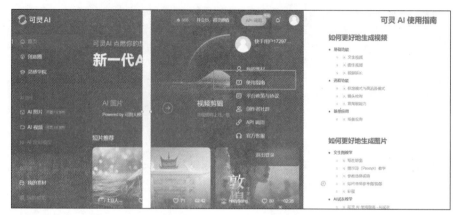

图 8-5 可灵 AI 使用指南

8.2 AI 辅助图片处理

图片处理是一种通过计算机技术对现有图像进行修改、优化或增强的技术，应用范围极为广泛，涵盖了艺术创作、商业设计、科学研究以及日常生活等多个领域。在数字化时代，图像作为信息传递的重要媒介，其处理需求日益增长。通过图片处理技术，用户可以实现风格迁移、图像修复、超分辨率增强等功能，大大提升了图像的表现力和实用性。

AI 辅助图片处理

近年来，随着人工智能技术的迅猛发展，许多高效的图片处理工具应运而生。这些工具不仅显著降低了图片处理的技术门槛，还大幅提升了工作效率和创意表达的可能性。

8.2.1 风格迁移技术

风格迁移技术是一种利用神经网络技术将普通照片转换为特定艺术风格的技术。通过深度学习模型，该技术提取内容图像（如风景照）的空间结构信息和风格图像（如梵高画作）的纹理、颜色等特征，并将两者的特征结合，生成一张兼具内容图像结构和风格图像艺术特点的新图像。

腾讯元宝是一款基于腾讯自研混元大模型（HunYuan）的多模态 AI 助手，其强大的 AI 画图功能是亮点之一。在图像处理方面，腾讯元宝支持多种艺术风格图像的生成，包括写实、卡通、抽象、印象派等。用户可以通过指定风格参数或直接在描述中加入风格要求（如 "梵高风格的星空"）来获得符合预期的艺术作品。这一功能特别适合设计师、插画师以及需要多样化视觉素材的创作者。此外，腾讯元宝提供了高分辨率图像生成选项，生成的图片不仅细节丰富，而且色彩还原度高，适用于印刷、展览或其他需要高质量图片的展示场景。图 8-6 展示了腾讯元宝的 "梵高星空" 风格迁移效果，其参考图片为图 8-4 的右下角的图像。

通义万相是阿里巴巴通义实验室推出的 AI 图像生成工具，不仅支持从文本描述生成图像，还提供了许多高级图像处理功能，如相似图生成和风格

图 8-6 腾讯元宝的 "梵高星空" 风格迁移效果

迁移。这些功能极大地扩展了其应用场景，并为艺术创作、设计辅助等领域带来了更多可能性。通过风格迁移功能允许用户将自己的照片或设计稿转换为特定的艺术风格，例如梵高、莫奈的印象派画风，甚至是现代抽象艺术。图 8-7 展示了通义万相图像风格迁移功能的应用效果：左侧两张图分别为风格图及原图，右侧四张图为风格迁移后的效果。

图 8-7　通义万相图像风格迁移功能应用效果

目前，风格迁移技术已被广泛应用于广告设计、影视制作等领域。例如，在电影《星际穿越》的后期制作中，风格迁移技术用来为场景添加特殊的视觉效果，增强了影片的艺术感染力。此外，在数字艺术展览中，风格迁移技术也用于实时生成动态艺术作品，为观众带来沉浸式体验。

▶▶▶ 8.2.2　图像修复技术

图像修复技术是一种通过深度学习去除图像中的划痕、污渍或修复破损区域的技术，其核心目标是利用卷积神经网络预测缺失区域的内容，并根据周围像素信息进行填充，从而恢复图像。为了进一步提升效果，一些先进的图像修复模型还结合了多尺度特征融合技术，通过整合不同层次的特征表示，生成更加细腻且真实的修复图像。以修复照片划痕为例，Photoshop Neural Filters 中的图像修复功能可以自动分析划痕区域并生成合适的填充内容，使照片恢复接近原始状态。

图像修复技术在老照片修复、文物数字化保护等领域具有重要的应用价值。

在文物保护领域，图像修复技术已成功应用于敦煌壁画的数字化修复工作。通过对受损壁画的高清扫描图像进行处理，研究人员能够还原壁画原本的色彩和细节，为文化遗产的保护和传承提供有力支持。此外，在医学影像分析中，图像修复技术也被用于去除噪声和伪影，从而提高诊断的准确性。

▶▶▶ 8.2.3　超分辨率增强技术

超分辨率增强技术是一种将低分辨率图像放大并提高清晰度的技术，其核心原理是通过卷积神经网络预测高分辨率图像的细节，从而在放大图像的同时保留清晰的边缘和细腻的纹理。这种技术在影视后期制作、卫星图像处理以及医学影像分析等领域具有广泛的应用前景。

腾讯 ARC（AI Repair Center，人工智能修复中心）是腾讯公司推出的一项基于人工智能技术的图像修复解决方案。腾讯 ARC 旨在通过深度学习和计算机视觉算法对受损、模糊或低质量的图像和视频进行高质量的修复和增强，从而恢复原始细节或提升视觉效果。作为腾讯在数字内容处理领域的重要布局之一，腾讯 ARC 广泛应用于老照片修复、影视资料修复、文化遗产保护以及数字娱乐等多个场景。用户可以直接访问 ARC 网页端或微信小程序，使用人像修复、人像抠图等功能。图 8-8 所示为腾讯 ARC 人像修复前后效果对比。

图 8-8　腾讯 ARC 人像修复前后效果对比

在医疗领域，超分辨率增强技术被用于提高 CT 扫描和核磁共振成像的清晰度，帮助医生更准确地诊断疾病。例如，在癌症早期筛查中，通过超分辨率增强技术，医生可以更清晰地观察肿瘤的细微结构，从而制定更精准的治疗方案。在遥感领域，超分辨率增强技术被用于提高卫星图像的分辨率，为地理信息系统的数据采集和分析提供了重要支持。

图片处理技术已经从传统的手动编辑发展到智能化、自动化的阶段。无论是风格迁移、图像修复还是超分辨率增强，这些技术都极大地拓展了图片处理的范围，为用户提供更多可能性和创造力。未来，随着 AI 技术的进一步发展，图片处理领域还将迎来更多创新和突破，为人类社会带来更大的价值和便利。

8.3　AI 辅助音频处理

▶▶▶ 8.3.1　音频处理工具介绍

1. 讯飞听见

讯飞听见是由科大讯飞推出的一款专注于语音转文字和音视频处理的智能工具，提供免费在线录音转文字、语音转文字、录音整理等功能。讯飞听见以其高精度的语音识别技术和丰富的应用场景闻名。作为国内语音技术领域的领先品牌，讯飞听见广泛应用于会议记录、课堂笔记、采访整理等多个场景，深受职场人士、学生及媒体从业者的青睐。其核心功能列举如下。

（1）语音转文字：讯飞听见支持高精度的语音转写服务，能够将录音或实时语音快速转化为文字，语音识别准确率高达 98%，适用于普通话、多种方言以及多国语言（如英语、日语、韩语等）。

（2）音视频文件转写：用户可以上传本地音视频文件，系统会自动完成转写并生成文字稿。该功能支持多种音频格式（如 MP3、WAV、MP4 等），并能处理不同采样率的文件。

（3）录音或实时语音转写：在会议、课堂或其他需要记录的场合，讯飞听见能提供录音或实时语音转写服务，即时生成文字记录，方便用户随时查看和编辑。

（4）多语言翻译：除了语音转文字，讯飞听见还支持多语言翻译功能，可实现中英互译、中日互译等多种语言间的实时翻译，满足国际化交流需求。

（5）字幕生成：针对视频内容，讯飞听见能够自动生成精准的字幕，并支持一键导出带字幕的视频文件，极大简化了视频制作流程。

（6）发言人区分：在多人对话场景中，讯飞听见可以通过声纹识别技术区分不同发言人的声音，便于后续整理和分析。

（7）文本编辑与导出：转写完成后，用户可以对生成的文字进行编辑、标注重点，并支持导出为多种格式（如 TXT、DOC、SRT 等），方便进一步使用。

2. 通义听悟

通义听悟是阿里云推出的一款专注于音视频内容处理的 AI 工具，旨在通过先进的语音识别、自然语言处理以及多模态模型技术，为用户提供高效智能的音视频内容管理解决方案。作为通义家族的一员，依托通义千问大语言模型和音视频 AI 模型能力，通义听悟不仅能够实现音视频内容的精准转写，还具备强大的信息提取与分析功能，帮助用户从海量音视频数据中挖掘价值。其核心功能列举如下：

（1）实时记录与同步翻译：通义听悟支持实时语音转文字功能，在会议、课程、访谈等场景下即时记录交流内容；提供同步翻译服务，无论是中文、英文还是其他语言，系统都能准确互译，打破语言障碍，促进无障碍沟通，适用于国际化团队协作或跨文化交流场合。

（2）音视频文件批量转写：对于已有的音视频文件，通义听悟提供了高效的批量转写服务。用户只需上传文件至平台，即可快速获得对应的文本记录。该服务支持广泛的音频采样率和文件格式，确保兼容性的同时也保证了转写的精度。

（3）智能内容提炼：基于强大的 AI 算法，通义听悟能够自动提炼音视频内容的核心要点，生成全文摘要、章节概览及发言总结。这些功能可帮助用户快速掌握长篇讲话或复杂讨论的主要内容，节省大量时间。

（4）发言人区分与待办事项提取：在多人参与的对话场景中，通义听悟可以通过声纹识别技术自动区分不同发言人，使回顾整理更加清晰明了；同时，它还能从录音中自动识别并提取待办事项列表，便于后续跟踪落实。

（5）PPT 提取与摘要生成：针对含有幻灯片展示的教学或演示活动，通义听悟特别设计了 PPT 提取功能，可以从视频中分离出 PPT 图像并对其内容生成摘要，进一步丰富了音视频资料的学习价值。

（6）自定义 Prompt 与高级编辑：为满足个性化需求，通义听悟允许用户定义特定的 Prompt，以指导 AI 生成符合预期的结果。此外，它还提供丰富的编辑工具，方便用户对原始记录进行修改和完善。

AI 辅助音频处理工具广泛应用于多种场景，包括会议记录、课堂笔记整理、媒体采访转写、在线教育内容生成、客户服务通话质检以及多语言翻译支持等。通过高效的语音识别与转写技术，这些工具能够将音频数据转化为结构化文本，帮助用户提高信息处理效率，降低人工成本，同时为跨语言交流和多媒体内容创作提供智能化解决方案，适用于各类工作、学习及创意生产环境。

▶▶▶ 8.3.2 音频处理实操

学生可以运用通义听悟这款强大的 AI 助手在多个学习相关领域提升效率和效果，具体应用方向包括课堂笔记与内容回顾、学术资料整理与分析、语言学习与跨文化交流、会议记录整理、个性化学习资源创建、考试复习与备考等。接下来以课堂笔记整理、学术资料整理、会议记录整理三个应用场景为例，给出具体使用示例。

【例 8-2】使用通义听悟进行课堂笔记整理。

（1）录音转文字：用户在课堂上打开手机中的通义听悟应用，开始录制教师的讲课内容。

下课后，将录音上传至通义听悟云端进行自动转写。

（2）生成摘要：通义听悟会自动生成一份详细的课堂笔记，并提供全文概要，帮助用户快速回顾课堂重点。

（3）关键词提取：系统还会自动提取本次课程的关键术语和技术点，便于复习时查找相关信息。

（4）编辑与分享：用户可以对生成的文稿进行简单编辑，去除冗余信息，然后导出为 PDF 格式与他人共享。

通过上述方式，用户不仅可以节省大量手写笔记的时间，而且能够更专注于课堂讨论和互动。此外，生成的结构化笔记也更便于用户复习复杂的理论知识。

【例 8-3】使用通义听悟进行学术资料整理。

（1）录制讲座：对于一些重要的线上或线下学术讲座，可以选择使用通义听悟记录整个过程。

（2）批量转写：录制完成后，将所有相关音频文件上传至平台，一次性完成多段音视频的转写工作。

（3）智能检索：利用通义听悟内置的强大搜索功能，用户可以根据特定主题快速定位相关的讲座片段及其对应的文本内容。

（4）PPT 总结：如果讲座中包含 PPT 展示，通义听悟还能识别并提取其中的重要信息，生成简化的 PPT 文档供后续使用。

上述方法可以提高用户处理海量学术资料的能力及效率，使其在较短时间内掌握大量专业知识，同时培养信息筛选能力和批判性思维。

【例 8-4】使用通义听悟进行会议记录整理

（1）会议记录：在团队讨论或教师指导等会议场景下，学生可启用通义听悟的实时记录功能，确保每条建议和决策都被准确记录下来。

（2）任务分配：基于会议录音，通义听悟会自动生成待办事项列表，明确团队成员的责任范围及截止日期。

（3）跨语言沟通：当团队成员来自不同国家时，通义听悟提供的多语言翻译服务成为不可或缺的沟通桥梁，促进了无障碍交流。

通过上述三个典型应用场景示例，我们可以看到通义听悟不仅是一款简单的语音转文字工具，更是集成了多种先进 AI 技术的一站式音频解决方案，旨在帮助用户更高效地获取、管理和利用各种形式的音频内容。

8.4 AI 辅助视频创作

AI 辅助视频创作是一种基于人工智能技术的多模态内容生成方法，其核心目标是通过自动化流程将文本、图像或其他形式的输入转化为具有动态视觉效果的视频内容。这个过程主要分为"文生视频"和"图生视频"，它们各有不同的概念和技术原理。

8.4.1 文生视频简介

文生视频是指根据一段描述性文本自动生成一段动态视频的过程，其核心在于将文本中的语义信息转化为可视化的动态画面，并结合音频元素生成完整的视频内容。具体实现过程如下。

（1）文本理解与语义解析：系统首先利用自然语言处理技术对输入文本进行分析，提取关键词、情感特征以及场景描述等信息。例如，在生成一段关于黄河风光的视频时，系统会识别出"黄河""水流"等关键词，并根据这些关键词确定视频画面的主题和风格。

（2）静态图像生成：基于提取的语义信息，系统利用生成对抗网络、扩散模型或变分自编码器等深度学习模型生成高质量的静态图像。例如，当系统识别到"黄河"时，会生成一幅包含河流、山川和天空的高清图像。

（3）动态画面合成：在生成静态图像的基础上，系统引入时间维度，通过运动预测、帧间插值或动作捕捉技术实现动态画面的生成。例如，使用光流法（Optical Flow）计算相邻帧之间的运动矢量，从而生成水流波动或云层移动的效果。

（4）音频与视觉同步：为了增强视频的真实感和表现力，系统结合语音合成技术生成背景音乐、音效或旁白，并将其与视觉内容进行精确的时间轴对齐。例如，在描述"黄河奔腾"的场景时，系统会生成一段激昂的背景音乐，并配合水流声效增强沉浸感。

（5）后期处理优化：最后，系统通过对生成的视频进行色彩校正、分辨率提升和压缩优化等操作，确保输出内容的质量满足实际需求。

▶▶▶ 8.4.2　图生视频简介

图生视频是指从一张或多张静态图像生成一段动态视频的过程，其核心在于为静态图像添加时间维度上的连续性，使其具备动态效果。具体实现过程如下。

（1）关键帧提取：系统从输入的图片中提取关键特征点作为视频生成的基础。这些特征点可以是物体的轮廓、颜色分布或纹理模式。例如，在生成一段关于城市夜景的视频时，系统会提取建筑物的轮廓和灯光的分布。

（2）运动模拟：利用计算机图形学中的运动学模型或深度学习方法，系统可以为静态图像中的对象赋予运动属性。例如，通过姿态估计技术模拟人物的动作，或通过场景重建技术生成环境变化。在城市夜景案例中，系统可以模拟车辆行驶、行人走动或霓虹灯闪烁的效果。

（3）帧间插值：在生成关键帧的基础上，系统通过帧间插值算法填充中间帧的内容，确保画面的平滑过渡。常见的插值方法包括光流法和深度图像融合等。例如，在生成车辆行驶的画面时，系统会计算每辆车在不同时间点的位置，从而生成流畅的运动轨迹。

（4）渲染与合成：系统将所有帧合成为完整的视频，并结合音频轨道生成最终输出。例如，在城市夜景视频中，系统可以添加汽车喇叭声和人群喧哗声，以增强真实感。

AI辅助视频生成技术的应用场景十分广泛，涵盖影视制作、广告营销、教育演示等多个领域。在影视制作中，它可以快速生成概念预告片或特效镜头；在广告营销中，它可以帮助企业以较低成本制作高质量的宣传视频；在教育演示中，它可用于制作教学视频或虚拟实验演示。此外，随着技术的不断进步，AI辅助视频生成还将在虚拟现实、增强现实以及元宇宙等领域发挥更大的作用。

▶▶▶ 8.4.3　视频创作工具

1. 度加

度加是百度公司推出的一款AI驱动的视频创作工具，专注于短视频制作与内容优化。其核心功能包括智能脚本生成、AI配音、多平台适配等，尤其擅长通过自然语言处理技术快速生成视频文案，降低创作门槛。度加与百度生态深度融合，支持一键分发至百度系平台（如百家号），适合自媒体创作者快速生产资讯类、知识类短视频。其AI素材匹配功能可自动关联视频画面与文本内容，显著提高制作效率。

2. 剪映

剪映由字节跳动开发，是一款面向大众的全能型视频编辑软件，分为移动端与桌面端版本。

该工具以操作简易、模板丰富著称，内置海量特效、滤镜、音乐及贴纸资源，支持多轨道剪辑、关键帧动画等专业功能。剪映与抖音生态深度绑定，提供"一键成片"等智能功能，可快速适配短视频平台的竖屏格式需求，其"图文成片"模块还能将文字自动转化为视频，广泛应用于个人 Vlog、电商推广、社交媒体内容制作等领域。

3. 清影

清影是一款轻量级在线视频编辑工具，主打便捷性与协作性。用户无须下载客户端即可通过浏览器完成基础剪辑、字幕添加、画面裁剪等操作，并支持多人实时协同编辑，适合教育、中小型企业团队进行轻量化视频处理。其特色在于低代码交互设计，通过拖曳式操作简化流程，同时提供云端存储与版本管理功能。清影的模板库侧重于教学课件、会议记录等实用场景，是传统专业软件的低门槛替代方案。

4. 腾讯智影

腾讯智影是腾讯云推出的智能化视频生产平台，深度融合 AI 技术与云端协作能力，其核心优势体现在智能配音、数字人播报、AI 绘画生成等创新功能上。例如，用户可通过文本输入生成虚拟主播播报视频，大幅降低真人出镜成本。该平台还支持多模态内容识别，可自动提取视频关键词并生成字幕和章节标记。腾讯智影主要面向企业级用户，适用于新闻传媒、在线教育、品牌营销等领域，尤其适合需要批量生产标准化视频内容的机构。

以上几款工具各具特色：度加依托百度 AI 技术，聚焦文案与素材的自动化生成；剪映凭借丰富的模板资源，成为个人创作者的首选；清影通过在线协作降低团队使用门槛；腾讯智影则通过 AI 数字人等技术拓展企业级应用场景。从技术趋势看，AI 能力与生态整合正成为视频工具的核心竞争力。学习这些工具时，建议结合目标场景（如个人创作、团队协作或行业需求）选择适配的软件，并关注其 AI 功能的创新应用。

▶▶▶ 8.4.4 视频创作实操

【例 8-5】使用剪映生成一段 AIGC 简介短视频。

【操作步骤】

（1）确定视频主题与脚本：首先明确视频主题为"AIGC 简介"，并撰写一份脚本。

（2）收集素材：根据脚本内容收集相关素材，如图片、图标和背景音乐等。

（3）使用剪映进行视频制作：打开剪映，新建一个空白项目，并设置视频的分辨率和时长（建议分辨率为 1080p，时长控制在 2 分钟以内）。

（4）导入素材：将准备好的图片、图标和背景音乐导入剪映的时间轴。

（5）添加文字说明：在每个画面下方添加简短的文字说明，与脚本内容保持一致。例如，在介绍"AIGC 是什么"时，可以在画面下方显示"AI 生成内容的核心是结合多种先进技术"。

（6）应用转场效果：为每个画面之间添加平滑的转场效果，如淡入淡出、滑动等，使视频更具观赏性。

（7）插入旁白或配音：如果需要，可以使用剪映内置的语音合成功能生成旁白，或者自己录制解说。

（8）调整背景音乐：将背景音乐添加到时间轴，并根据视频节奏调整音量大小，确保不会盖过旁白或解说。

（9）优化画面效果：使用剪映的滤镜功能为视频添加适当的色彩风格，如"科技蓝"或"未来感"滤镜，以增强视觉效果。剪映视频编辑界面如图 8-9 所示。

（10）导出与分享：编辑完成后，单击"导出"按钮，选择合适的分辨率和格式后保存视频文件，随后可以通过社交媒体平台（如抖音、微信视频号等）分享给更多观众。

图 8-9 剪映视频编辑界面

如果对视频创作细节没有具体要求，可以在剪映应用中选择"图文成片"功能，输入主题"AIGC 简介"提示词后，一键生成。这样即使是非专业人士也能创作出高质量的视频内容。

【例 8-6】使用豆包+度加为河南文旅制作一个短视频。

【操作步骤】

（1）文案创作：在豆包对话框中输入提示词"请你现在扮演短视频文案专家，帮忙撰写一篇爆款短视频文案。文案内容介绍河南 5 个著名旅游景点，让读者看过就有去河南旅游的冲动，字数在 500 字左右，其中一个景点为嵩山少林寺。请以爆款短视频文案的格式输出。"豆包输出方案如图 8-10 所示。

图 8-10 豆包文案生成

（2）视频生成：打开度加，登录后单击左侧菜单栏中的"AI 成片"按钮，然后输入豆包生成的文案，单击"一键成片"按钮即可生成视频。

（3）视频编辑：在左侧菜单栏"我的作品"中可以查看生成的视频。单击相应作品即可跳转至编辑界面，视频编辑界面如图 8-11 所示，左侧为工具栏，可以进行字幕、背景乐、朗读声音等修改操作。

图 8-11　度加视频编辑界面

（4）作品发布：效果预览无误后，单击"发布视频"按钮，可将视频导出到草稿箱并下载到本地。

习题

1．简述 AI 在影音处理中的主要应用场景，并列举至少两个具体示例。

2．图片生成任务：在 AI 工具中输入提示词"一只戴着眼镜的卡通猫在图书馆看书"，生成一张图片，并描述生成过程中参数设置的作用（如尺寸、参考图）。

3．假设你需要为校园社团制作招新短视频，请分析视频要求并说明如何利用 AI 工具完成视频创作。

第9章
AI 辅助编程

【学习目标】
- 理解 AI 辅助编程的核心概念及其在软件开发中的应用价值。
- 熟悉 AI 辅助工具豆包 AI 编程的核心功能。
- 具备利用 AI 进行代码质量审查与性能优化的实践能力。

【引导案例】

AI 辅助编程工具在医疗系统开发中的应用

某医疗科技团队利用传统开发模式研发心脏疾病预警系统时遭遇现实困境：医生提出的"心电图异常波形动态关联患者病史"的核心需求就需要工程师手动编写数十种信号处理算法并串联患者五年内的电子病历数据特征。开发团队耗时三个月仅完成基础模块搭建，在临床测试时却暴露了严重问题——夜间监护场景下的波形误判率较高，算法迭代时又因代码耦合度过高，每次调整都需要重写很大比例的逻辑结构，项目进度陷入僵局。引入 AI 辅助编程工具后，系统开发路径发生根本转变，工程师通过自然语言描述"室性早搏波形与血氧骤降的时序关联规则"，AI 自动生成可嵌入现有框架的优化代码，同步梳理出病历数据中隐藏的用药记录与心率变异性的关联维度；当临床反馈发现凌晨时段误判异常值，AI 仅用数小时便完成噪声过滤算法重构，并自动生成不同监护场景的差异化诊断阈值。最终，该系统的开发周期和误判率大幅下降，更意外挖掘出了"特定降压药使用频率与心律失常风险"的医学价值线索。在以上案例中，AI 辅助编程并非取代开发者，而是将人力从机械性编码中解放出来，让工程师更专注于医疗逻辑提炼和跨学科创新，如同给传统开发流程装上"思维放大器"，使技术创新从"手工作坊"迈向"智能协作"的新范式。

9.1 AI 辅助编程工具的选择与准备

在众多 AI 辅助编程工具中，豆包 AI 编程脱颖而出。它基于先进的自然语言处理和机器学习技术，能够精准理解开发者的意图，快速生成高质量的代码建议。豆包 AI 编程支持多种主流编程语言，如 Python、Java、C++等，无论是初学者还是经验丰富的开发者，都能借助它提高开发效率。与其他工具相比，豆包 AI 编程的优势在于其强大的语义理解能力和灵活的交互方式。它可以根据简单的自然语言描述生成代码，大大缩短了开发者的编码时间并降低了错误率。

▶▶▶ 9.1.1 豆包 AI 编程特点

1. 强大的语义理解能力

基于先进的自然语言处理和机器学习技术，豆包 AI 编程能够精准理解开发者的意图，无论是简单的自然语言描述，还是复杂的需求表达，它都能准确把握，从而为开发者提供高质量的代码建议。

AI 辅助编程

2. 生成高质量代码

豆包 AI 编程能根据开发者的描述快速生成符合需求的代码，代码涵盖从数据读取、特征提取、数据集划分到模型训练和预测等完整的操作流程，大大提高了开发效率。例如，在构建线性回归模型用于预测房价的任务中，豆包 AI 编程能依据描述完整展示相关代码，极大节省了开发者的编码时间。

3. 支持多种主流编程语言

豆包 AI 编程支持如 Python、Java、C++等多种主流编程语言，无论是从事何种编程语言开发的人员，都能借助豆包 AI 编程提高开发效率。

4. 强大的静态代码分析能力

豆包 AI 编程具备强大的静态代码分析能力，能够检测代码中的语法错误、潜在的逻辑问题以及代码风格不一致等问题。例如能提示"return 语句之后的代码永远不会执行"这类逻辑错误，还能检查代码是否符合行业标准，如 PEP8 规范对于 Python 代码的要求，并对不符合规范的代码给出相应的改进建议。

5. 提供有效的代码优化建议

除了检测问题，豆包 AI 编程还能为开发者提供有效的代码优化建议。例如，对于计算列表中所有元素平方和的函数，它会建议使用列表推导式来优化代码，使其更加简洁高效，提高软件的性能和可维护性。

6. 助力模型训练与优化

在机器学习模型训练方面，从数据收集与预处理、模型训练与评估到模型优化，豆包 AI 编程都能提供全面的支持。在数据预处理阶段，它能根据描述生成对图像数据集进行预处理的代码；在模型训练阶段，它能生成相应的代码框架，并指导如何加载数据、定义模型结构、进行模型训练和评估；在模型优化阶段，它能指导开发者使用如模型压缩、量化等技术对模型进行优化，并提供相应的代码示例。

▶▶▶ 9.1.2　豆包 AI 编程注册使用

要使用豆包 AI 编程，首先需要确保设备能够连接互联网，在浏览器中打开豆包的官方网站进行注册登录，单击"AI 编程"即可访问 AI 编程功能，如图 9-1 所示。

图 9-1　豆包 AI 编程

9.2 自动代码生成

豆包 AI 编程的一大核心功能是根据自然语言描述自动生成代码，以下是两个豆包 AI 编程的应用示例。

自动代码生成

【例 9-1】基于豆包 AI 编程构建线性回归模型，生成房价预测代码。

【操作步骤】

（1）输入提示词：在输入框中输入"使用 Python 和 scikit-learn 库构建一个线性回归模型用于预测房价，输入特征为房屋面积和房间数量，输出为房价"。

（2）代码输出：豆包 AI 编程生成模型相关的代码，如图 9-2 所示。

图 9-2　豆包 AI 编程生成的房价预测模型代码

（3）代码运行：单击网页右上角"运行"，可实现网页端运行生成的代码，运行结果如图 9-3 所示。

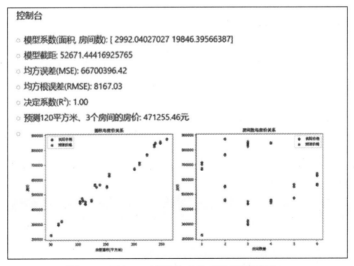

图 9-3　豆包 AI 编程生成的房价预测结果

（4）总结：豆包 AI 编程会对如上生成的代码和运行结果进行总结，如图 9-4 所示。

该代码实现了一个完整的房价预测系统，包含以下功能：

数据生成：随机生成房屋面积、房间数量和对应的房价数据

模型构建：使用 scikit-learn 的 LinearRegression 创建线性回归模型

模型训练与评估：计算 MSE、RMSE 和 R² 等评估指标

可视化展示：绘制特征与房价关系的散点图

预测功能：可对新房屋价格进行预测

运行代码后，你可以看到模型的系数、评估指标以及预测示例。图表将直观展示模型预测效果。你可以根据需要调整数据生成部分的参数，或使用自己的真实数据集替换示例数据

图 9-4　豆包 AI 编程生成的房价预测代码及运行结果的总结

【例 9-2】基于豆包 AI 编程的人脸检测代码生成。

【操作步骤】

（1）输入提示词：在输入框中输入"使用 Python 和 OpenCV 库构建一个人脸检测模型，用于调用笔记本摄像头检测人脸"。

（2）代码输出：豆包 AI 编程生成的代码，如图 9-5 所示。

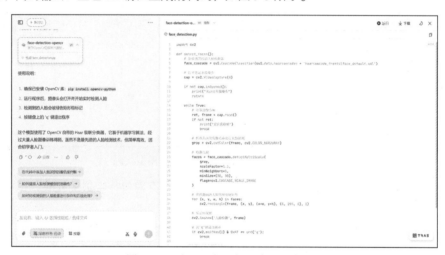

图 9-5　豆包 AI 编程生成的人脸检测代码

分类任务是机器学习中的重要任务之一，豆包 AI 编程同样可辅助生成机器学习分类模型相关代码，实现对相关数据的分类。例 9-3 以鸢尾花分类任务为例，展示使用豆包 AI 编程辅助生成代码的过程。

【例 9-3】基于豆包 AI 编程的鸢尾花识别代码生成。

【操作步骤】

（1）输入数据：在输入框中输入"如下是鸢尾花分类数据"。（注：受篇幅所限，部分鸢尾花分类数据被省略）

```
5.1,3.5,1.4,0.2,setosa
4.9,3.0,1.4,0.2,setosa
......
5.9,3.0,5.1,1.8,virginica"
```

（2）输入提示词：在输入框中输入"请生成 KNN 对鸢尾花进行分类预测的代码，并针对数据特征为 5,3.3,1.4,0.2 的鸢尾花预测其类别"。

（3）代码输出：豆包 AI 编程生成的代码，如图 9-6 所示。

图 9-6　豆包 AI 编程生成的鸢尾花识别代码

图 9-6 展示的代码首先加载了鸢尾花数据集，并将其拆分为训练集和测试集；然后创建了一个 KNN 分类器，并使用训练集对其进行训练；接着使用训练好的模型对新数据进行预测，并输出预测结果；最后在测试集上评估了模型的性能。

代码中的"n_neighbors=3"表示 KNN 算法中使用的最近邻数量，用户可以根据需要调整这个值。

9.3　AI 辅助模型训练

9.3.1　图像分类模型

【例 9-4】基于豆包 AI 编程的图像分类模型代码生成。

【操作步骤】

（1）输入提示词：在输入框中输入"请帮我生成一份 mnist 手写数字图像分类的 pytorch 代码"。

AI 辅助模型训练

（2）代码输出：豆包 AI 编程会自动生成相关代码，如图 9-7 所示。

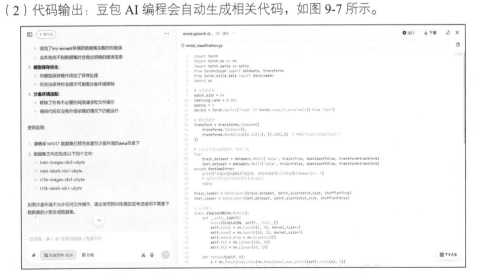

图 9-7　豆包 AI 编程生成的图像分类模型训练代码

（3）代码总结：对于生成的代码进行总结，如图9-8所示。
关于生成代码的总结如下。

> 这份代码实现了一个简单的卷积神经网络用于 MNIST 手写数字图像分类。主要包含以下部分：
>
> 数据预处理和加载：使用 torchvision 加载 MNIST 数据集，并进行归一化处理
>
> 模型定义：定义了一个包含两个卷积层和两个全连接层的简单 CNN 模型
>
> 训练和测试函数：实现了训练和测试的逻辑
>
> 模型训练和保存：训练模型并将其保存为 mnist_cnn.pt 文件
>
> 你可以直接运行这段代码来训练模型，训练完成后会在终端显示测试准确率，并将模型保存到当前目录下。

图 9-8　豆包 AI 编程生成的图像分类模型代码总结

通常情况下，为了提高模型的性能和效率，还需要对模型进一步完善，如模型压缩、量化等。豆包 AI 编程可以指导开发者使用这些技术对模型进行完善。例如，对于上述的 CNN 模型，豆包 AI 编程会生成相应的代码示例，指导开发者实现模型的量化，将模型的参数从高精度数据类型转换为低精度数据类型，在不显著降低模型性能的情况下提高模型的推理速度。

▶▶▶ 9.3.2　目标检测模型

除了上述展示的图像分类任务，目标检测也是计算机视觉中的核心任务，落地应用较为广泛，如自动驾驶、安防监控、应急管理等。例 9-5 展示了基于豆包 AI 编程一键生成目标检测模型训练与优化代码的过程。

【例 9-5】基于豆包 AI 编程生成目标检测模型训练与优化代码。

【操作步骤】

（1）输入提示词：在输入框中输入"请使用 Python 和 Pytorch 实现针对 PASCAL VOC 数据集的目标检测模型的训练与推理代码"。

（2）代码输出：豆包 AI 编程会自动生成相关代码，如图 9-9 所示。

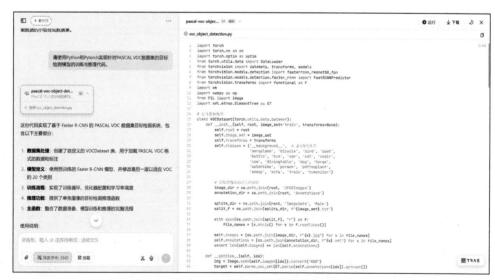

图 9-9　豆包 AI 编程目标检测模型训练代码

（3）代码总结：对于生成的代码进行总结，如图9-10所示。

关于生成代码的总结如下。

这份代码实现了基于 Faster R-CNN 的 PASCAL VOC 数据集目标检测系统，包含以下主要部分：

数据集处理：创建了自定义的 VOCDataset 类，用于加载 PASCAL VOC 格式的数据和标注

模型定义：使用预训练的 Faster R-CNN 模型，并修改最后一层以适应 VOC 的 20 个类别

训练流程：实现了训练循环、优化器配置和学习率调度

推理功能：提供了单张图像的目标检测推理函数

主函数：整合了数据准备、模型训练和推理的完整流程

使用说明：

请确保已下载 PASCAL VOC 数据集，并将 root 变量设置为正确路径

代码需要安装 torchvision 0.8.0 或更高版本

训练过程可能需要较长时间，建议使用 GPU

训练完成后，代码会保存模型并提供推理示例

注意事项：

代码依赖于一些 torchvision 的辅助函数，需要确保正确导入

训练参数（如学习率、批次大小）可以根据实际情况调整

推理时可以通过调整置信度阈值来控制检测结果的数量和质量

图 9-10　豆包 AI 编程生成的图像目标检测模型代码总结

9.4　案例分析：互联网行业个性化推荐系统开发

随着科技的飞速发展，软件开发在各个行业中的地位越发重要。然而，软件开发常常面临着时间紧、任务重、技术难度大等诸多挑战。AI辅助编程工具的出现为解决这些问题提供了新的思路和方法。豆包 AI 编程凭借其强大的功能和灵活的应用，在多个行业的软件开发项目中发挥了关键作用，显著提升了开发效率和软件质量。下面我们通过实际案例深入探讨豆包 AI 编程是如何助力软件开发的。

1. 项目背景

某知名互联网电商平台一直致力于为用户提供更优质的购物体验，希望通过开发一套先进的个性化推荐系统，根据用户的浏览历史、购买记录、搜索行为等多维度数据，为用户精准推荐符合其兴趣和需求的商品，从而提高用户的购买转化率和平台的销售额。但该项目存在数据量大、算法复杂、开发周期紧张等难题。平台每天产生的用户行为数据多达数十亿条，数据格式多样且质量参差不齐，同时需要融合多种机器学习算法来实现精准推荐，对开发团队的技术能力和开发效率提出了极高的要求。

2. 应用过程

（1）数据处理

开发团队首先面临的是海量的数据清洗和预处理工作。他们通过与豆包 AI 编程交互，详

细描述了数据处理的需求，包括去除重复数据、处理缺失值、对不同类型的数据进行标准化处理等。例如，针对数据中的时间戳字段，开发团队需要将其转换为便于分析的日期时间格式，并提取出小时、星期、月份等时间特征。豆包 AI 编程迅速生成了一系列 Python 代码，涵盖了数据读取、数据清洗、特征工程等多个方面的操作，高效地完成了这些任务，大大缩短了数据处理的时间。

（2）模型构建与优化

在推荐算法的选择和模型构建方面，团队参考了豆包 AI 编程的建议，最终决定采用基于深度学习的协同过滤算法。豆包 AI 编程为团队提供了完整的模型代码框架，包括模型的初始化、前向传播、损失函数的定义以及优化器的选择等。在模型训练过程中，团队遇到了过拟合的问题，导致模型在测试集上的表现不佳。他们再次向豆包 AI 编程求助，豆包 AI 编程通过分析代码和数据，建议团队增加正则化项、调整学习率以及采用数据增强技术。按照这些建议进行调整后，模型的泛化能力得到了显著提升。

（3）代码审查与质量保证

在开发过程中，团队定期使用豆包 AI 编程的代码审查功能对编写的代码进行全面检查。豆包 AI 编程不仅能够检测出语法错误和潜在的逻辑问题，还能根据行业最佳实践对代码的风格和结构提出改进建议。例如，它会提示团队使用更具描述性的变量名和函数名，避免代码中的重复代码块，提高代码的可读性和可维护性。通过及时修复这些问题，团队确保了代码的质量，减少了后期维护的成本。

（4）效果评估

经过几个月的紧张开发，个性化推荐系统成功上线。与之前的推荐系统相比，新系统的推荐准确率提高了 30%，用户在平台上的平均停留时间增加了 20%，购买转化率提高了 15%，平台的销售额也随之增长了 25%。同时，借助豆包 AI 编程的帮助，项目的开发周期缩短了 40%，大大节省了开发成本和时间。

习题

一、选择题

以下哪项不属于豆包 AI 编程的核心功能？（　　　）

A．开源仓库解读　　　　　　　　　B．代码解释

C．代码修复　　　　　　　　　　　D．安全漏洞扫描

二、简答题

1．请使用伪代码描述"文件压缩模块"的需求，尝试设计 AI 辅助编程的提示词，并预测可能生成的代码结构。

2．请描述如何使用豆包 AI 编程根据自然语言描述"使用 Python 和 Pandas 库读取一个 CSV 文件，并统计文件中某一列数据的平均值"生成相应的代码，并解释代码的主要执行步骤。

3．假设你要使用 PyTorch 构建一个简单的图像分类模型，用于识别猫和狗的图像。请描述借助豆包 AI 编程完成数据预处理、模型构建和训练的过程，并列举出至少两个在模型训练过程中可能遇到的问题，以及如何通过豆包 AI 编程解决这些问题。

AI+专业案例篇

第10章
AI+理工类专业案例

10.1 AI+城市建设

在数字化浪潮的推动下，人工智能正重塑现代城市建设的底层逻辑与顶层范式。AI 与城市建设深度融合，不仅通过智慧城市技术框架构建了"感知-决策-响应"的闭环体系，更以数字孪生、生成式设计、智能检测等创新技术为核心驱动力，推动城市规划、建造、运维全链条的智能化跃迁。从地下管网的毫米级检测到建筑设计的全生命周期优化，从城市信息模型（CIM）的动态治理到雄安新区的未来城市实践，AI 正以数据为纽带、以算法为引

AI+城市建设

擎，破解传统城市发展中的效率瓶颈、资源浪费与安全风险，助力实现绿色低碳、韧性高效的新型城镇化目标。本节将系统解析 AI 在城市建设的五大核心场景——智慧城市框架构建、建筑自动化设计、BIM 技术增强、地下管网智能检测及标杆案例实践，揭示 AI 技术赋能下城市从"物理实体"向"智能生命体"的进化路径。

▶▶▶ 10.1.1 智慧城市与 AI 技术框架

智慧城市的建设是现代城市发展的重要方向。通过信息技术和智能技术的深度融合，智慧城市能够提升城市的运行效率、服务水平和可持续发展能力。本小节将从定义与核心理念出发，结合 AI 技术框架，探讨智慧城市的 AI 技术体系。

1. 定义与核心理念

智慧城市是指通过综合运用现代信息技术、通信技术、物联网、大数据、人工智能等手段，实现城市规划、建设、管理和服务的全面智能化，从而提升城市运行效率，优化资源配置，改善居民生活质量，促进经济、社会和环境的可持续发展。智慧城市的概念最早可以追溯到 20 世纪 90 年代，随着信息技术的发展而逐步形成。其发展经历了以下 3 个阶段。

（1）数字化阶段（2010—2015年）：以电子政务、数字地图建设为主。

（2）网络化阶段（2016—2020年）：5G、物联网推动城市运行数据实时采集。

（3）智能化阶段（2021年至今）：AI大模型驱动城市治理决策。

近年来，随着人工智能、物联网、大数据等新兴技术的迅猛发展，智慧城市建设进入了新的阶段。智慧城市的内涵可以从数字化底座、智能化决策、人本化服务三个层面理解。

（1）数字化底座：构建全面覆盖的城市数字基础设施，包括传感器网络、通信系统和数据中心等，通过5G基站（2023年全国达337.7万个）、物联网终端（全国超20亿个）、北斗定位系统（厘米级精度）构建城市感知神经网络，为各类智能化应用提供数据支持。

（2）智能化决策：基于大数据分析和AI算法，实现对城市运行状态的实时感知、预测和优化，从而提升城市管理的科学性和精准性。运用"城市大脑"、数字孪生系统实现动态优化，例如北京通过AI模拟预测极端天气对交通影响，提升应急响应速度。

（3）人本化服务：以市民需求为核心，通过智能化手段改善公共服务质量，提升居民的生活满意度，如上海"随申办"App实现2000余项服务"指尖办理"。

2. 智慧城市的AI技术体系构建

智慧城市建设的核心在于通过AI技术实现城市运行的智能化、高效化和可持续化。在这一过程中，AI技术体系是关键，它涵盖了从感知到分析再到决策的完整链条，并以数字孪生为底层架构支撑城市的全生命周期管理。

（1）城市智能化需求与AI适配性

现代城市面临交通拥堵、资源分配不均、公共服务效率低下等诸多挑战。AI技术以其强大的数据处理能力和智能决策能力，成为解决这些问题的重要工具。例如，在交通治理中，AI可以通过实时数据分析优化信号灯配时，显著缓解交通拥堵；在资源优化配置方面，AI通过对能源、土地和公共设施的精准预测与调度，提升资源利用效率；而在市民服务领域，AI驱动的知识图谱和自然语言处理技术使医疗、教育和政务等服务更加精准化和个性化。这些应用场景表明，AI技术与城市智能化需求高度契合，为智慧城市的发展提供了强大动力。

（2）核心AI技术栈

AI技术栈是智慧城市建设的技术基础，可分为感知层、传输层、平台层和应用层四个层次。

在感知层，计算机视觉和物联网技术发挥了重要作用。感知层是智慧城市的"感官"，负责实时采集城市运行中的各类数据，主要包括物联网设备（如传感器、摄像头、RFID标签等）以及卫星遥感技术。例如，在交通管理中，地磁感应器可以实时监测道路上的车辆流量，而空气质量监测站能够监测PM2.5浓度等环境数据。部署于城市各处的传感器网络可实时采集环境、交通等多源数据。

传输层是智慧城市的"神经系统"，负责将感知层采集的数据高效、稳定地传输至数据中心。5G通信技术、光纤网络以及边缘计算等技术的应用使数据传输速度更快、延迟更低，从而为实时分析和决策提供了基础支持。

平台层是智慧城市的"大脑"，负责对海量数据进行存储、处理和分析。云计算和大数据平台是这一层的核心组成部分。通过这些平台，城市管理者可以对数据进行深度挖掘，发现隐藏的规律和趋势，为智能化决策提供依据。

应用层是智慧城市的"四肢"，负责将技术成果转化为具体的服务场景。在应用层，强化学习和多智能体协同技术被广泛应用。例如，基于强化学习的动态优化算法可以动态调整红绿灯时长，缓解交通拥堵；智能垃圾分类机器人可以通过图像识别技术自动分拣垃圾，提高资源回收效率。

（3）数字孪生：虚实协同的底层架构

数字孪生是通过对物理实体或系统的多维数据建模，构建其虚拟镜像，实现虚实交互、动态映射和实时优化的技术体系。其本质是通过数据驱动，在虚拟空间中模拟、预测、优化物理对象的全生命周期行为。

数字孪生作为智慧城市的底层架构，通过构建物理世界的虚拟镜像，实现了城市运行状态的全面感知、实时监测和动态优化。图 10-1 为数字孪生城市运行平台示意图。数字孪生技术通过多源数据感知、高保真建模与实时交互优化三大环节构建物理实体的虚拟镜像。在数据感知层，物联网传感器（如温湿度传感器、振动传感器）、卫星遥感（0.5 米分辨率影像）与激光扫描（毫米级点云）实时采集物理世界数据。例如，雄安新区部署的 10 万+智能井盖传感器，可秒级监测地下管网压力与泄漏状态。基于此，数字孪生通过 BIM（建筑信息模型）与 GIS 融合构建高精度三维模型（如上海中心大厦的 BIM 模型包含 1.2 亿个构件），并利用多物理场仿真和机器学习代理模型模拟动态行为；借助 5G 网络（时延<10ms）实现虚实数据同步，结合强化学习算法优化决策。数字孪生不仅支持城市的全生命周期管理，还通过虚实协同提升了城市管理的精细化水平，有助于对城市进行分析和优化，在许多方面发挥作用。数字孪生可以帮助城市管理者、企业和居民洞悉城市的真实面貌、服务需求和资源利用情况，进而采取切实可行的政策措施解决社会、经济和环境问题。

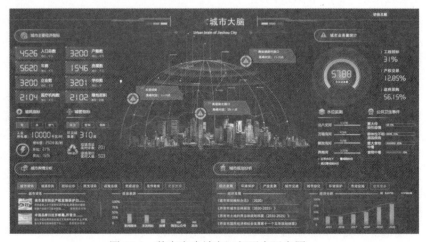

图 10-1　数字孪生城市运行平台示意图

通过以上内容可以看出，智慧城市的建设离不开 AI 技术的支持。无论是从理论框架还是实际应用来看，AI 都在不断提升城市的智能化水平，推动城市向更高效、绿色和人性化的方向发展。

▶▶▶ 10.1.2　AI 驱动的建筑自动化设计

1. 建筑设计智能化转型概述

建筑设计是城市建设的核心环节，其传统流程通常依赖设计师的经验和手工操作，效率较低且容易受到人为因素的影响，导致在效率和创新两方面均面临显著挑战。然而，随着人工智能技术的快速发展，建筑设计正在经历一场深刻的智能化转型。这场转型不仅改变了传统的建筑设计方法，还推动了建筑行业的可持续发展和创新。

传统建筑设计流程存在明显的瓶颈。在传统建筑设计中，设计师主要依靠二维图纸和手工建模来表达设计理念，这种方法存在诸多局限性。首先，从方案设计到施工图交付，传统建筑设计平均耗时 6~12 个月，设计周期长；其次，人工设计容易受到经验固化的影响，难以突破传统思维框架，进而创新受限；最后，传统建筑设计修改成本高，难以快速响应复杂需求。而智能化设计通过引入计算机辅助设计（CAD）、建筑信息模型（BIM）以及人工智能技术，极大提升了设计效率和精度。例如，AI 可以通过分析历史建筑设计案例，提取设计规则并生成初步设计方案，从而将设计师从烦琐的基础工作中解放出来，使其能够专注于更高层次的创意工作。

建筑设计智能化转型经历了三个演进阶段。

（1）工具替代阶段（2015—2020 年）：从 CAD 向 BIM 过渡，自动化绘图工具普及，设计效率提升 30%；

（2）流程重构阶段（2021—2025 年）：AI 生成式设计工具广泛应用，方案创新性提升 50%；

（3）生态重塑阶段（2026—2030 年）：建筑元宇宙与自主进化系统主导，"设计—施工—运维"全链路闭环，人力成本降低 80%。

2. AI 驱动重构设计范式

AI 技术的核心优势在于其强大的数据处理能力和智能决策支持能力。面对传统建筑设计的困境，AI 技术通过数据贯通、算法优化与流程再造，推动设计范式的全面升级，具体表现在以下几个方面。

（1）生成式设计

基于生成对抗网络或扩散模型，AI 能够根据输入的目标参数（如容积率、功能需求等）快速生成多种三维设计方案。AI 还能够快速分析海量建筑数据，识别成功的建筑设计模式和设计原则，据此生成符合特定需求的设计方案。例如，在住宅建筑设计中，AI 可以根据人口密度、日照条件和用户偏好等参数，自动生成满足功能性和美观性要求的建筑形态。

（2）实时协同优化

通过强化学习技术，AI 可以动态调整 BIM 参数，实现多专业之间的高效协同。在建筑性能评估方面，AI 可以模拟建筑在不同环境条件下的表现（如能耗、采光、结构强度等），帮助设计师在早期阶段发现问题并进行优化。这种实时反馈机制显著提高了设计的科学性和可靠性。例如，在上海某超高层项目中，项目团队通过 AI 实时优化管线布局，使碰撞冲突减少了85%，工期缩短了 40%，大幅降低了施工阶段的返工风险。

（3）全生命周期闭环

AI 技术贯穿建筑设计、施工和运维的全生命周期，形成闭环管理。以雄安市民服务中心为例，在施工阶段，通过传感器实时更新 BIM，施工误差控制在 ±2mm 以内。在运维阶段，AI 动态调节能耗系统，实现了年节能 25% 的目标，为建筑的可持续发展提供了有力支持。

3. 智能化转型的意义

建筑设计的智能化转型不仅是为了提高效率，更是为了应对未来城市发展的挑战。随着全球人口增长和资源紧张问题的加剧，建筑行业需要更加注重可持续发展，而智能化转型为建筑设计带来了显著的价值提升。表 10-1 通过四项核心指标对比，直观展现了人工智能技术对建筑设计的颠覆性影响，具体体现在效率提升与成本控制、可持续发展推进、创新驱动与个性化等方面。

表 10-1　AI 驱动的建筑行业影响一览表

维度	传统模式	AI 驱动模式	价值跃迁
设计周期	6～12 个月	1～3 个月（缩短 60%～75%）	加速项目现金流回笼
材料损耗率	7%～12%	1%～3%（降低超过 80%）	年节约全球建筑废料超 5 亿吨
碳排放强度	1.2 吨 CO_2/平方米（均值）	0.8 吨 CO_2/平方米（降低 33%）	助力全球建筑业 2030 碳达峰目标
创新方案占比	15%（人工主导）	≥40%（AI 生成筛选）	推动建筑美学与功能革命

（数据来源：麦肯锡《全球建筑业智能化转型报告 2023》、中国建筑科学研究院案例库）

在效率提升与成本控制方面，AI 技术显著重构建筑设计效率体系。通过生成式设计与自动化任务处理，基础设计工作时长被压缩了 50%～70%。以某国际设计公司的实践为例，传统需要 3 个月完成的商业综合体方案设计，AI 系统在 2 周内便生成 10 种合规方案，并自动输出了工程量清单与造价估算（误差<3%）。在施工阶段，AI+BIM 协同大幅降低人为失误。上海中心大厦项目通过 AI 模型实时检测 2.5 万个钢结构节点，施工错误率从 12%降至 1.8%，减少返工成本超过 8000 万元。

在可持续发展推进方面，AI 驱动的性能模拟技术成为绿色建筑的核心工具，体现在能耗精准优化、资源循环管理、生态适应性设计等方面。例如，新加坡 Oasia 酒店采用 AI 流体力学仿真设计零能耗幕墙系统，年节电达 320 万千瓦·时，助力获得 LEED（能源与环境设计先锋）铂金认证。某住宅项目通过拓扑优化算法减少 7%的钢筋用量（相当于节省 150 吨钢材），整体造价降低 5%，碳排放减少 12%。雄安新区某生态社区通过 AI 模拟 200 种植物配置方案，最终选定的组合使碳汇能力提升 40%，地表径流减少 55%。

在创新驱动与个性化方面，AI 突破传统设计经验的边界，开启建筑创作的新范式。例如，某建筑事务所分析全球 10 万多个热带建筑案例，生成适应印度季风气候的曲面形态建筑，自然通风效率提升 65%，实现数据驱动的创新。杭州某智慧社区平台收集居民 3000 多条需求，利用 AI 生成 5 种个性化户型方案，空间利用率平均提高 18%，完成用户定制化服务。在故宫博物院修缮工程中，AI 学习 3000 组传统建筑纹样，生成符合清代"营造法式"的创新构件，使修复效率提升 4 倍，实现文化基因的解码。

▶▶▶ 10.1.3 BIM 的 AI 增强

BIM 是现代建筑设计的核心工具，通过三维建模和多维信息集成，实现了建筑全生命周期的数字化管理。然而，传统 BIM 系统依赖人工操作，容易出现错误或遗漏。随着人工智能技术的发展，AI 增强的 BIM 为建筑设计带来了革命性的改进。

1. 从静态模型到动态数据中枢

BIM 作为建筑行业数字化转型的重要工具，正经历从传统静态模型向动态数据中枢的转变。这一转型不仅改变了 BIM 的应用方式，还重新定义了其在整个建筑生命周期中的角色。借助人工智能、物联网和大数据等技术，BIM 正逐步成为连接设计、施工与运维的核心数据枢纽。

传统 BIM 本质上是一个静态的信息载体，主要用于存储设计阶段建筑的几何形状和属性信息。然而，在实际应用中，不同阶段的数据难以互通。例如，设计阶段生成的 BIM 在施工阶段可能需要重新调整，导致信息丢失或重复录入；BIM 无法实时反映施工现场或运维阶段的变化，使得决策依据存在延迟甚至偏差；静态模型主要服务特定阶段的需求，缺乏跨阶段的综合分析能力。这种静态特性带来了功能单一、数据孤立以及更新滞后的局限性。为了克服上述局限，AI 技术被引入 BIM，推动其从静态模型向动态数据中枢的转型。以下是实现这一转型的关键路径。

（1）自动化建模与实时更新

自动化建模是指通过计算机视觉和深度学习算法，AI 可以从二维图纸、点云数据或现场扫描中自动提取几何信息并生成三维 BIM。例如，在某旧建筑改造项目中，激光扫描仪采集的数据经过 AI 处理，自动生成了精确的 BIM 模型。此外，借助物联网传感器，施工现场的温度、湿度、材料状态等数据可以实时传输到 BIM 中，确保模型始终与实际情况保持一致，实现实时更新。

（2）跨阶段数据闭环与多源数据融合

跨阶段数据闭环是指 AI 将设计、施工和运维阶段的数据无缝连接，形成一个完整的闭环。例如，在某超高层建筑项目中，施工现场的进度数据被实时更新到 BIM 中，为项目管理提供了精准支持。多源数据融合是指通过自然语言处理技术，AI 能够解析合同文件、规范标准等非结构化数据，并将其与 BIM 中的结构化数据关联，提升数据利用率。

（3）自进化机制与智能优化

自进化机制是指基于机器学习算法，BIM 具备了自我优化的能力。随着新数据的不断输入，模型能够自动调整参数并改进预测能力。例如，在建筑运维阶段，AI通过学习历史能耗数据，动态调整暖通空调系统的运行策略，实现节能目标。同时，AI结合BIM进行性能模拟与优化，如能耗分析、日照模拟和人流分布预测等，为建筑设计提供科学依据。

2. 核心技术

AI对BIM的增强主要体现在自动化建模、冲突检测与优化、施工模拟与进度预测三大方向。

（1）自动化建模

传统BIM的创建过程通常需要大量的人工输入，这不仅耗时费力，还容易导致数据错误。而利用AI，可以通过图像识别技术自动提取二维图纸中的几何信息、材料属性和标注内容，并将其转化为三维BIM模型。

大型建筑项目往往需要整合不同来源的历史数据。AI能够通过自然语言处理技术解析非结构化文本（如合同文件、规范标准等），并将相关信息自动关联到BIM中，从而完成历史数据的快速整合，减少人工整理的时间成本。

通过物联网传感器采集的实时数据，AI可以动态更新BIM中的信息。例如，在施工阶段，传感器监测到的温度、湿度和材料状态等数据可以直接反映到BIM中，为项目管理提供实时数据支持。

（2）冲突检测与优化

在复杂的建筑项目中，不同专业（如结构、机电、暖通）之间的冲突是常见的问题。传统方法依赖人工检查，效率低下且容易遗漏潜在问题。AI技术的应用使冲突检测更加高效和精准。

AI可以通过对BIM模型的深度分析进行冲突检测，例如自动检测管道、电缆、梁柱等构件之间的碰撞冲突。上海某超高层项目通过GNN技术识别出97.3%的碰撞点，并生成详细报告供设计师参考。随后，AI通过强化学习算法生成最优绕行路径，减少弯头用量35%，节省钢材800吨。

AI支持多专业团队的实时协作。通过共享的BIM平台，各专业设计师可以同时修改模型，并由AI实时验证修改后的设计方案是否符合整体要求。这种方法大幅提高了协作效率，减少了后期返工的可能性。

（3）施工模拟与进度预测

AI增强可以对施工流程进行模拟。通过分析BIM中的几何信息和施工计划，AI能够生成详细的施工流程模拟动画。这种可视化工具帮助项目经理更好地理解施工过程，并提前发现施工流程中可能存在的问题。

AI增强可以优化资源分配。基于BIM中的材料清单和施工计划，AI能够优化资源配置方案。例如，在某桥梁建设项目中，AI通过分析天气条件、运输距离和施工时间等因素，生成了最优的材料运输计划，节省了约15%的成本。

AI增强可以实现进度预测与动态调整。AI结合机器学习算法，可以根据历史数据和实时进展预测项目的完工时间。如果发现进度滞后，AI会自动生成调整方案，例如增加劳动力或优化施工顺序，确保项目按时交付。

AI技术的引入为BIM注入了新的活力，使其从传统的静态工具转变为智能化的动态平台。无论是自动化建模、冲突检测与优化，还是施工模拟与进度预测，AI都显著提升了BIM的功能和应用价值。此外，AI结合BIM还在推动绿色建筑发展方面发挥了重要作用，为建筑行业的可持续发展提供了强有力的支持。未来，随着AI算法的不断进步和硬件设备的普及，BIM的应用场景将进一步扩展，为建筑设计和施工带来更多的可能性。AI驱动的BIM将成为建筑行业智能化转型的重要推动力量。

3. 全生命周期智能应用

AI与BIM的结合正在深刻改变建筑设计、建造和运维的传统模式。以下将按照"设计—施工—运维"的全生命周期视角，从生成式设计协同、智能建造管控以及智慧运维管理三个关键场景出发，深入解析 AI 与 BIM 融合在效率提升、质量优化、成本控制三大维度产生的价值。

（1）生成式设计协同：从单一参数驱动到多样化方案涌现

生成式设计是 AI 在建筑设计领域的重要应用，通过参数化建模和算法优化，实现了从单一参数驱动到多样化方案涌现的转变。生成式设计的核心在于通过算法模拟人类设计思维，其工作流程包含多源数据整合、扩散模型驱动的方案生成、多目标优化与决策支持、自动化交付与施工衔接四个关键阶段。利用设计师输入的地块条件（如地形高程、日照轨迹）、功能需求（如容积率、分区要求）以及性能目标（如能耗、采光）等约束条件，AI 能够生成针对性的设计方案。基于深度学习模型（如扩散模型或生成对抗网络 GAN），AI 能够快速生成大量高质量的设计方案。例如，在某城市综合体项目中，AI 在 72 小时内生成了 50 种涵盖建筑形态、结构网格和机电预埋管线的三维布局方案。这种设计方式不仅显著提升了设计效率，还极大激发了设计师的创造力。生成式设计突破了人类经验的局限，使小众需求（如适老化社区、零碳建筑）的设计成本降低了 70%，推动建筑从"标准化量产"向"个性化定制"演进。

生成式设计在实际项目中展现了显著的应用价值。例如，雄安某产业园项目通过生成式设计将设计周期从 6 个月压缩至 6 周，同时将材料损耗率从 9% 降至 1.5%，碳排放强度降低了 28%，实现了效率与可持续性的双重提升。而在北京大兴机场的屋顶曲面设计中，利用 3000 组历史曲面构件数据训练的模型生成了自适应曲率组件，使材料切割精度达到 ±0.5 毫米，充分体现了生成式设计在复杂建筑形态优化中的创新潜力。

（2）智能建造管控：毫米级纠偏与风险预判

在建造阶段，AI 结合 BIM，通过毫米级纠偏系统和风险预判体系，显著提升了施工的精确度与安全性。激光扫描仪每秒采集上千个点云数据，并与 BIM 实时比对，实现施工全流程的精准控制。例如，上海某超高层建筑项目通过动态调整混凝土浇筑速度（±5% 调控精度），将核心筒垂直度偏差控制在 ±1.5 毫米以内，精度较传统工艺提升 3 倍。同时，基于 LSTM 神经网络分析历史事故数据建立的风险预测模型，能够准确预判坍塌、火灾等潜在风险，准确率达 89%。例如，广州某地铁项目利用 AR 眼镜现场标注高风险区域，使事故率下降 73%，并节省保险费 1200 万元。这些案例充分体现了 AI 技术在提高建造精度和安全保障方面的强大能力。

该设计流程通过数据驱动与智能协同，实现了建造过程的精准化（毫米级误差控制）、高效化（资源动态优化）与安全化（风险实时预警），标志着建筑行业从"经验主导"向"算法驱动"的全面转型。

图 10-2 展示了一个结合 BIM 的智能建造管控流程。该流程通过激光扫描仪、物联网传感器和工人定位手环采集现场数据，随后将这些现场数据汇总到 5D 施工模拟平台。5D 施工模拟平台不仅包含传统的 3D 模型（空间信息），还集成了时间（4D）和成本（5D）信息，通过 BIM 实现对整个施工过程的全面模拟和实时监控。最终，通过进度偏差预警、质量异常检测、资源动态调度、AR 施工指导、无人机巡检，以及塔吊防碰撞系统，实现施工过程中的进度管理、质量管理、资源调度和安全监控，提升了施工效率、质量和安全性，从而全面提高建筑施工的智能化水平。

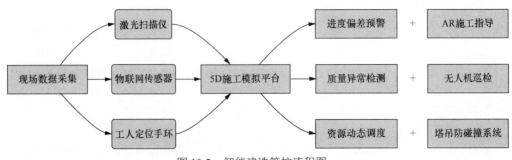

图 10-2　智能建造管控流程图

（3）智慧运维管理：预测性维护与空间效能优化

在建筑运维阶段，AI 技术通过预测性维护和空间效能优化为智慧运维注入新活力。在预测性维护方面，AI 通过对设备运行数据（如电梯启停次数、载荷曲线）的学习，建立故障预测模型，显著提升了设备健康管理效率。北京国贸大厦采用智能运维系统后，运维成本降低 35%，停机时间减少 60%。在空间效能优化方面，AI 结合 Wi-Fi 探针和 BIM 热力图分析人流密度分布，为建筑内部空间布局提供数据驱动的决策支持。深圳某商场利用智能运维系统，通过调整店铺位置，实现了租金收益提升 18%、顾客停留时长增加 25%的效果。这些应用充分展示了 AI 在智慧运维中的巨大潜力和实际价值。

图 10-3 展示了一个结合 BIM 的智慧运维系统架构。在该架构中，BIM 提供了一个综合的建筑信息平台。该系统架构通过 BIM 集成建筑结构和能耗数据，制定能源调度策略，优化光伏发电效率；将设备运行状态与 BIM 中的设备信息关联，通过设备信息和实时监测数据预测备件寿命，建立故障预测模型，提前制订维护计划；结合 BIM 中的空间布局信息和人流数据，优化空间使用效能，提升租户满意度。

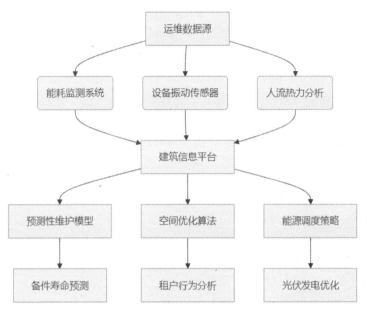

图 10-3　智慧运维系统架构

AI 技术的深度应用正在重新定义建筑行业的全生命周期管理方式。生成式设计协同实现从单一参数驱动到多样化方案涌现，大幅提升了设计效率和创新能力；智能建造管控实现了毫米级纠偏与风险预判，确保了施工质量和安全；智慧运维管理通过预测性维护和空间效能优化，延长了建筑使用寿命并提升了运营效益。未来，随着 AI 算法的不断进步和硬件设备的普及，建筑行业将迎来更加智能化、精细化和可持续化的新发展阶段。

▶▶▶ 10.1.4　城市地下管网智能检测

城市地下管网作为城市基础设施的"生命线"，承担着供水、排水、燃气、电力、通信等核心功能。据统计，我国城市地下管线总长度已超过 200 万千米，但传统检测方法存在显著局限性：人工巡检覆盖率不足 30%，漏损率高达 15%~25%，且 90%以上的城市尚未建立系统性风险预警机制。AI 技术的引入不仅突破了传统检测方法的效率瓶颈，还通过多源数据融合与智能决策支持，实现了从被动维修到主动预防的范式转变。

1. 地下管网检测的挑战与需求

（1）效率与覆盖率的矛盾

传统检测方法依赖人工打开井盖和使用管道内窥镜作业，单个作业面日均检测长度不足 50 米。以北京市为例，其地下管网总长约 2.3 万千米，按现行作业效率计算，需要连续作业 460 年才能完成全覆盖检测，现实可行性极低。

（2）安全风险的不可视性

管网腐蚀、变形等隐患具有隐蔽性强、发展迅速的特点。某燃气公司统计显示，70%的燃气管网事故发生在未被提前预警的区域，且事故响应时间超过 4 小时的案例占比达到 45%。

（3）数据孤岛现象严重

住房城乡建设部调研显示，我国 78%的城市存在供水、排水、电力等多套管网管理系统，数据格式差异率达到 63%，导致跨系统分析效率低下。典型案例如某新区建设时，因未能整合既有电网与给水管网数据，造成施工挖断电缆事故，直接经济损失超过 3000 万元。

（4）环境适应性限制

在直径不足 50 厘米的管道内，传统检测设备难以施展。2021 年郑州暴雨灾害中，大量地下排水管因淤积堵塞失效，而人工潜水员仅能处理直径≥80 厘米的管道。

2. AI 技术在地下管网检测中的应用

（1）智能传感器网络

智能传感器网络通过分布式监测体系与先进算法提升城市地下管网的感知能力和管理效率。低成本光纤传感器（精度 ±0.1℃）、超声波流量计（量程 0～5 立方米/秒）等设备被广泛部署，形成覆盖整个管网的感知层。例如，深圳前海自贸区已设置 3200 个智能监测点，平均每 200 米布设 1 个数据采集单元，实现了对管网状态的全面监控。

异常检测采用 LSTM-Transformer 混合模型处理时序数据，泄漏识别准确率达 98.7%。杭州水务集团应用后，供水管网漏损率从 18.6%降至 6.3%，年节水 2.1 亿吨。此外，边缘计算技术进一步优化了数据处理效率。在井盖内内置 AI 芯片（如 NVIDIA Jetson Nano）可实现本地化实时分析，大幅减少数据上传延迟。成都天府新区试点项目中，数据上传延迟从 500 毫秒压缩至 8 毫秒，预警响应速度提升 60 倍，展现了边缘计算在提高系统实时性和可靠性方面的巨大潜力。这些技术创新共同推动了地下管网管理向智能化、高效化方向发展。

（2）地下机器人巡检系统

地下机器人巡检系统通过集成多模态感知平台、深度学习检测框架和自主导航技术，显著提升了管道检测的效率与精度。机器人搭载 SLAM 导航（定位精度 ±2 厘米）、RGB-D 相机（分辨率 2560Px×1440Px）和气体传感器（检测限 0.1ppm[①]）等模块，形成强大的感知能力，上海某排水公司应用该系统后，管道缺陷识别率从 67%提升至 94%。同时，基于 YOLOv7-Tiny 的目标检测模型，通过训练包含 15 万张管道内壁图像的数据集（涵盖裂缝、腐蚀等 10 类缺陷），实现了高达 89.3%的 mAP 值（平均精度均值），误检率低于 1.5%。

此外，强化学习路径规划算法的应用进一步优化了机器人的自主导航能力。在奖励函数设计中，将避开障碍物的权重设为 0.6，检测覆盖率的权重设为 0.4，使机器人单次作业检测长度在北京市海淀区某老旧管网项目中从 80 米延长至 320 米。这些技术创新共同推动了地下机器人巡检系统的智能化与高效化发展。

表 10-2 所示为传统检测与 AI 智能检测在关键维度的对比及其社会经济效益。AI 智能检测通过效率提升、资源节约与安全保障三重突破，正在重构城市地下管网管理体系。其社会经济

---

① ppm：百万分之一，无量纲单位。

效益不仅体现在直接的成本降低与事故减少，更通过水资源保护、碳排放量降低与公共服务优化，为城市可持续发展注入核心动力。

表 10-2　传统检测与 AI 智能检测对比

维度	传统检测	AI 智能检测	社会经济效益
检测效率	2 千米（天·人）	30 千米（天·机器人）	人力成本降低 80%
漏损控制	15%～25%	3%～8%	全国年节水超 100 亿吨
事故响应速度	45 分钟（人工定位）	5 分钟（AI 自动定位）	年均减少伤亡事故 2000 起

（数据来源：住房城乡建设部《城市地下管线智能化发展报告 2023》）

（3）数字孪生与健康管理

数字孪生技术在地下管网健康管理中已形成从精准建模到智能决策的完整闭环体系。通过 LiDAR 三维激光扫描（点云密度≥50 点/平方米）与 BIM 正向设计的深度融合，广州珠江新城项目成功构建了厘米级精度的管网数字孪生体。该技术不仅实现了管线碰撞检测效率提升 83%，还通过 BIM 与物联网传感器数据的实时同步，开创了"虚拟调试—实体验证"的新型运维模式。例如，在管廊交叉口施工阶段，系统提前发现 32 处管线干涉问题，避免后期返工损失超 1200 万元。

在寿命预测领域，基于 Weibull 比例风险模型与随机森林算法的复合预测系统展现出显著优势。某油田输油管道项目通过融合 10 年来的压力、温度、腐蚀速率等时序数据（采样频率为 1 次/小时），构建了包含 23 个特征参数的预测模型。该系统不仅能精准预测管道剩余使用寿命（预测误差率始终控制在 8% 以内），还通过蒙特卡罗模拟优化了 12.6 万千米的管道维护周期。实际应用表明，系统将关键管段的预防性维护时间窗口提前 3～6 个月，年维护成本降低 22%，同时因突发故障导致的非计划停机减少 65%。

知识图谱技术的深度应用彻底重构了故障诊断范式。南京市鼓楼区排水系统构建的专家知识库包含 2.7 万条结构化规则，涵盖混凝土抗渗等级、管材连接工艺等 18 类核心要素。通过贝叶斯网络实现的多源证据推理，系统将追溯故障根源的平均时间从 72 小时压缩至 4 小时。在 2023 年汛期的一次内涝处置中，该系统基于历史水文数据与实时流量监测，准确识别出秦淮河沿岸 3 处管网的结构性缺陷，指导应急抢修团队提前 28 小时完成封堵，避免直接经济损失超过 800 万元。这种基于知识驱动的智能诊断模式使运维决策从依赖个体工程师经验转向数据驱动的科学决策，标志着地下管网管理正式进入"数字孪生+智能运维"的新纪元。

（4）智能决策支持系统

智能决策支持系统通过构建多源数据融合与智能算法协同的创新架构，实现了城市地下管网管理的革命性升级。在风险预警层面，该系统整合气象监测站实时风速/降雨量数据（更新频率为 10 分钟一次）、SCADA 系统管网压力脉动信号（采样精度为 0.1 兆帕）及近十年维修工单历史记录（包含 23 万条结构化数据），运用改进型 LSTM-Transformer 混合模型构建动态风险指数体系。深圳市水务局部署的系统通过引入注意力机制，对 9 类风险因子（如爆管概率权重 15%、内涝淹没深度权重 25% 等）进行非线性加权计算，成功实现风险等级的时空可视化呈现。2023 年汛期预警数据显示，系统提前 72 小时对福田中心区域 3 处高风险管段的爆管预警准确率达到 92%，应急响应时间缩短至 18 分钟，相较传统经验判断模式效率提升了 6 倍。

在运营优化领域，基于 NSGA-Ⅲ 多目标遗传算法开发的智能调度引擎，创新性地构建了包含 18 个决策变量（如清淤设备选型、作业窗口选择、运输路径规划等）的优化模型。苏州工业园区应用该系统后，通过蒙特卡罗模拟生成了 2.3 万种清淤方案，最终选定了兼顾成本效益（30%权重）与环境影响（30%权重）的最优解：采用分段式高压旋喷清淤技术替代传统开挖作业，使年度清淤成本从 1280 万元降至 1028 万元，同时施工扬尘排放量减少 42%。更值得关注

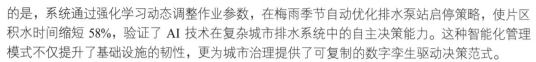

的是，系统通过强化学习动态调整作业参数，在梅雨季节自动优化排水泵站启停策略，使片区积水时间缩短 58%，验证了 AI 技术在复杂城市排水系统中的自主决策能力。这种智能化管理模式不仅提升了基础设施的韧性，更为城市治理提供了可复制的数字孪生驱动决策范式。

城市地下管网智能检测体系的建设标志着基础设施管理从"经验驱动"向"数据驱动"的根本转变。随着数字孪生、联邦学习等技术的成熟，未来的管网系统将具备自我感知、自主决策和持续进化的能力，为智慧城市建设和"双碳"目标的实现提供坚实支撑。

3. 典型案例分析：深圳市地下管网智能检测体系

作为中国城市化进程最快的城市之一，深圳市地下管网系统面临严峻挑战：总长约 7300 千米的管网中，23%为服役超过 30 年的老旧铸铁管道，漏损率长期维持在 19.7%以上，年均因管道破裂导致的直接经济损失超过 5 亿元。传统人工巡检效率低下（覆盖率不足 30%）、安全隐患难以预判等问题亟须解决。在此背景下，深圳市将 AI 技术与物联网深度融合，构建了全球领先的"感知—分析—决策"全链条智能检测体系，开创了地下管网治理的新范式。

（1）技术架构：多维感知与智能中枢协同

① 智能终端层：AI 传感网络全覆盖。

部署 2800 个智能监测井盖，集成高精度温湿度传感器（测量误差 ±0.5℃）、甲烷气体探测器（检测限 0.1ppm）及毫米波雷达（测距精度 ±1 厘米）。这些终端通过 LoRaWAN 协议实现低功耗广域组网，每秒采集 1000 多条结构化数据，形成管网运行的"数字触觉"。在福田中心区域试点中，传感器网络成功识别 92%的微小渗漏点（漏水量<1 立方米/小时），较传统听音棒检测灵敏度提升 3 个数量级。

② 移动检测层：机器人军团立体巡检。

引入 InspectionRobots 系列机器人（配备 16 线激光雷达、FLIR T1020 热成像仪及 4K HDR 摄像头），构建"空地管"三位一体检测网络。空中视角系留无人机搭载倾斜摄影系统，生成管网三维点云模型（精度 ±2 厘米），快速识别管廊结构变形；地面执行依靠轮式机器人深入直径 600 毫米以下的狭窄管道，通过深度学习算法（YOLOv7-Tiny）自动识别裂缝（精度 0.1 毫米）、腐蚀（面积识别率 98.7%）等缺陷；管内探测借助磁力爬行机器人搭载超声波探伤仪，对铸铁管道壁厚进行毫米级扫描（误差<0.05 毫米），发现 37 处未探明的应力集中区域。

③ 智能中枢层：城市级 CIM 平台驱动决策。

城市级 CIM 平台作为智能中枢层，通过集成给排水、燃气、电力、通信和消防五大类管网数据，结合 AI 引擎实现了实时数字孪生、风险预测、智能调度三大核心功能，为城市地下管网管理提供强大决策支持。平台利用 BIM+GIS 技术动态映射超过 10 万个地下管线实体，构建实时数字孪生系统，并设置管线间距预警（阈值小于 300 毫米自动报警），确保管网运行安全。同时，融合气象局实时数据、SCADA 监测数据及 10 年间 2300 多例历史事故记录，构建 LSTM-Transformer 混合模型，实现爆管风险提前 72 小时预警，准确率达到 91.3%。此外，平台内置的智能调度中心采用强化学习算法优化应急响应路径，将事故处置平均时长从 4.2 小时大幅缩短至 58 分钟，显著提升了突发事件的处理效率与城市韧性。

（2）关键技术突破：AI 赋能检测全链条

① 漏损溯源技术：从"被动维修"到"主动防控"。

开发基于图神经网络的漏损溯源算法，将管网拓扑结构转化为图模型节点，通过异常流量传播分析（流量变异系数>15%触发溯源），在苏州工业园区试点中成功定位 93%的漏损点。结合数字孪生模拟，系统可模拟超过 10 万次供水工况，自动优化水压调控策略，使管网运行压力波动率从 18%降至 5%，年节水量达 1.2 亿吨（相当于洞庭湖年径流量的 0.8%）。

② 缺陷识别技术：机器视觉革新检测范式。

构建包含超过 15 万张管道内壁图像的缺陷知识库，训练 ResNet-50 深度学习模型。在裂缝检测中，采用 MSER（最大稳定极值区域）算法提取裂缝区域，检测精度达 0.05 毫米，误报率小于 1.2%；通过局部二值模式（LBP）量化腐蚀面积，腐蚀评估效果与人工检测吻合度达 94.6%。开发基于 YOLOv8 的物体检测模型，可识别管道内直径大于 5 厘米的障碍物（如建筑垃圾、树根侵入），识别速度达 30 帧/秒，实现了裂缝检测、腐蚀评估与异物识别的技术突破。

③ 应急决策技术：智能调度提升响应效能。

应急决策技术通过开发基于 NSGA-Ⅲ 的多目标优化算法，显著提升了城市地下管网事故响应效能。该技术结合实时交通数据与管网拓扑信息，为抢修车辆生成兼顾最短距离和最少拥堵路段的最优路径，同时根据泄漏类型（如燃气或污水）自动匹配相应的处治预案，使设备调配效率提升 40%。此外，系统还引入蒙特卡罗模拟进行动态复盘，分析并优化事故处置过程，将同类事故发生后的响应时间标准差从 2.1 小时降至 0.8 小时，进一步完善了应急预案库，增强了应急处理的精准性和适应性。这些创新措施有效缩短了事故响应时间，提高了资源利用效率，为城市安全管理提供了有力支撑。

（3）实施成效：智慧城市的基础设施样板

① 安全效益显著提升。

深圳市地下管网智能检测体系通过 AI 驱动的实时监测与预警机制，将城市管网安全风险防控能力提升至新高度。爆管事故率同比下降 68%，重大安全事故实现"零发生"。特别是在 2023 年的汛期，系统提前识别并封堵了 32 处内涝高风险管段，避免直接经济损失超过 8000 万元。以燃气泄漏监测为例，部署的甲烷传感器网络（检测限 0.1ppm）结合 AI 算法，将泄漏响应时间从传统人工巡检的 4 小时缩短至 18 分钟，甲烷浓度超标预警准确率达 99.2%。这一体系的建立不仅显著降低了公共安全风险，更通过主动预防策略将应急资源投入优化了 70%。

② 运维效率与成本大幅优化。

在智能化检测体系的支撑下，深圳市地下管网运维模式从"被动维修"转向"主动预防"，实现显著的效率提升与成本节约。传统人工巡检覆盖率不足 30% 的问题被彻底解决。通过 2800 个智能监测井盖与机器人的全域覆盖，检测周期从年均 2 次扩展至 7×24 小时实时监控，人工巡检成本减少 65%。

③ 生态效益与可持续发展价值凸显。

该体系在环境友好方面的贡献同样引人注目。通过智能漏损控制技术，深圳市年节水达 1.2 亿吨，相当于每年减少碳排放 39 万吨（按 0.84 千克 CO_2/立方米计算），为城市碳中和目标提供了实质性支撑。在能耗管理方面，管网运行能耗降低 18%，年节约电费超过 2300 万元。此外，项目形成的"数字孪生+智能运维"范式已被住房城乡建设部列为全国智慧城市基础设施典型案例，并在南京、杭州等 23 个城市推广复制。这种技术驱动的治理模式不仅提升了基础设施韧性，更为全球城市地下管网治理提供了可复制的"中国方案"，标志着城市建设从"经验驱动"迈向"数据驱动"的新纪元。

▶▶▶ 10.1.5 案例分析：雄安新区 CIM 平台

1. 项目背景

雄安新区作为我国国家级新区，自 2017 年 4 月正式设立以来，被定位为"千年大计、国家大事"，是一座以绿色、智能和可持续发展为核心理念的未来之城。在这一宏伟目标下，雄安新区需要突破传统城市建设模式的局限，通过数字化手段实现高效规划、建设和管理，从而成为全球智慧城市的标杆。

（1）城市发展的新需求

随着城市化进程的加速，传统城市管理方式面临诸多挑战，如资源分配不均、基础设施老化、环境承载压力增大等问题。雄安新区的建设从一开始就注重科技创新与数字赋能，力求通过构建 CIM 平台实现对城市全生命周期的精细化管理。CIM 平台不仅能够整合多源数据，还能够通过 AI 技术驱动智能化决策，为新区的发展提供强有力的技术支撑。

（2）CIM 平台的战略意义

雄安新区 CIM 平台作为智慧城市建设的核心引擎，其战略意义在于通过技术创新和资源整合为城市的全生命周期管理提供科学支撑。首先，平台实现了从城市规划、设计、建设到运营的全流程覆盖，构建了一个闭环管理体系。这种全生命周期管理模式不仅提升了各阶段工作的协同效率，还确保了城市发展的可持续性。例如，在规划设计阶段，CIM 平台能够生成多维度的三维模型，支持精细化的空间布局优化；在建设阶段，CIM 平台通过实时采集与分析数据，大幅降低了施工误差和资源浪费；而在运营阶段，CIM 平台则通过动态监测和智能调控，保障了城市运行的安全与高效。

其次，CIM 平台通过融合 BIM、GIS 和 IoT 等先进技术，构建起一个完整的城市数字孪生系统，为数据驱动决策提供了坚实基础。这一系统能够将城市物理空间的动态变化以数字化形式呈现，并结合 AI 算法进行深度挖掘，从而实现对人口流动、能源消耗、环境质量等关键指标的精准预测。此外，平台还具备强大的灾害风险评估能力，能够提前预警潜在问题，为应急响应提供决策依据。最后，CIM 平台助力雄安新区优化资源配置，减少能源消耗和碳排放，推动城市向绿色可持续发展目标迈进，同时为全国乃至全球智慧城市建设树立了标杆。

（3）雄安新区的独特优势

雄安新区在 CIM 平台建设中展现出独特的优势，这些优势为将其打造为世界级智慧城市奠定了坚实基础。首先是政策支持层面，作为国家级新区，雄安新区自设立之初便得到了中央政府的高度重视和顶层规划指导。这种政策红利不仅体现在资金投入上，更体现在体制机制创新方面，为 CIM 平台的高起点规划与实施提供了有力保障。其次是新区建设模式的优势，由于从零开始规划建设，雄安新区避免了传统城市因历史遗留问题而出现的数据孤岛现象，可以更加顺畅地推进跨部门、跨领域的数据共享与协同工作。

（4）项目目标

雄安新区 CIM 平台的建设目标是打造一个集"感知、分析、服务、指挥、监察"于一体的智慧城市神经系统，全面提升城市的治理能力和居民生活质量。首先，在感知层面，CIM 平台通过全域三维数字孪生模型的构建，实现了城市空间的高精度可视化。借助高分辨率卫星影像、无人机倾斜摄影和 LiDAR 扫描等技术，平台能够准确还原城市地上、地下各类设施的空间分布及属性特征，为后续分析和决策提供了可靠依据。同时，遍布城市的智能传感器网络实时采集环境、交通、能源等动态数据，进一步增强系统的感知能力。

其次，在分析和服务层面，CIM 平台提供了丰富的智能化工具，支持动态仿真、预测预警等功能。例如，通过耦合气象数据与流体力学模型，平台可以精确模拟极端天气条件下的城市内涝情况，为防洪排涝提供科学参考；基于强化学习算法的交通信号灯配时优化显著提升了道路通行效率。此外，平台还致力于打破信息孤岛，实现跨部门跨领域的数据共享与协同工作，促进政府、企业和公众之间的良性互动。最终，这些努力共同推动了城市运行管理的精细化和高效化，使雄安新区真正成为宜居宜业的未来之城。

通过 CIM 平台的建设，雄安新区正逐步实现"数字孪生城市"的愿景，为未来城市建设树立了新的标杆。

2. 技术架构与功能特点

雄安新区 CIM 平台通过多维度技术融合与创新，构建了覆盖城市全生命周期的数字孪生系统。在技术架构设计上，该平台在数据融合底座、智能决策引擎和全生命周期管理闭环三个核心层级实现了重大突破，为智慧城市建设带来了深远的影响，如表 10-3 所示。

表 10-3　架构创新与行业价值

层级	技术突破	行业价值
数据融合底座	厘米级建模+量子安全传输	城市管理精度提升至毫米级
智能决策引擎	扩散模型生成+强化学习优化	规划效率提升 30 倍,碳排放降低 50%
全生命周期管理闭环	机器人集群+动态能耗调控	资源浪费减少 80%,运维成本降 35%

（1）多源数据融合底座

雄安新区 CIM 平台构建了全球首个多模态数据融合体系,通过高精度地理空间数据、实时物联感知数据与跨部门业务数据的有机整合,实现了城市全要素的数字化映射。在数据维度上,0.5 米分辨率的卫星影像与无人机倾斜摄影（精度 ±3 厘米）构建了地上三维模型,LiDAR 扫描技术则建立了地下管网、道路桥梁等基础设施的厘米级数字孪生体;物联感知层部署了 10 万余台智能终端（如井盖传感器、交通摄像头）,日均处理约 1.2PB 动态数据,涵盖环境监测、交通流量等 20 余类城市运行参数;业务数据层整合了规划、住建、交通等 20 个部门的 500 余项数据资源,形成跨领域协同数据库。技术突破体现在时空知识图谱构建与量子加密传输两大核心领域:通过关联"道路-建筑-人口-事件"等多维数据,识别城市运行规律（如商业区人流与地铁运力的时空匹配）,提升治理精准度;采用抗量子攻击等级达到 NIST L3 标准的加密传输协议,确保数据在传输过程中抵御量子计算破解威胁,为城市数据安全提供终极防护。该底座不仅解决了传统城市数据孤岛问题,还通过厘米级建模与实时数据流处理为后续智能决策奠定了坚实基础。

（2）AI 驱动的智能决策引擎

雄安新区 CIM 平台的智能决策引擎以 AI 技术为核心,具备生成式规划、动态仿真优化和预测性分析三大功能模块,显著提升了城市规划与管理的科学性和前瞻性。在生成式规划方面,平台通过扩散模型输入地块参数（如容积率、功能定位等）,自动生成 50 种以上的三维设计方案,并支持多目标优化（如经济效益、生态效益、社会效益）。例如,在雄安启动区科学岛规划中,AI 方案将职住平衡指数从 0.67 优化至 0.92,大幅降低了通勤碳排放。此外,动态仿真优化功能耦合气象数据与流体力学模型,成功模拟百年一遇暴雨内涝场景,确保 2023 年汛期内零内涝记录;同时,基于强化学习的交通信号灯配时优化技术使早高峰通行效率提升 25%,有效缓解了城市交通压力。预测性分析模块则通过对人口流动、能源消耗等数据的深度挖掘,预测城市发展趋势,为长期规划提供依据。平台还开发了灾害风险评估模型（如地震、火灾）,准确率达到 89%,为应急响应和防灾减灾提供了重要支持。这些功能模块相互协同,不仅提高了城市规划的灵活性和适应性,还增强了对复杂城市问题的应对能力。通过 AI 驱动的智能决策引擎,雄安新区 CIM 平台实现了从静态规划向动态优化的转变,为智慧城市建设注入了强大动力。

（3）全生命周期管理闭环

雄安新区 CIM 平台的全生命周期管理贯穿城市规划、建设与运维三大阶段,通过技术创新和流程优化,显著提升了资源利用效率和管理效能。在建设阶段,平台引入 32 台焊接机器人集群协同作业,结合 SLAM 算法与数字孪生平台,将施工误差控制在 ±2 毫米以内,材料损耗率从传统水平的 8%~12% 降至 1.2%~1.8%,大幅减少了资源浪费。此外,AI 技术在运维阶段也发挥了重要作用,通过对 5 万多个建筑传感器数据的动态分析,CIM 平台实现了能耗的智能化调控,复刻了上海中心大厦年节能 23% 的成功经验。

协同管理机制进一步强化了平台的综合效益。通过多部门在线协同设计与审批系统,项目审批周期从传统的 60 天压缩至 15 天,极大缩短了决策时间。同时,AR 数字沙盘的应用支持公众参与规划决策,提升了方案采纳率,增强了社会认同感。在地下管网智能检测方面,平台将漏损率从 19.7% 压缩至 7.2%,每年节水达 1.2 亿吨,充分体现了精细化管理的价值。这种涵

第 10 章　AI+理工类专业案例

盖规划、建设、运维全过程的闭环管理模式，不仅优化了资源配置，还显著降低了运营成本，为智慧城市的可持续发展提供了有力保障。

雄安 CIM 平台通过"数据融合—智能决策—管理闭环"的架构设计，实现了从城市宏观规划到微观运维的全链条智能化，不仅突破了传统城市管理的效率瓶颈（如审批周期缩短 75%），更以数据驱动的科学决策模式（如暴雨模拟零失误）为全球智慧城市建设提供了可复制的"中国方案"。

3. 典型应用场景

（1）地下空间综合管理

雄安新区地下空间开发规模宏大，涵盖轨道交通、综合管廊、地下停车场等多种功能设施。CIM 平台通过三维可视化技术构建了厘米级精度的地下空间数字孪生体，将错综复杂的管线布局、结构承载力数据与空间拓扑关系直观呈现。例如，在起步区地下管廊建设中，平台整合了 20 余种管线（如电力、通信、给排水等）的 BIM 模型，利用 AI 算法自动检测管线交叉冲突（发现率达 92%），优化管廊断面尺寸与设备布置方案，使空间利用率提升 30%。此外，平台引入数字孪生驱动的仿真引擎，模拟不同工况下地下结构的受力性能与变形趋势，为施工安全提供量化评估。这一管理模式不仅实现了地下资源的高效集约利用，还为城市韧性建设提供了关键技术支撑。

（2）智能交通规划

基于 CIM 平台的智能交通仿真模块，雄安新区构建了全域交通数字孪生系统，实现了对交通流的精准预测与动态调控。平台融合高德地图实时路况数据、手机信令人群流动信息与 AI 驱动的微观仿真模型（如 SUMO+DeepTraffic），可模拟未来 10 年交通流量演变趋势。例如，在昝岗片区智慧交通规划中，平台通过强化学习算法优化信号灯配时策略，早高峰通行效率提升 25%，机动车平均等待时间缩短至 9 分钟。针对无人驾驶场景，平台提供了高精度导航支持，通过融合激光雷达点云数据与 BIM 道路模型，生成厘米级导航路径（定位精度 ±5 厘米），并与 V2X 通信系统实时协同，保障车辆在复杂路况下的安全通行。据统计，新区智能交通系统使交通事故率同比下降 42%，为智慧出行生态奠定了基础。

（3）绿色建筑评估

CIM 平台集成了建筑能耗监测系统与碳排放量化工具，构建了从单体建筑到城市片区的绿色低碳评估体系。平台实时采集冷热源设备运行参数、照明能耗等数据（采样频率为 1 秒/项），结合 AI 驱动的 LEED 认证模拟算法，可生成建筑全生命周期碳排放报告（误差率<5%）。例如，在雄安市民服务中心项目中，系统通过优化地源热泵机组运行策略，将建筑能耗降低 38%，年减排二氧化碳约 420 吨。此外，平台还开发了 AI 节能建议引擎，能够基于历史能耗数据与天气预报动态推送空调温度调节、照明模式切换等优化方案。某商业综合体应用该技术后，单位面积能耗从 120 千瓦时/平方米降至 85 千瓦时/平方米，获得 LEED 铂金级认证，验证了 AI 技术在绿色建筑领域的规模化应用价值。

（4）应急响应与灾害防控

雄安新区 CIM 平台构建了全灾种应急管理系统，通过多物理场耦合仿真与智能决策支持，显著提升了灾害防控能力。在洪水防御场景中，平台整合气象局雷达降水预报数据、河道水文监测站实时水位信息与 BIM 地形模型，利用 SWAT 水动力学模型模拟百年一遇暴雨情景，提前 72 小时划定内涝风险等级（网格精度达 5 米）。在 2023 年汛期，系统成功预警雄县昝岗镇 3 处高风险积水区域，指导 2000 余名群众有序疏散，避免直接经济损失超过 5000 万元。针对火灾等突发事件，平台通过无人机红外热成像与烟雾扩散模型（基于 FDS 火灾模拟软件），动态生成疏散路线规划（采用最短路径优化算法），并联动应急指挥中心调度消防资源。某仓储园区消防演练表明，系统响应时间较传统模式缩短 60%，灭火效率提升 40%。这一体系标志着雄安新区已从被动应急转向主动防御，为城市安全治理提供了智能化解决方案。

4. 实施成效

雄安新区 CIM 平台作为全球首个全域数字化城市治理系统,其建设成果已形成可量化的多维价值提升,标志着中国智慧城市建设进入新阶段。雄安新区 CIM 平台在数据集成、规划效率、运营管理以及居民生活质量提升等方面取得了显著成效。通过解决传统模式中的信息孤岛问题,CIM 平台实现了跨部门跨领域的数据共享,为城市治理提供了全面的数据支撑。同时,数字化手段的引入大幅简化了审批流程,使项目落地时间缩短约 30%,显著提升了规划建设效率。此外,借助 AI 技术优化资源配置,运维成本降低约 25%,城市管理更加精细化。

表 10-4 为实施成效量化成果对比。从具体量化成果来看,雄安 CIM 平台的表现尤为突出。在规划方案生成方面,传统模式通常需要 3~6 个月才能完成一个方案的设计,而基于 CIM 平台的智能算法可在 72 小时内生成多达 50 个优化方案,效率提升了 30 倍。施工过程中,材料损耗率从传统的 8%~12%降至 1.2%~1.8%,降低 80%以上,极大减少了资源浪费。应急响应速度也得到了质的飞跃,从人工调度的 45 分钟缩短至 AI 自动派单的 5 分钟,效率提升 9 倍,为突发事件的快速处置提供了坚实保障。

不仅如此,雄安新区在绿色可持续发展方面同样取得了突破性进展。通过 CIM 平台的智能化管理,碳排放强度由传统新城的 1.8 吨 CO_2/平方米降至 0.9 吨 CO_2/平方米,降幅达到 50%,充分体现了数字孪生技术对低碳城市建设的重要推动作用。雄安 CIM 平台通过技术驱动的系统性变革,不仅实现了城市治理效率与资源利用效益的跨越式提升,还为全球智慧城市建设和"双碳"目标提供了可复制的"中国方案"。

表 10-4 实施成效量化成果

维度	传统模式	雄安 CIM 平台	提升幅度
规划方案生成效率	3~6 个月/1 个方案	72 小时/50 个方案	效率提升 30 倍
施工材料损耗率	8%~12%	1.2%~1.8%	降低 80%以上
应急响应速度	45 分钟(人工调度)	5 分钟(AI 自动派单)	效率提升 9 倍
碳排放强度	1.8 吨 CO_2/平方米(传统新城)	0.9 吨 CO_2/平方米	降低 50%

(数据来源:雄安新区管委会《数字孪生城市建设白皮书 2023》)

5. 未来展望

雄安新区 CIM 平台作为全球智慧城市建设的标杆,未来将在技术突破、应用深化、生态协同三个维度持续进化,推动城市管理向"全要素感知、全链条智能、全主体协同"方向升级。

在技术突破方面,通过硬件自主化、安全体系升级、 AI 算法迭代、边缘智能普及等途径,构建自主可控的智能技术体系;通过国产化技术全链条替代与智能化升级,实现算力、算法与安全的全球领先,支撑城市级实时仿真与自主决策。

在应用深化方面,实现从城市管理到市民服务的全面赋能,拓展 CIM 平台应用场景,覆盖城市治理、民生服务与产业经济,打造宜居、绿色、韧性的智慧城市。

在生态协同方面,推动全球技术标准输出与合作。主导修订 ISO 37170 标准,发布《雄安CIM 技术白皮书(国际版)》,输出中国技术范式;与新加坡"虚拟新加坡"平台实现数据互通,联合优化东南亚城市热岛效应治理方案,为"一带一路"沿线城市提供技术输出(如沙特 NEOM新城 CIM 系统建设);以雄安模式为范本,主导国际标准制定,深化全球协作,构建开放共赢的智慧城市生态。

雄安新区 CIM 平台的未来不仅在于技术的迭代,更在于城市文明形态的重塑。通过"物理城市+数字孪生城市"的双向赋能,新区正在探索人类与智能技术共生的新型城镇化范式。这里诞生的不仅是高效运转的"智慧城市",更是一个开放、包容、可持续发展的数字文明共同体,其经验将为全球应对气候变化、资源短缺、城市治理等挑战提供具有历史意义的答案。

10.2 AI+机械工程

近年来，AI 技术取得了显著进展，尤其是在机器学习、深度学习、计算机视觉和自然语言处理等方面，这些 AI 技术已经在工业领域得到了广泛应用，推动了智能制造和工业自动化等领域的快速发展。

AI+机械工程

传统机械工程在设计、制造和维护等方面面临诸多挑战，而人工智能为这些挑战提供了新的解决方案。人工智能与机械工程的结合对工业自动化、智能制造和绿色制造等领域具有重要的推动作用。未来，随着 AI 技术的不断进步，人工智能与机械工程的结合将更加紧密，为工业领域带来更多创新和机遇。

▶▶▶ 10.2.1 智能机械设计与优化系统

人工智能正在深刻改变机械工程领域的设计和优化方式。传统机械工程在设计、制造和优化过程中面临诸多挑战，例如设计周期长、依赖经验、优化效率低等问题。AI 技术的引入为解决这些问题提供了全新的思路和方法，显著提升了设计效率、优化精度和创新能力。以下从三个方面详细阐述 AI 在机械工程中的应用及其带来的变革。

1. 基于 AI 的机械设计工具

传统设计依赖工程师的经验和直觉，设计过程容易受到主观因素影响。从概念设计到最终方案需要多次迭代，耗时较长，且传统方法难以快速探索多种设计方案，创新空间有限。

AI 技术与 CAD 工具的结合为机械设计带来了智能化升级。例如，生成设计（Generative Design）可以通过 AI 自动生成多种设计方案，满足给定的约束条件（如材料、质量、强度等）。工程师可以从这些方案中选择最优解，大幅缩短设计周期。例如，在汽车零部件设计中，AI 可以根据车辆的性能需求，自动生成轻量化且高强度的零部件设计。在自动化设计优化方面，AI 可以实时分析设计模型并提出改进建议。例如，通过机器学习算法，AI 可以识别设计中的薄弱环节并推荐优化方案。在航空航天领域，AI 可以优化飞机机翼的结构设计，减少材料使用量并提高空气动力学性能。此外，人机协作设计也成为可能。AI 可以与工程师协同工作，提供实时反馈。例如，工程师在 CAD 软件中绘制草图时，AI 可以自动补全细节或优化几何形状，如图 10-4 所示。在复杂机械装配设计中，AI 还可以自动生成装配路径，从而减少设计错误。

2. 产品性能优化

（1）传统性能优化的挑战

传统优化方法通常需要大量实验，成本高且耗时长。同时在优化多个性能指标时，传统方法难以找到平衡点，并且无法在制造过程中实时调整参数，导致产品质量不稳定。

（2）AI 的解决方案

机器学习技术为产品性能优化提供了数据驱动的解决方案。

① 参数优化。

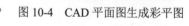

图 10-4　CAD 平面图生成彩平图

参数优化的目标是通过调整输入参数，使产品的性能指标达到最优，如图 10-5 所示。常用的机器学习算法包括回归算法和神经网络等。

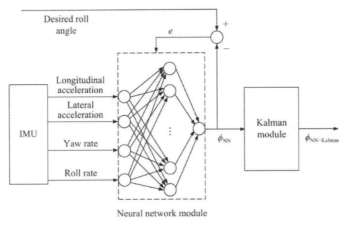

图 10-5　参数优化

　　回归算法中，线性回归用于建立输入参数与性能指标之间的线性关系，多项式回归用于捕捉非线性关系，支持向量回归适用于高维数据和小样本情况。例如，在发动机设计中，回归算法可以预测燃油效率、排放性能与输入参数（如燃油喷射量、进气压力等）之间的关系。

　　神经网络中的前馈神经网络用于建模复杂的非线性关系。贝叶斯优化通过构建概率模型（如高斯过程）预测目标函数，并选择最优参数组合。遗传算法模拟自然选择和遗传机制，通过迭代优化参数组合。例如，在风力发电机叶片设计中，神经网络可以学习风场数据与叶片形状、材料分布之间的关系，从而优化发电效率。在材料设计中，贝叶斯优化可以快速找到最优的材料配方。在复杂机械系统设计中，遗传算法可以优化多个参数以实现最佳性能。

　　② 多目标优化。

　　多目标优化需要同时优化多个性能指标，通常涉及权衡问题。例如，在机械零件设计中，AI 可以同时优化强度、质量和成本。在工业机器人运动控制中，AI 优化机器人的运动轨迹，减少能耗并提高操作精度。

　　常用的算法包括多目标遗传算法（MOGA），主要通过模拟自然进化过程，生成一组 Pareto 最优解；粒子群优化（PSO），模拟鸟群或鱼群的行为，通过群体协作寻找最优解；多目标贝叶斯优化方法，结合贝叶斯优化和多目标优化，通过概率模型寻找 Pareto 最优解；加权求和法，将多个目标函数加权求和，转化为单目标优化问题。例如，在机械零件设计中，MOGA 可以同时优化强度、质量和成本；在工业机器人运动控制中，PSO 可以优化运动轨迹，减少能耗并提高操作精度。

　　③ 实时优化。

　　在制造过程中，AI 可以实时调整工艺参数，确保产品质量。常用的算法包括强化学习，通过与环境交互学习最优策略以最大化长期奖励；在线学习方法，通过在数据流中实时更新模型以适应动态变化的环境；模型预测控制，基于动态模型预测未来状态并优化控制策略；以及自适应控制，根据实时数据调整控制参数以适应系统变化。例如，在注塑成型中，强化学习可以根据传感器数据实时调整温度、压力等参数，从而减少缺陷率。在金属加工中，在线学习可以通过实时监测切削力和温度来优化加工参数。在化工生产中，模型预测控制可以实时调整反应条件，确保产品质量。在机器人控制中，自适应控制可以优化运动轨迹，提高操作精度。

　　在 AI 驱动的产品性能优化中，不同的算法根据任务需求被灵活应用。这些算法不仅提高了优化的效率和精度，还为复杂工程问题的解决提供了新的思路和方法。随着 AI 技术的不断发展，未来将有更多先进算法应用于机械工程领域，推动智能设计和优化的进一步创新。

3. 智能拓扑优化

　　传统拓扑优化方法需要大量计算资源，耗时较长。对于多物理场（如应力场、温度场、流体场）耦合的优化问题，传统方法难以有效解决，且对初始设计的依赖性较强，容易陷入局部最优解。

深度学习技术为拓扑优化带来了革命性变化。以下是 AI 在拓扑优化中的具体应用。

（1）快速生成优化结构：深度学习模型可以通过学习大量优化案例，快速生成满足约束条件的最优结构。例如，在汽车底盘设计中，AI 通过拓扑优化生成轻量化且高强度的底盘结构，从而提高车辆的安全性和燃油效率。

（2）复杂结构优化：AI 可以处理传统方法难以解决的复杂优化问题。例如，在航空航天领域，AI 可以优化飞机机身的内部支撑结构，减少质量并提高强度。在建筑结构设计中，AI 优化建筑支撑结构，减少材料使用量并提高抗震性能。

（3）多物理场优化：AI 可以同时考虑多种物理场，实现更全面的优化。例如，在热交换器设计中，AI 可以优化流体流动和热传导性能。在电子设备散热设计中，AI 可以优化散热片的结构，提高散热效率。

AI 在机械设计、性能优化和拓扑优化中的应用正在推动机械工程领域的创新和变革。通过将 AI 技术与传统设计工具结合，工程师可以更高效地完成复杂的设计任务，并实现产品性能的全面提升。AI 不仅解决了传统机械工程中的诸多挑战，还为未来的智能制造和绿色制造提供了新的可能性。

▶▶▶ 10.2.2　AI 与智能制造

智能制造是工业 4.0 的核心组成部分，旨在通过 AI 技术实现生产过程的智能化、自动化和高效化。智能制造系统通过集成智能传感器、数据采集、AI 算法和自动化设备，能够实时监控、分析和优化生产流程，从而提高生产效率、降低成本并提升产品质量。以下从智能制造系统的概念与架构、智能传感器与数据采集、基于 AI 的生产过程优化、智能物流与供应链管理四个方面详细阐述 AI 在智能制造中的应用。

1. 智能制造系统

智能制造系统是一种高度集成的生产系统，如图 10-6 所示。其通过 AI 技术实现生产过程的智能化控制和管理，能够自主感知、分析、决策和执行，从而实现生产过程的优化和自适应。

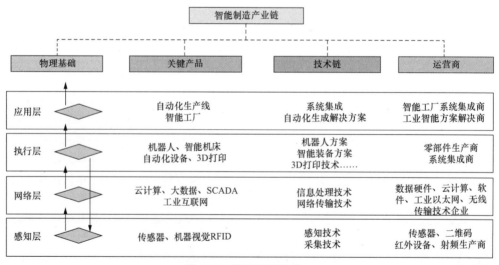

图 10-6　智能制造系统

智能制造系统通常包括以下几个层次。

① 感知层：通过智能传感器和物联网设备实时采集生产数据。

② 网络层：通过工业互联网将数据传输到云端或本地服务器。

③ 执行层：利用大数据和 AI 技术对数据进行分析和处理。

④ 应用层：基于分析结果实现生产过程的优化和控制，例如预测性维护、质量控制等。

2. 智能传感器与数据采集

智能传感器是一种能够感知环境参数（如温度、压力、振动等）并将数据转换为电信号的设备。与传统传感器相比，智能传感器具有自诊断、自校准和数据处理能力。

数据采集是智能制造系统的核心环节之一。通过智能传感器和物联网技术，能够实时获取生产过程中的各种关键数据。这些数据不仅是监控生产过程的基础，还为人工智能算法提供了重要的输入，用于进一步分析和优化。以下是数据采集在智能制造中的具体作用：

（1）实时监控

① 设备状态监控：通过智能传感器实时采集设备的运行数据（如振动、温度、压力等），监控设备的运行状况，及时发现异常情况。

② 生产过程监控：实时采集生产过程中的关键参数（如速度、精度、能耗等），确保生产过程处于最佳状态。

③ 异常检测：通过分析实时采集的数据，识别设备或生产过程中的异常情况。例如，通过机器学习模型检测设备振动的异常模式，预测潜在的故障。

④ 自适应控制：基于实时数据动态调整生产参数，确保生产过程的优化。例如，在化工生产中，AI 可以根据实时采集的温度和压力数据自动调整反应条件，提高产品质量。

（2）数据分析

① 历史数据分析：通过分析历史数据，AI 可以发现生产过程中的规律和趋势，为优化提供依据。

② 实时数据分析：通过实时分析生产数据，AI 可以快速作出决策，优化生产过程。

③ 基于机器学习模型的数据分析：AI 利用机器学习算法（如回归分析、神经网络等）对采集的数据进行建模，预测生产结果或设备状态。例如，在风力发电中，AI 可以通过分析历史风速和发电量数据预测未来的发电效率。

④ 基于深度学习模型的数据分析：对于复杂的数据（如图像、视频等），AI 可以利用深度学习技术进行分析。例如，在产品质量检测中，AI 可以通过计算机视觉技术分析产品图像，自动识别缺陷。

⑤ 数据驱动的优化：通过分析生产数据，AI 可以优化生产参数，提高生产效率和产品质量。例如，在汽车制造中，AI 可以通过分析焊接数据优化焊接参数，提高焊接质量。

3. 基于 AI 的生产过程优化

（1）预测性维护

传统维护方式（如定期维护和事后维修）效率低且成本高，可以通过 AI 算法分析设备运行数据，预测设备故障并提前采取措施。例如，在风力发电中，AI 可以通过分析振动和温度数据，预测风机故障并提前进行维护，减少停机时间。

（2）质量控制

传统质量控制依赖人工检测，效率低且容易出错，可以通过计算机视觉和机器学习技术自动检测产品缺陷。例如，在电子产品制造中，AI 可以通过图像识别技术检测电路板上的焊接缺陷，从而提高检测效率和准确性。

（3）生产过程优化

传统优化方法依赖经验和试错，难以实时调整生产参数，可以通过 AI 算法实时分析生产数据，优化生产参数。例如，在化工生产中，AI 可以通过分析反应条件数据，实时调整温度和压力，从而提高产品质量和生产效率。

4. 智能物流与智能供应链管理

智能物流通过 AI 技术实现物流过程的自动化和智能化，包括仓储、运输和配送等环节。通过 AI 算法可以优化运输路径，减少运输时间和成本；实现自动化仓储管理，提高仓储效率。例如，在电商物流中，可以通过 AI 分析订单数据和交通状况，优化配送路径，提高配送效率。图 10-7 所示为清华大学物流与 AI 实验室运输智能调度算法的应用案例。

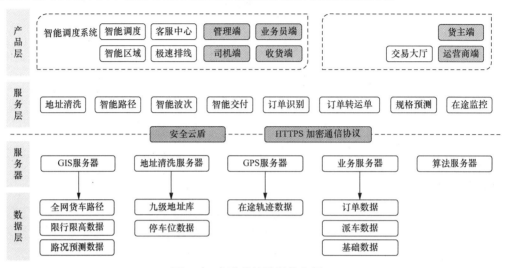

图 10-7 智能物流路径优化图

智能供应链管理通过 AI 技术实现供应链的智能化管理，包括需求预测、库存管理和供应商协同等。通过 AI 算法可以分析历史数据，预测未来需求；优化库存水平，降低库存成本；实现供应商之间的协同，提高供应链效率。

人工智能在智能制造中的应用正在推动工业生产方式的深刻变革。通过智能传感器、数据采集、AI 算法和自动化设备的集成，智能制造系统能够实现生产过程的实时监控、分析和优化，从而提高生产效率、降低成本并提升产品质量。未来，随着 AI 技术的不断发展，智能制造将在更多领域得到应用，为工业生产带来更多的创新和机遇。

▶▶▶ 10.2.3　AI 与设备维护

随着工业 4.0 的推进，设备维护逐渐从传统的被动维护（即故障后修复）转向预测性维护和智能化维护。AI 技术在这一转变中发挥了关键作用，尤其是在设备状态监测、故障预测、智能润滑和能耗优化等方面。通过 AI 技术，企业可以显著降低设备故障率，延长设备寿命，减少维护成本。

1. 预测性维护

预测性维护是一种数据驱动的维护策略，旨在通过分析设备的运行数据，提前预测设备可能发生的故障，从而在故障发生前进行维护。传统的维护方式通常是定期维护或故障后修复，这不仅效率低下，还可能导致不必要的停机时间和资源浪费。AI 技术尤其是机器学习，为预测性维护提供了强大的工具。

机器学习算法可以通过分析设备的历史运行数据，识别设备故障的早期信号，并预测未来的故障。以下是 AI 在预测性维护中的具体应用。

（1）故障预测模型：通过机器学习算法（如决策树、随机森林、支持向量机等），AI 可以建立设备故障的预测模型。例如，在风力发电机中，AI 可以通过分析振动、温度、电流等数据预测齿轮箱或轴承的故障。

（2）异常检测：AI 可以通过无监督学习算法（如聚类分析、孤立森林等）检测设备的异常行为。例如，在化工设备中，AI 可以通过分析压力、流量等数据检测异常操作状态。

（3）剩余寿命预测：AI 可以通过时间序列分析（如长短期记忆网络 LSTM）预测设备的剩余使用寿命。例如，在航空发动机中，AI 可以通过分析发动机的运行数据预测其剩余寿命，从而提前安排维护。

2. 设备状态监测与故障诊断

设备状态监测是设备维护的重要组成部分，通过实时监测设备的运行状态，可以及时发现潜在问题并采取措施。AI 技术在设备状态监测和故障诊断中的应用，尤其是在振动分析和声音分析方面，显著提高了故障诊断的准确性和效率。

传统状态监测数据庞大且复杂，故障诊断通常依赖专家经验，主观性强，难以推广，并且难以实现实时监测和诊断，导致故障发现滞后。AI 技术，尤其是深度学习和信号处理技术，为设备状态监测和故障诊断提供了新的解决方案。以下是 AI 在该领域的具体应用。

（1）振动分析：通过深度学习模型（如卷积神经网络），AI 可以分析设备的振动信号，识别故障特征。例如，在旋转机械（如电机、泵等）中，AI 可以通过分析振动频谱，识别轴承故障、不平衡等问题。

（2）声音分析：AI 可以通过分析设备运行时的声音信号，识别异常噪声。例如，在风力发电机中，AI 可以通过分析叶片的声音信号，检测叶片的裂纹或损伤。

（3）多传感器融合：AI 可以结合多个传感器的数据（如振动、温度、压力等）进行综合分析和诊断。例如，在航空发动机中，AI 可以通过融合振动、温度和压力数据，提高故障诊断的准确性。

3. 智能润滑与能耗优化

设备的润滑和能耗管理是设备维护的重要环节。传统的润滑方式通常基于固定时间表，可能导致润滑不足或过度，从而影响设备寿命。传统的能耗管理通常依赖经验，难以根据设备的实际负载进行调整，导致能源浪费。此外，传统方法难以实时调整润滑和能耗策略，进一步降低设备运行效率。AI 技术通过实时监测设备的运行状态，优化润滑和能耗管理，从而延长设备寿命并降低能耗。以下是 AI 在该领域的具体应用。

（1）智能润滑系统：AI 可以通过分析设备的运行数据（如温度、振动、负载等）实时调整润滑策略。例如，在大型机械设备中，AI 可以根据设备的实际运行状态自动调整润滑油的供给量，确保设备始终处于最佳润滑状态。

（2）能耗优化：AI 可以通过分析设备的能耗数据，优化设备的运行参数以降低能耗。例如，在工业机器人中，AI 可以通过优化运动轨迹和负载分配减少能耗。

（3）自适应控制：AI 可以通过自适应控制算法实时调整设备的运行参数，确保设备始终在最佳状态下运行。例如，在风力发电机中，AI 可以通过调整叶片的角度和转速优化发电效率。

▶▶▶ 10.2.4 AI 与质量控制及检测

质量控制与检测是产品制造中的关键环节，直接影响产品的质量和企业的竞争力。传统的质量控制方法通常依赖人工检测或简单的自动化检测，难以满足复杂产品和高速生产线的检测需求。AI 技术，尤其是计算机视觉和实时数据分析，为质量控制与检测带来了革命性的变化。

1. 基于计算机视觉的表面缺陷检测

表面缺陷检测是质量控制中的重要环节，尤其是在汽车、电子、金属加工等行业。传统的表面缺陷检测多以人工方式进行，速度较慢且容易受到主观因素的影响，导致检测结果不一致。传统的图像处理技术难以识别复杂的表面缺陷（如细微裂纹、划痕等）。在高速生产线上，传统质量检测方法难以实现实时检测。

深度学习中的卷积神经网络为表面缺陷检测提供了强大的工具。以下是 AI 在该领域的具体应用。

（1）自动缺陷识别：通过训练深度学习模型，AI 可以自动识别产品表面的缺陷。例如，在汽车制造中，AI 可以通过分析车身表面的图像识别划痕、凹痕等缺陷。

（2）高精度检测：AI 可以识别传统方法难以检测的细微缺陷。例如，在电子元件制造中，AI 可以通过分析电路板的图像识别微小的焊接缺陷。

（3）实时检测：AI 可以在高速生产线上实现实时检测。例如，在金属加工中，AI 可以通过分析金属表面的图像实时检测裂纹、气孔等缺陷。

2. 智能化质量控制系统

智能化质量控制系统通过实时监测生产过程中的数据，及时发现质量问题并进行调整，从而确保产品质量的稳定。AI 技术通过实时数据分析和反馈控制，为智能化质量控制系统提供了有力支持。

传统质量控制系统数据量大且复杂，难以实时处理和分析，且依赖离线分析，导致反馈滞后，难以及时调整生产过程。在生产过程中，多个变量（如温度、压力、速度等）相互影响，传统方法难以实现对多变量的有效控制。

AI 技术通过实时数据分析和反馈控制优化生产过程，确保产品质量。以下是 AI 在该领域的具体应用。

（1）实时数据分析：AI 可以实时分析生产过程中的数据，及时发现质量问题。例如，在化工生产中，AI 可以分析反应釜的温度、压力等数据，实时调整反应条件，确保产品质量。

（2）多变量控制：AI 通过多变量控制算法优化生产过程中的多个变量。例如，在注塑成型中，AI 可以调整温度、压力、注射速度等参数，确保产品的尺寸和形状符合要求。

（3）自适应控制：AI 利用自适应控制算法实时调整生产参数，确保产品质量的稳定性。例如，在食品加工中，AI 通过调整加热时间和温度，确保产品的口感和营养成分。

通过 AI 技术在设备维护和质量控制中的应用，企业可以实现更高效、更智能的生产管理，提高产品质量，降低生产成本，增强市场竞争力。

▶▶▶ 10.2.5 案例分析：某汽车制造厂的智能生产线优化

某汽车制造厂的智能生产线是一条高度自动化的汽车装配线，涵盖了从车身焊接、涂装、零部件装配到最终检测的全过程。通过引入 AI 技术，生产线实现了智能化升级，显著提高了生产效率、产品质量和资源利用率。

1. 生产线流程及优化

（1）车身焊接

传统方式中，焊接机器人按照预设程序进行焊接，缺乏灵活性，难以应对不同车型的需求。而通过计算机视觉技术，AI 系统可以识别不同车型的车身结构，自动调整焊接路径和参数。

通过实时监测焊接质量（如焊缝强度、温度等），AI 系统能够自动调整焊接参数，确保焊接质量。AI 系统还可以通过分析焊接机器人的运行数据预测设备故障，提前进行维护，减少停机时间。

（2）涂装

传统方式中，涂装机器人按照固定程序进行喷涂，难以应对不同颜色和车型的需求，且容易产生喷涂不均匀的问题。通过计算机视觉和机器学习，AI 系统可以识别车身的形状和颜色需求，自动调整喷涂路径和喷涂量，确保喷涂均匀。通过分析喷涂后的图像，实时检测涂装质量，发现缺陷（如气泡、流挂等）并及时调整。通过优化喷涂参数（如喷涂压力、速度等），可以减少涂料浪费，降低能耗。

（3）零部件装配

传统流程中，装配工人按照固定流程进行零部件装配，容易出现人为错误且效率较低。通过计算机视觉和深度学习，AI 系统可以识别零部件的类型和位置，自动完成装配任务。AI 系统与装配工人协同工作，提供实时指导（如通过 AR 眼镜显示装配步骤），减少人为错误。AI 系统还可以通过分析装配过程中的传感器数据，实时检测装配质量，发现错误并及时纠正。

（4）最终检测

传统检测流程中，检测工人通过目视检查和简单工具进行质量检测，效率低且容易漏检。通过计算机视觉和深度学习，AI 系统可以自动识别车身表面的缺陷（如划痕、凹痕等）并生成检测报告。AI 系统可以通过融合多种传感器数据（如振动、温度、压力等）全面检测车辆的性能和质量，还可以实时将检测结果反馈给生产线，及时调整生产参数，确保产品质量。

2. AI 技术应用

在该汽车制造厂的智能生产线优化过程中，AI 技术发挥了关键作用。

（1）计算机视觉

计算机视觉是 AI 技术中的一个重要分支，主要通过图像和视频数据来理解和分析视觉信息。在该智能生产线中，计算机视觉技术被广泛应用于多个环节。

① 图像识别：在车身焊接和零部件装配环节，计算机视觉系统通过摄像头捕捉车身图像，识别车身结构、颜色和零部件类型，并使用卷积神经网络等深度学习模型训练系统，识别不同车型的车身结构和零部件。通过大量图像数据的训练，系统能够准确识别复杂的车身形状和零部件位置，减少人工干预，提高生产线的自动化水平，确保焊接和装配的精度。

② 缺陷检测：在涂装和最终检测环节，计算机视觉系统通过分析车身表面图像检测涂装缺陷（如气泡、流挂）和装配缺陷（如错位、漏装），并使用深度学习中的目标检测算法（如 YOLO、Faster R-CNN）识别缺陷区域。系统通过对比正常产品和缺陷产品的图像，自动标记缺陷位置，提高缺陷检测的准确性和效率，减少人工检测的工作量，确保产品质量。

③ 实时监控：在整个生产线上，计算机视觉系统通过摄像头实时监控生产线的运行状态，及时发现异常情况（如设备故障、生产线堵塞等），并使用实时视频流处理技术，结合异常检测算法（如孤立森林、自编码器）实时分析视频数据，发现异常行为，从而减少生产线停机时间，提高生产线的稳定性和效率。

（2）机器学习

机器学习是 AI 的核心技术之一，通过从数据中学习规律，实现预测和优化。在该智能生产线中，机器学习技术被用于多个环节的优化。

① 预测性维护：在焊接、喷涂等设备运行过程中，机器学习系统通过分析设备的运行数据（如振动、温度、电流等），预测设备可能发生的故障。使用时间序列分析算法（如 LSTM、ARIMA）和分类算法（如随机森林、支持向量机），系统能够根据历史数据预测设备的剩余使用寿命和故障概率，从而减少设备故障率，降低维护成本，提高生产线运行效率。

② 参数优化：在焊接、喷涂、装配等环节，机器学习系统通过分析生产数据优化工艺参数（如焊接电流、喷涂压力、装配速度等）。通过回归算法（如线性回归、支持向量回归）和优化算法（如贝叶斯优化、遗传算法），系统能够找到最优的工艺参数组合，提高生产效率和产品质量，减少资源浪费。

③ 多目标优化：在生产过程中，系统需要同时优化多个性能指标（如质量、效率和能耗）。例如，在喷涂环节，系统需要平衡喷涂质量和涂料消耗。通过使用多目标优化算法（如多目标遗传算法或粒子群优化算法），系统能够在多个目标之间找到最优平衡点，实现生产过程的综合优化，从而提高资源利用率。

（3）深度学习

深度学习是机器学习的一个子领域，通过多层神经网络模型处理复杂的非线性问题。在该智能生产线中，深度学习技术用于处理复杂的模式识别和自适应控制任务。

① 复杂模式识别：在车身焊接和装配环节，深度学习系统通过分析复杂的车身结构和零部件关系，识别最佳的焊接路径和装配顺序。使用深度卷积神经网络和递归神经网络，系统能够处理高维度的图像和序列数据，识别复杂模式，提高焊接和装配的精度，降低错误率。

② 自适应控制：在生产过程中，深度学习系统通过实时分析生产数据，动态调整生产参数（如焊接电流、喷涂压力等），以适应不同的生产需求。使用深度强化学习和自适应控制算法，系统能够根据实时数据调整控制策略，确保生产过程的稳定性，提高生产线的灵活性和适应性，保障产品质量的稳定性。

（4）强化学习

强化学习是一种通过与环境交互学习最优策略的 AI 技术。在该智能生产线中，强化学习被用于实时优化和自适应控制。

① 实时优化：在喷涂和装配环节，强化学习系统通过与生产环境的交互，学习最优的喷涂路径和装配顺序。使用深度强化学习算法（如 DQN 和 PPO），系统能够通过试错学习找到优化的生产策略，从而提高生产效率和产品质量，减少资源浪费。

② 自适应控制：在动态变化的生产环境中，强化学习系统通过实时调整生产参数，确保生产过程的稳定性。通过使用自适应控制算法（如模型预测控制、自适应 PID 控制），系统能够根据实时数据调整控制策略，提高生产线的灵活性和适应性，保障产品质量的稳定性。

（5）物联网

物联网技术通过将设备、机器人和传感器连接，实现数据的实时采集和共享。在这条智能生产线上，物联网技术为 AI 系统提供了数据支持。

① 设备互联：生产线上的焊接机器人、喷涂机器人、装配机器人等设备通过物联网技术连接，实现数据共享和协同工作。使用工业物联网协议（如 MQTT、OPC UA），系统能够实现设备之间的实时通信和数据交换，提高生产线的协同效率，减少设备之间的冲突。

② 实时数据采集：生产线上的传感器（如温度传感器、振动传感器、压力传感器等）通过物联网技术实时采集生产数据，为 AI 系统提供输入。借助边缘计算和云计算技术，系统能够实时处理和分析传感器数据，为 AI 系统提供实时的数据支持，确保生产过程的实时监控和优化。

通过计算机视觉、机器学习、深度学习、强化学习和物联网等 AI 技术的综合应用，该汽车制造厂的智能生产线实现了全面的优化。这些技术不仅提高了生产效率和产品质量，还降低了资源消耗和设备故障率，为智能制造提供了强有力的支持。随着 AI 技术的不断发展，未来的智能生产线将变得更加智能化和高效化。

习题

1. 简述 AI 在城市建设中的五大核心应用场景，并举例说明其作用。
2. 什么是数字孪生技术？它在智慧城市建设中的作用是什么？
3. 以雄安新区 CIM 平台为例，分析 AI 技术在城市信息模型中的应用及其对城市管理的提升作用。
4. 解释 AI 在机械工程智能设计与优化系统中的工作原理，并举例说明其在实际生产过程中的应用。
5. 某汽车制造厂通过 AI 技术优化了生产线，请分析 AI 在车身焊接、涂装、零部件装配和最终检测环节中的应用及其带来的效益。

第11章
AI+管文类专业案例

【学习目标】

● 掌握人工智能在金融、公共管理、文化传播等领域的核心技术应用，包括构建强化学习投资模型、部署数字孪生技术优化金融决策流程，以及应用自然语言处理与深度学习模型实现多语言新闻自动生成与跨文化内容分发等。通过行业案例库与实训平台，提升工程化落地能力。

● 理解跨领域创新的方法论，如物联网数据与城市中枢协同机制、自然语言处理与政务系统的技术融合路径，以及剖析文化内容推荐系统的架构，构建跨媒体的智能推荐策略等。掌握约束建模与知识迁移策略，完成包含伦理评估的完整项目开发。

● 了解人工智能赋能产业的前沿方向与伦理边界，包括联邦学习驱动的监管技术、媒体资产的智能识别检索技术，以及版权、数据隐私等治理挑战。通过虚实结合训练，培养技术应用的全局视角。

11.1 AI+金融

随着 AI 技术的快速发展，金融行业正经历从传统业务模式向智能化、数据化方向的深刻变革。在风险管理领域，以美国金融科技公司 Upstart 为例，其通过机器学习算法对非传统信用数据（如教育背景、职业轨迹、社交媒体行为）进行分析，构建了动态风险评估模型。该模型在 2023 年实现了比传统 FICO 评分系统更高的精准度，将贷款违约率降低了 35%，同时将服务人群扩展到传统银行覆盖不足的次级信用群体。在智能投顾领域，贝莱德

AI+金融

的 Aladdin 系统整合了自然语言处理和深度学习技术，能够实时解析全球新闻、财报电话会议等非结构化数据，结合市场情绪分析生成投资建议。2024 年数据显示，该系统管理的资产规模突破 12 万亿美元，其 AI 驱动的资产配置策略在市场波动期间展现比人工决策高 27%的风险调整后收益。此外，中国平安的智能风控平台利用计算机视觉技术，通过分析企业卫星影像数据（如工厂开工率、港口货运量）预测行业景气度，辅助银行信贷决策，使中小微企业贷款审批效率提升 60%，不良率控制在 1.2%以下。

在反欺诈和合规监管场景中，蚂蚁集团的智能风控引擎"AlphaRisk"通过图神经网络构建了超过 100 亿节点的资金流转关系图谱，能够实时识别异常交易模式。2024 年双十一期间，该系统日均拦截可疑交易 23 万笔，误报率较传统规则引擎下降 42%，同时通过联邦学习技术实现了跨机构数据协同建模而不泄露隐私。在量化交易领域，Two Sigma 等对冲基金运用强化学习算法

开发高频交易策略，其 AI 系统通过模拟数万亿次历史交易场景，自主优化买卖时机选择，2024 年在纳斯达克市场的日内交易中创造了年化 39%的超额收益。值得关注的是，摩根大通推出的 COiN 合同解析平台采用 Transformer 架构实现了法律文本的智能解析，将商业贷款协议审查时间从 36 万小时/年压缩至秒级处理，合规成本降低 70%。这些案例共同表明，AI 技术正在重构金融价值链，但同时也面临模型可解释性、数据隐私保护（如 GDPR 合规）和算法偏见（如信贷歧视争议）等挑战。未来发展方向将聚焦于可信 AI 框架构建与监管科技（RegTech）的深度融合。

▶▶▶ 11.1.1　金融智能分析与决策系统

金融智能分析与决策系统是金融领域的智慧大脑，融合了大数据、人工智能、机器学习等前沿技术，旨在为金融决策提供全面、精准、高效的支持。通过对海量金融数据的深度挖掘与分析，该系统能够洞察市场的细微变化，剖析复杂的金融关系，将数据转化为有价值的信息，为投资者和金融机构提供科学的决策依据，助力其在瞬息万变的金融市场中做出明智的抉择，把握投资机遇，规避潜在风险。

1.　核心构成要素

该系统包括三个核心构成要素：数据、模型和算法，三者的结构框图如图 11-1 所示。数据是该系统的基石，涵盖金融市场交易数据、企业财报数据、宏观经济数据等多源信息，为后续分析提供原始素材。模型是系统的核心架构，如量化投资模型、风险评估模型等，它们依据不同的金融场景和目标对数据进行深度加工。算法是系统的动力引擎，机器学习算法中的监督学习、无监督学习、强化学习等，使系统具备自我学习和优化能力。通过不断迭代，系统能够更精准地分析数据、预测趋势，从而为金融决策提供可靠支撑。

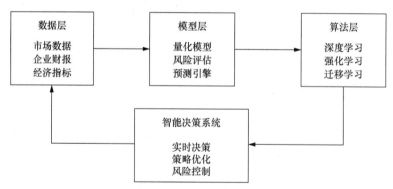

图 11-1　金融智能分析与决策系统结构框图

2.　特点

（1）高度智能化

金融智能分析与决策系统借助 AI 技术，实现了自动化的分析与决策流程。以机器学习算法为例，系统能够通过对历史数据的学习，自动识别市场模式和趋势。例如，在股票投资领域，某智能投资决策系统运用深度学习算法，对大量股票价格走势、公司财务指标等数据进行学习。在面对新的市场情况时，它可以快速分析相关数据并自动生成投资建议，包括何时买入、卖出或持有股票。这种智能化决策大大减少了人为因素的干扰，提高了决策效率。在过去，投资者可能需要花费大量时间和精力研究市场和分析数据，而现在借助高度智能化的系统，投资者能够在短时间内获得全面且精准的决策支持，把握瞬息万变的市场机遇。

（2）数据驱动

数据在金融智能分析与决策系统中占据核心地位。该系统具备强大的能力，能够处理和运用海量的金融数据。从全球金融市场的实时交易数据到各公司详细的财务报表数据，再到宏观经济政策和指标数据，系统对这些多源异构的数据进行整合。通过先进的数据挖掘技术，系统从海量数据中提取有价值的信息。例如，在分析债券市场时，系统收集了大量不同债券的利率、期限、信用评级等数据，经过数据清洗、特征选择等处理后，运用数据分析模型准确评估债券的风险和收益情况。基于这些数据驱动的分析结果，投资者和金融机构能够作出更科学、合理的决策，充分发挥数据在金融决策中的关键作用。

3. 应用场景

（1）投资决策领域

在投资决策领域，金融智能分析与决策系统发挥着不可替代的作用。在投资组合优化方面，系统通过对各类资产的风险、收益、相关性等因素进行综合分析，运用现代投资组合理论模型，为投资者量身定制最优投资组合方案。例如，一位投资者拥有一定规模的资金，希望在股票、债券、基金等多种资产间进行合理配置，此时该系统会收集各类资产的历史数据和实时信息，考虑市场环境、行业发展趋势等因素，给出一个风险与收益平衡的投资组合建议，帮助投资者分散风险，实现资产的稳健增值。

在市场趋势预测方面，该系统同样表现出色。它利用大数据分析技术，对海量的市场数据、新闻资讯、社交媒体情绪等进行实时监测和分析。以某知名投资机构为例，其使用的智能分析系统通过对全球宏观经济数据、行业动态以及社交媒体上投资者情绪的综合分析，提前预测某一新兴行业的崛起。基于这一预测，该机构及时调整投资策略，加大对相关企业的投资，获得了丰厚的回报。通过这些应用，金融智能分析与决策系统为投资者在复杂多变的市场中指明方向，提升投资决策的科学性和准确性。

传统方法与智能系统的收益对比如表 11-1 所示。

表 11-1　传统方法与智能系统的收益对比

指标	传统人工分析	智能系统
年化收益率	8%	15%
超额收益	12%	18%
最大回撤	6.5%	3.2%

（2）风险管理场景

金融智能分析与决策系统在风险管理场景中扮演着"安全卫士"的重要角色。它能够实时监测金融市场中的各类风险，通过对市场数据、交易数据等的实时分析，及时发现潜在的风险因素。例如，在一家大型银行中，该系统会实时监控贷款业务的风险状况。它会持续跟踪借款人的信用状况、还款能力变化，以及市场利率变动对贷款业务的影响。一旦发现某个借款人的信用评级下降或者市场利率变动可能导致贷款违约风险上升，系统会立即发出预警信号。

同时，系统还能对潜在危机进行预警。它通过建立风险评估模型，对各种风险因素进行量化分析，评估风险发生的可能性和影响程度。比如，在国际金融危机期间，一些金融机构由于缺乏有效的风险预警机制，遭受了巨大损失。而采用金融智能分析与决策系统的机构，凭借其强大的风险预警功能，能够提前识别市场风险的急剧上升，及时调整资产配置，降低了风险敞口，有效避免了重大损失。通过实时监测和预警，该系统帮助金融机构及时采取措施应对风险，保障金融业务的稳定运行。

4. 系统的优势与局限

（1）优势

金融智能分析与决策系统的显著优势在金融领域中得到了充分体现。在提高决策效率方面，

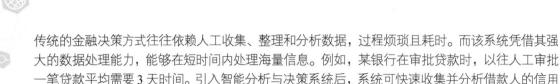

传统的金融决策方式往往依赖人工收集、整理和分析数据，过程烦琐且耗时。而该系统凭借其强大的数据处理能力，能够在短时间内处理海量信息。例如，某银行在审批贷款时，以往人工审批一笔贷款平均需要 3 天时间。引入智能分析与决策系统后，系统可快速收集并分析借款人的信用记录、收入情况等多维度数据，将审批时间缩短至几个小时，大大提高了业务办理效率。

在增强准确性方面，该系统表现同样出色。通过先进的算法和模型，它能够对复杂的金融数据进行深度分析，减少人为判断的误差。据统计，在投资决策方面，使用该系统的投资机构，其投资决策的准确率相比传统方式提高了约 20%。以量化投资为例，系统依据历史数据和实时市场信息精准计算投资组合的风险与收益，为投资者提供更可靠的决策依据，助力其在金融市场中获取更稳定的收益。

（2）局限

尽管金融智能分析与决策系统优势明显，但也存在一些局限，其中数据质量是一个关键问题。金融市场数据来源广泛且复杂，数据的准确性、完整性和及时性难以保证。如果数据存在错误或缺失，分析结果可能出现偏差，进而影响决策的正确性。例如，某些公司财报数据可能存在造假情况，如果系统未能有效识别，基于这些数据作出的决策可能带来严重后果。

算法的可靠性也是一大挑战。虽然先进的算法为系统提供了强大的分析能力，但算法本身可能存在漏洞或局限性。一些复杂的算法在特定市场环境下可能无法准确反映实际情况，从而导致模型失效。此外，算法的"黑箱"特性也使用户难以理解其决策过程和依据，增加了使用风险。这些局限需要在系统的发展过程中不断改进和完善。

5. 金融智能分析与决策系统的发展趋势

（1）技术创新

在金融智能分析与决策系统的发展进程中，技术创新是关键驱动力。AI 技术将持续深化应用，例如，深度学习模型将变得更加复杂和精准，能够处理更高维度的数据，挖掘市场中更隐蔽的规律；强化学习算法可以使系统在动态市场环境中不断优化决策策略，以适应市场的快速变化。

区块链技术也将为系统带来新的变革。其分布式账本特性可确保数据的不可篡改且高度透明，从而提升数据的安全性和可信度。在跨境金融交易分析中，利用区块链技术记录交易信息，系统能够更准确地追踪资金流向，有效防范金融欺诈。同时，云计算技术的发展将使系统具备更强的计算能力和可扩展性，能够应对海量数据的处理需求，为金融智能分析与决策提供更坚实的技术支撑。

（2）行业融合发展

金融智能分析与决策系统正呈现与其他金融领域及行业深度融合的趋势。在金融领域内，它与财富管理、保险等业务紧密结合。在财富管理方面，系统可根据客户的资产状况、风险偏好等，为其定制个性化的财富规划方案，实现资产的合理配置与增值。与保险行业融合时，它能通过分析大量风险数据，精准评估保险标的风险，制定更合理的保险费率。

在跨行业方面，该系统与实体经济的联系日益紧密。例如，与制造业融合，通过分析产业链上下游企业的财务数据、市场需求数据等，为企业提供供应链金融决策支持，优化资金流管理。与医疗、教育等行业结合，能助力这些行业的企业进行合理的融资决策和投资规划，推动实体经济各行业的健康发展，实现金融与实体经济的良性互动。

▶▶▶ 11.1.2　智能金融服务解决方案

智能金融服务是金融领域在数字化浪潮下的创新结晶。它深度融合人工智能、大数据、云计算等前沿技术，对传统金融业务流程进行全方位的智能化重塑。通过这些先进技术，金融服务不再局限于传统模式，而是实现了自动化操作，减少了人工干预，提升了服务效率；能够根据客户的独特需求和行为模式，提供个性化的金融产品与服务；实现智能化决策，精准把握市场动态与风险。例如，借助大数据分析客户的消费习惯、资产状况等多维度信息，为其量身定制投资方案；利用人工智能实现智能客服，随时解答客户疑问。智能金融服务正以全新的姿态为客户带来更高效、便捷且个性化的金融体验。

1. 发展历程

智能金融服务的发展是一部不断演进的科技融合史。早期，随着计算机技术的初步应用，金融行业开始实现部分业务的自动化处理，如简单的账务管理和交易记录，这是智能金融服务的萌芽阶段。随着互联网的普及，线上金融服务逐渐兴起，客户能够通过网络进行基本的查询和交易操作，智能金融服务迈出了重要一步。近年来，人工智能、大数据等核心技术的飞速发展推动智能金融服务进入快速变革期。机器学习算法被用于风险评估和信贷审批，提升了决策的准确性和效率；大数据分析助力金融机构深入了解客户需求，实现精准营销。如今，智能金融服务已涵盖投资、信贷、保险等多个领域，形成了复杂多元的服务体系，从简单的自动化迈向了高度智能化的新阶段。智能金融的发展历程如图 11-2 所示。

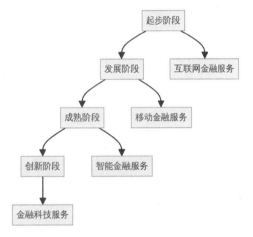

图 11-2 智能金融服务的发展历程

2. 市场需求剖析

在智能金融服务领域，个人用户和企业用户展现出截然不同却同样迫切的需求。个人用户尤为看重便捷性，期望随时随地通过电子设备获取金融服务，无须受限于传统网点的营业时间与地理位置。个性化需求也日益凸显，个人的财务状况、风险承受能力和理财目标各不相同，渴望得到贴合自身情况的专属金融方案。安全性更是重中之重，随着网络交易日益频繁，个人对资金安全和信息保密的关注度极高。企业用户则聚焦于成本与效率。通过智能金融服务，企业可以降低人力成本和运营成本，例如自动化的财务流程可减少人工操作。在提高效率方面，快速的信贷审批和实时的资金结算等功能帮助企业把握市场机遇。此外，企业还期望通过智能金融实现资源的优化配置，提升整体竞争力，以满足不同场景下的多样化金融需求。

3. 技术基础

（1）AI 技术

AI 在智能金融服务中占据核心地位，是推动金融变革的强大引擎。机器学习作为人工智能的关键分支，在风险评估领域发挥重要作用。通过对海量历史数据的学习与分析，机器学习能够构建精准的风险评估模型，更准确地预测客户违约风险，为金融机构的信贷决策提供有力支撑。深度学习则凭借强大的数据分析能力，在客户服务方面大放异彩。智能客服借助深度学习算法，能够理解客户的自然语言提问，并快速给出准确回答，极大提升了客户服务效率和满意度。此外，在投资决策领域，AI 技术可以实时分析市场动态、行业趋势等多维度数据，为投资者提供更具前瞻性的投资建议，助力实现资产的优化配置，推动智能金融服务向更加智能化、精准化的方向发展。

（2）大数据与云计算

大数据为智能金融服务提供了坚实的数据基础。金融机构在日常运营中积累了海量的客户信息、交易记录等数据，这些数据蕴含丰富的价值。通过大数据分析技术，金融机构能够深入挖掘客户的行为模式、消费习惯和风险偏好等特征，从而实现精准的客户画像。基于此，金融

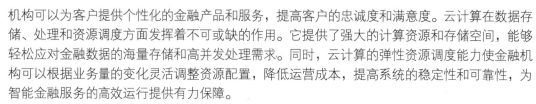

机构可以为客户提供个性化的金融产品和服务，提高客户的忠诚度和满意度。云计算在数据存储、处理和资源调度方面发挥着不可或缺的作用。它提供了强大的计算资源和存储空间，能够轻松应对金融数据的海量存储和高并发处理需求。同时，云计算的弹性资源调度能力使金融机构可以根据业务量的变化灵活调整资源配置，降低运营成本，提高系统的稳定性和可靠性，为智能金融服务的高效运行提供有力保障。

（3）区块链

区块链技术在金融领域的应用为金融交易带来了更高的透明度和安全性。其分布式账本特性使每一笔交易都被记录在多个节点上，不可篡改且可追溯，有效防止了交易欺诈和数据篡改行为。在跨境支付场景中，传统跨境支付流程烦琐、手续费高且交易时间长。而基于区块链技术的跨境支付解决方案能够实现实时到账、降低手续费，提高跨境支付的效率和便捷性。例如，一些国际银行间的跨境汇款业务通过区块链技术实现了资金的快速转移和交易信息的实时共享。在供应链金融领域，区块链技术可以记录供应链上的每一笔交易信息，确保信息的真实性和完整性。金融机构可以根据这些信息为供应链上的企业提供更精准的融资服务，降低融资风险，促进供应链金融的健康发展。

4. 智能金融服务的创新业务模式

（1）智能投顾服务

智能投顾依托大数据与算法，为用户提供个性化投资组合建议。其原理在于收集用户多维度数据，涵盖资产规模、风险偏好、投资目标及期限等，借助算法分析市场各类资产表现与相关性，依据现代投资组合理论，构建符合用户需求的投资组合。这种服务优势显著，打破传统投顾服务的高门槛限制，降低服务成本，让更多投资者受益。同时，智能投顾还能通过算法实时监控市场，及时调整投资组合，确保投资策略紧跟市场变化。例如，某年轻投资者小李，初涉投资领域，风险承受能力适中，期望资产稳健增值。智能投顾平台在对其财务状况与投资目标进行分析后，为他配置了包含股票基金、债券基金及货币基金的投资组合。在市场波动时，智能投顾依据算法自动调整各基金比例，帮助小李在控制风险的同时实现资产稳步增长，达成财富积累目标。

（2）智能信贷服务

智能信贷借助大数据分析与机器学习算法，革新用户信用评估方式，为用户提供快速且便捷的融资服务。在信用评估环节，它广泛收集多源数据，不仅包括传统的信用记录，还涵盖社交行为、消费习惯、网络活跃度等非传统数据。机器学习算法通过对这些海量数据进行深度挖掘与分析，构建精准的信用评估模型，全面、准确地评估用户信用状况。相较于传统信贷审批流程，智能信贷极大提升了审批效率。传统信贷审批需人工审核大量资料，流程烦琐且耗时；而智能信贷依靠自动化系统，数分钟内即可完成审批决策。例如，小微企业主小王急需一笔资金用于采购原材料，他向智能信贷平台提交申请后，平台迅速收集并分析其相关数据，快速评估其信用状况，短时间内就为他提供了所需贷款，助力企业正常运转，把握市场商机，解决了融资难题。

（3）智能保险服务

智能保险在多个环节深度融入智能化应用，大幅提升服务效率与用户体验。在产品推荐阶段，智能保险借助大数据分析用户的年龄、职业、健康状况、家庭结构等信息，精准洞察用户的潜在保险需求，为其推荐合适的保险产品。例如，为年轻职场人士推荐包含意外险、医疗险的套餐，为有家庭负担的用户推荐重疾险、寿险等。在核保环节，智能保险运用 AI 技术快速审核投保人提交的信息，结合医疗数据和风险评估模型，高效判断是否承保及确定费率。这种方式比传统人工核保效率更高，且准确性更有保障。在理赔环节，智能保险同样带来便利。通过图像识别、自然语言处理等技术，智能保险能够快速处理理赔申请，核实理赔资料的真实性与完整性。例如，用户上传医疗费用发票照片后，系统可自动识别关键信息进行理赔审核，加速理赔流程，让用户尽快获得赔付，切实感受到保险的保障作用，从而提升对保险服务的满意度。

5. 应用场景

（1）银行业应用

在银行业，智能金融服务带来了全方位的变革。智能客服成为银行与客户沟通的前沿力量，通过自然语言处理技术随时解答客户常见问题，如账户查询、业务办理流程等，提供 7×24 小时不间断服务，极大缩短了客户等待时间，提升服务效率。个性化推荐基于大数据分析客户的资产状况、交易习惯等，为客户精准推荐合适的理财产品、信用卡服务等。例如，为频繁进行线上支付的客户推荐具有相关优惠的信用卡，增加客户对银行产品的接受度。在风险评估环节，利用机器学习算法对海量数据进行分析，更准确地评估客户信用风险和市场风险，提前预警潜在风险，帮助银行合理配置信贷资源，降低不良贷款率。这些应用从多个维度优化了银行服务流程，不仅提高了服务效率，还因满足客户个性化需求，大大提升了客户满意度，增强了客户对银行的忠诚度。

（2）证券业应用

智能金融在证券业中发挥着重要作用。提供个性化投资组合建议是其一大亮点。通过收集客户的投资目标、风险承受能力、资产规模等信息，结合市场行情和数据分析，为客户量身定制投资组合，满足不同客户的投资需求，提升投资决策的科学性。风险预警功能也至关重要，借助大数据实时监测市场动态、行业趋势以及个股表现，当出现潜在风险时，及时向投资者发出预警，帮助投资者调整投资策略，降低损失。此外，智能金融还应用于交易流程优化，实现自动化交易，提高交易效率和精准度。这些应用对证券市场产生了积极影响，提升了市场的透明度和效率，促进了投资者理性投资，推动证券市场朝着更加智能化、规范化的方向发展，增强了证券市场的活力和竞争力。

（3）保险业应用

智能金融服务在保险业中有诸多应用。在保险产品推荐方面，利用大数据和 AI 技术，深入分析客户的生活习惯、健康状况、家庭保障需求等因素，为客户精准匹配适合的保险产品，改变过去粗放式推荐的模式，提高客户对保险产品的认可度。自动处理索赔申请是另一个重要应用，通过图像识别、自然语言处理等技术，快速、准确地审核理赔资料，自动判断理赔的合理性，大大缩短了理赔周期。例如，在车险理赔中，客户上传事故照片后，系统能够自动识别事故情况并进行评估，快速给出理赔结果。这些应用显著提高了行业效率，减少了人工操作的复杂性和误差，同时为客户提供了更加便捷、高效的服务体验，增强客户对保险行业的信任，推动保险业向更加智能化、高效化方向发展。

6. 风险管理和发展趋势

（1）风险管理

智能金融服务在带来创新与便利的同时，也面临多种风险的挑战，信用风险是其中较为突出的一种。随着智能信贷等业务的发展，金融机构依赖大数据和算法评估信用，但数据不完整或不准确可能导致信用评估失误。一些信用不佳的用户获得贷款后违约，给金融机构造成损失。操作风险同样不容忽视，智能金融服务高度依赖自动化系统，系统出现故障、程序错误或人为操作失误都可能引发交易失败、数据泄露等问题，影响业务正常运行。技术风险也日益凸显，人工智能、区块链等技术虽推动了智能金融发展，但技术本身的不完善，以及网络攻击的威胁，可能导致数据被篡改、系统瘫痪，损害金融机构和用户的利益，破坏市场秩序。

运用大数据、算法等技术手段对智能金融服务风险进行评估，是建立科学风险评估模型的关键。大数据能够收集海量的金融交易数据、客户信息以及市场动态数据等。通过对这些数据的深度挖掘和分析，可以发现潜在的风险模式和趋势。算法用于构建风险评估模型，例如利用机器学习算法对历史数据进行学习和训练，根据不同风险因素的权重对信用风险、操作风险等进行量化评估。通过分析客户的交易行为数据，可以判断其是否存在异常交易模式，从而评估信用风险。同时，结合实时监测数据，对系统的稳定性和安全性进行评估，及时发现操作风险和技术风险，为风险决策提供科学依据。

针对不同风险类型，需要采取相应的控制策略。对于信用风险，要加强数据质量管理，确保信用评估数据的准确性和完整性，同时建立严格的信用审批流程和风险预警机制，及时发现和处置潜在的违约风险。在操作风险方面，应加强系统的维护和监控，定期进行系统升级和安全检测，提高系统的稳定性和可靠性；加强员工培训，规范操作流程，减少人为失误。在技术风险方面，应强化数据安全管理，采用加密技术、访问控制等手段保护数据安全；建立应急响应机制，应对可能出现的技术故障和网络攻击；完善监管机制，加强行业自律和政府监管，确保智能金融服务在合规的框架内发展，降低风险发生的概率和影响程度。

（2）发展趋势

未来，人工智能有望迈向更高级阶段，具备更强的认知和决策能力。强化学习技术将使智能金融系统在复杂多变的市场环境中自主学习最优策略，实现更精准的投资决策和风险控制。量子计算技术若取得突破，将极大提升数据处理速度，使金融机构能够瞬间完成复杂海量数据的分析，挖掘出更具价值的市场信息。在大数据领域，数据来源将更加广泛和多样化，包括物联网设备产生的实时数据。同时，数据隐私保护技术（如联邦学习）将得到更广泛应用，在确保数据安全的前提下实现跨机构数据的联合分析，提升金融服务的精准度。区块链技术将朝着更高效、更易用的方向发展，在性能提升的同时降低应用门槛，推动跨境支付、供应链金融等领域的大规模应用，进一步提升金融交易的透明度和安全性，全方位推动智能金融服务向更高层次升级。

未来，智能金融服务模式将发生深刻变革。更加注重个性化服务是一大显著趋势，借助先进技术深入剖析每个用户的独特需求、风险偏好和财务状况，提供完全定制化的金融产品与服务。从投资组合到保险方案，都将因人而异。跨界融合也将越发普遍，金融与医疗、教育、交通等行业深度结合，创造出全新的服务模式。例如，与医疗健康领域合作，推出与健康状况挂钩的保险产品；与教育行业联手，提供个性化的教育金融规划。这对金融行业而言，意味着拓展了业务边界，提升了竞争力，但也面临跨行业协调管理的挑战。对用户来说，他们能享受到一站式、综合性的金融服务，满足多样化生活需求，提升生活品质。不过，也需要关注不同行业融合带来的潜在风险。

智能金融服务市场未来发展前景广阔，市场规模有望持续快速增长。随着科技的普及和消费者对便捷金融服务需求的增加，智能金融服务将覆盖更广泛的人群和地区，尤其是新兴市场和年轻一代消费者，为市场增长注入强大动力。同时，金融机构为提升竞争力，也将加大在智能金融领域的投入，推动服务创新和升级。然而，市场发展也面临诸多挑战。技术更新换代快，金融机构需不断投入资源进行技术研发和系统升级，以跟上时代步伐。监管政策的不确定性也带来风险，新的智能金融业务模式可能需要新的监管规则，监管滞后或过于严格可能影响市场发展。此外，消费者对数据安全和隐私保护的担忧若不能有效解决，也可能阻碍智能金融服务的推广。总体而言，机遇大于挑战，智能金融服务市场将在创新与规范中持续发展壮大。

▶▶▶ 11.1.3 AI 在风险管理中的应用

1. AI 驱动风险管理范式革新

传统风险管理在很大程度上依赖历史数据和人工经验，这种方式在稳定性方面具有一定优势，但也存在响应滞后、覆盖面有限等不足。随着 AI 技术的快速发展和广泛应用，风险管理领域迎来深刻变革。图 11-3 所示为传统风险管理与 AI 风险管理流程的对比。

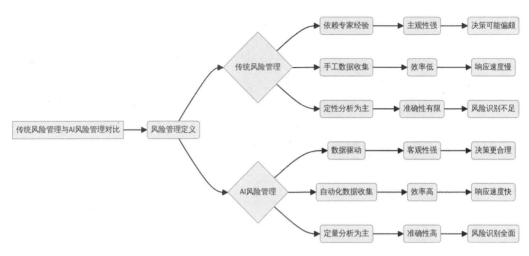

图 11-3　传统风险管理与 AI 风险管理流程对比

AI 技术的引入带来了三大变革。

（1）预测性增强

传统风险管理往往只能基于已有的历史数据进行事后分析，难以提前识别潜在风险。AI 技术，特别是大数据分析和机器学习算法，能够处理和分析海量、多样化的非结构化数据，如社交媒体上的言论、卫星图像、新闻报道等。通过对这些数据的深度挖掘，AI 可以提前识别风险信号，为风险管理者提供更早的预警，使其有充足的时间采取预防措施。

（2）精准性提升

传统风险管理中的风险评估往往依赖人工经验和简单的统计模型，难以准确捕捉复杂风险因子之间的关联关系。机器学习模型，尤其是深度学习等先进算法，能够自动学习和识别风险因子之间的复杂非线性关系。这种精准的风险评估能力使得机器学习模型在风险识别的准确率上超过了人类专家，为风险管理提供了更为可靠的依据。

（3）实时性提高

传统风险管理流程往往烦琐且耗时，难以及时应对快速变化的市场环境。AI 技术的引入，特别是实时数据处理和决策系统的应用，极大地提高了风险管理的实时性。以美国某银行部署的 AI 反欺诈系统为例，该系统能够将交易风险评估时间从原来的 3 分钟缩短至 50 毫秒，几乎实现了实时风险评估和决策。

AI 技术的引入为风险管理带来了预测性、精准性和实时性的三大变革。这些变革不仅提高了风险管理的效率和准确性，还为金融机构和企业提供了更强的风险防控能力，有助于保障其业务的安全稳定发展。随着 AI 技术的不断进步和应用场景的拓展，风险管理领域将迎来更多的创新和突破。

2. 核心应用场景与案例解析

（1）金融风险管理

图 11-4 为 AI 信用评分模型特征权重热力图。图中展示了机器学习模型评估个人信用的核心特征（如年龄、收入稳定性、消费习惯等）及其影响权重。在热力图中，收入稳定性呈现较深的颜色，表明它是评估个人信用重要的特征之一。收入稳定性反映了借款人的经济来源是否可靠，是判断其还款能力的重要依据。消费习惯在热力图中也呈现较深的颜色，说明它在信用评分中占有一定权重。消费习惯体现了借款人的财务管理能力和生活态度，对评估其信用风险具有重要意义。

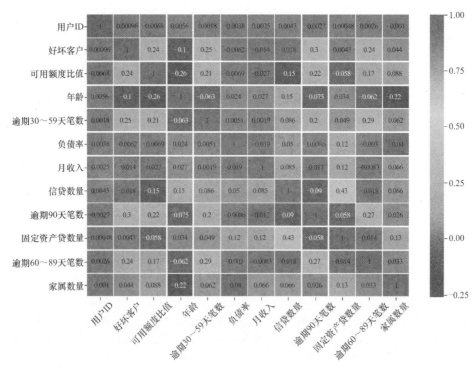

图 11-4　AI 信用评分模型特征权重热力图

① 蚂蚁集团"蚁盾"：整合了 5000 多个维度的数据，包括收入稳定性、消费习惯等多方面的信息，通过机器学习模型对这些数据进行深度挖掘和分析，将小微企业贷款违约预测准确率提升至 95%。这体现了 AI 技术在信用风险评估中的强大能力，显著提高了预测的准确性和可靠性。

② 摩根大通 LOXM 系统：该系统采用强化学习算法，能够在极端市场波动中自动调整交易策略，通过实时监测市场动态和交易风险，每年规避损失超过 1.5 亿美元。这展示了 AI 技术在市场风险预警方面的应用潜力，帮助金融机构有效应对市场波动和风险。

③ 德意志银行 AI 监控系统：系统每年分析 1.2 亿条通信记录，通过机器学习模型检测内幕交易等违规行为，内幕交易检出率提高了 3 倍，有效提升了操作风险防控能力。这说明 AI 技术在操作风险防控方面具有优势，能够显著提升监控效率和准确性。

（2）供应链风险管理

供应链风险管理不仅是企业日常运营中的关键环节，更是确保企业长期稳定发展的基石。在全球化、数字化的今天，供应链变得前所未有的复杂，涉及原材料采购、生产制造、物流配送、销售服务等多个环节，以及众多供应商、合作伙伴和客户。因此，全面、有效的风险管理对于保障供应链的顺畅运行至关重要。

① 联合利华 AI 系统：该 AI 系统不仅整合了气象数据，还结合了历史销售数据、市场趋势、促销活动等多种信息，通过深度学习算法进行综合分析。系统能够自动调整预测模型，适应市场变化，提高预测的准确性和灵活性。这种准确的销售预测有助于联合利华优化库存管理，减少库存积压和缺货现象，提高资金利用率。同时，及时的市场响应能力也增强了联合利华的市场竞争力，提升了客户满意度。

② Flexport：在俄乌冲突期间，Flexport 不仅动态调整了海运路线，还采取了多种物流策略，如空运、陆运等，以确保客户货物的及时送达。Flexport 与客户紧密合作，共同制订应急计划，应对突发事件带来的物流挑战。Flexport 的物流优化系统基于大数据和 AI 技术，能够实时监控全球物流网络的状态，快速响应变化。系统还具备智能推荐功能，能为客户提供最优的物流方案和建议。

③ 华为供应链大脑：华为的供应链大脑系统建立了一套完善的供应商评估体系，包括财务指标、生产能力、技术实力、合规性、环境责任等多个方面。系统通过大数据分析，对供应商进行全面、客观的评估，识别潜在风险。对于高风险供应商，华为可能采取多种风险管理措施，如加强监控、要求整改、寻找替代供应商等。同时，华为与供应商建立长期合作关系，共同提升供应链的稳定性和可靠性。

▶▶▶11.1.4　案例分析：蚂蚁集团的金融科技创新实践

蚂蚁集团起步于 2004 年，经过近二十年的发展，其已成为世界领先的互联网开放平台。目前，蚂蚁集团通过科技创新助力合作伙伴，为消费者和小微企业提供普惠便捷的数字生活及数字金融服务；持续开放产品与技术，助力企业实现数字化升级与协作；在全球范围内广泛开展合作，服务当地商家和消费者，实现"全球收""全球付"和"全球汇"。

作为全球领先的金融科技平台，蚂蚁集团通过 AI 驱动的技术创新，重构了普惠金融的服务模式。截至 2023 年，其 AI 风控系统日均处理数据量达 700TB，服务用户超过 10 亿，不良贷款率控制在 1.5%以下，远低于传统金融机构。

1. AI 技术体系与金融场景的深度融合

（1）多模态数据治理体系

蚂蚁集团的数据质量治理架构如图 11-5 所示。其中，构建了金融知识联邦网络，整合了21 类数据源，包括：支付数据——年处理交易笔数达 5.8 万亿，覆盖 70 种货币；IoT 数据——接入 4000 万台智能设备，监测供应链物流异常；卫星遥感数据——识别农业资产的精度达 0.5米，服务 180 万农户；生物特征数据——眼纹识别误的识率小于千万分之一，支撑 3 亿账户的安全。其中，多源数据价值挖掘的对比如表 11-2 所示。

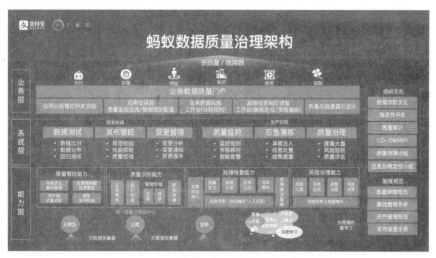

图 11-5　蚂蚁集团数据质量治理架构

表 11-2　多源数据价值挖掘对比

数据类型	处理技术	业务价值转化率	应用案例
时序支付数据	LSTM+Transformer	78%	商户现金流预测
地理围栏数据	空间聚类算法	65%	区域金融风险预警
设备传感器数据	边缘计算+联邦学习	82%	工程机械融资租赁风控
语音交互数据	方言 NLP 模型	91%	农村用户信用补充评估

（2）算法工程创新突破

① 蚁脑决策引擎：采用混合专家系统（MoE）架构，动态组合 200 多个子模型；在信贷审批场景中实现 97.3% 的自动决策率。

② 风险对抗学习框架：构建虚拟黑产攻击实验室，日均生成 1.2 亿个对抗样本；将资金盗用检测模型的迭代周期压缩至 4 小时；AUC 值高达 0.992，FPR 控制在 0.005% 以下。表 11-3 展示蚂蚁金融科技产品的 AI 赋能对比情况。

表 11-3　蚂蚁金融科技产品 AI 赋能对比

产品线	AI 技术应用	关键指标	传统方式对比提升
芝麻信用	图神经网络信用评估模型	覆盖 5.8 亿无征信记录人群	风险评估效率提高 80%
网商银行	卫星遥感+IoT 农业贷风控	农村小微贷款平均审批时间 3 分钟	人工审核成本下降 75%
余额宝	强化学习流动性管理	七日年化收益波动率控制在 0.15% 以内	资金利用率提高 40%
相互宝	医疗 NLP 智能核保	理赔材料审核自动化率 91%	处理时效提高 65%

2. 核心产品矩阵的智能化跃迁

（1）普惠信贷革命

① 310 模式技术拆解：①3 分钟申请：OCR 自动识别 45 种证件类型，准确率达 99.89%；②1 秒风控：实时计算 2000+ 风险指标，决策流并行处理技术；③0 人工干预：智能工单系统自动处理 98.7% 的异常案件。

② 卫星遥感助贷系统：①多光谱影像分析：识别作物种类准确率达 92%，产量预测误差<8%；②山东寿光蔬菜大棚融资，单户最高授信 300 万元；③经济价值：帮助 12 万农户获得贷款，户均增收 3.2 万元。

表 11-4 为传统信贷与 AI 信贷对比。

表 11-4　传统信贷与 AI 信贷对比

维度	传统模式	蚂蚁模式	提升幅度
审批时效	3～7 个工作日	180 秒	99.3%
单笔成本	150 元	0.8 元	99.5%
数据维度	15 项	1200+项	7900%
长尾覆盖	35%	83%	137%

（2）智能理财创新

① AI 资产配置引擎

蚂蚁集团的 AI 资产配置引擎颠覆了传统理财的标准化模式，通过深度学习用户全生命周期数据，构建个性化的动态投资策略。该系统整合了 2000 万+用户行为数据、150+宏观经济指标及实时市场信号，实现资产组合的持续优化。

用户画像建模：整合支付宝消费、余额宝持仓、信用评分等 80 多项数据维度，构建 360° 用户画像；应用图神经网络挖掘隐性关联，例如发现某用户频繁浏览教育基金产品时，系统会自动提升子女教育储备金配置权重。

多目标优化算法：采用改进型 NSGA-Ⅱ算法，在收益最大化、风险最小化、流动性最优化之间寻找帕累托最优解；引入量子退火算法处理万亿级资产组合可能性，求解速度较传统方法提高 120 倍。

动态再平衡机制：基于强化学习的智能调仓系统，每日评估市场波动、用户收支变化等 300 项因子。

表 11-5 为传统 FOF 与 AI 增强 FOF 的对比。

表 11-5 传统 FOF 与 AI 增强 FOF 对比

指标	传统 FOF	蚂蚁 AI-FOF	优化幅度
年化波动率	12.3%	6.7%	-45.5%
最大回撤	18.2%	9.8%	-46.2%
股债配置调整频率	季度	实时	$+\infty$
个性化组合数量	5 档	2700 万种	超过 5.4×10^{9}%

② 市场情绪感知系统

蚂蚁的市场情绪感知系统构建了全球领先的金融语义网络，实时解析文本、语音、视频中的情绪信号，为投资决策提供前瞻性指引。该系统日均处理非结构化数据达 15TB，情感识别准确率突破 91%，远超彭博社 SENT 系统 82% 的行业基准。

多模态数据融合：文本处理中采用 ELECTRA-Large 模型，在金融语料微调后 $F1$ 值达到 0.93；语音解析中方言识别覆盖我国 98% 的区县，粤语情感判断准确率达到 89%；视频分析中通过 3D-CNN 捕捉财经节目嘉宾的微表情，识别隐性市场预期。

情绪量化引擎：构建金融情感词典，包含 8.7 万条专业短语及其关联强度；开发情绪传导模型，量化分析"半导体缺芯"等事件对上下游产业链的影响路径。

预测模型创新：使用 Transformer-XL 捕捉长程情绪依赖，预测未来 7 日市场波动方向的准确率达到 68%。

3. 监管科技与可持续发展

（1）智能合规体系

金融合规管理正从"人肉合规"向"智能治理"跃迁。蚂蚁集团构建的智能合规体系日均处理监管数据超过 20TB，覆盖 1200 多个动态监管指标，实现从被动响应到主动适应的模式转变。该系统使跨境支付等复杂业务的合规效率提升 6 倍，人工干预量下降 82%，为全球数字金融合规提供了创新范式。

① 构建多模态合规数据库：收录 68 个国家（地区）的金融法规，支持 45 种语言的实时互译；应用法律 NLP 技术，自动提取监管要点的准确率达到 92%。其中，在欧盟 MiCA 加密资产法规发布后，3 小时内完成 300 多条合规点的映射。

② 监管认知智能突破：整合 500 多个宏观经济指标与政策信号，应用 Transformer-XL 模型实现 6 个月的监管政策方向预测。其中，提前预警香港虚拟资产服务提供商（VASP）牌照制度修订，助力客户提前 9 个月做好准备。

蚂蚁集团通过构建全栈式智能内容合规审核平台，为金融、互联网、政企、传媒等行业客户提供一站式智能内容合规审核解决方案。这一平台支持文本、图片、语音、视频、直播、文件等全媒体格式的营销宣传内容识别，通过结构化内容特征进行规则推理，完成风险决策和处置，有效降低了机构的营销合规风险。

在智能合规体系的技术实现上，蚂蚁集团充分利用了 AI 技术及专家经验解读。合规专家将审核经验总结成规则或违规风险点，基于特定审核场景，融合各类算法模型构建复杂且精准的策略体系，打造以感知引擎、认知引擎、决策引擎为核心的多媒介金融风险精细化审核引擎。同时，该体系还通过小样本学习、主动学习、噪声学习等技术优化算法模型，降低了合规专家标注的人工成本和时间成本，提高审核效率和准确性。蚂蚁集团的智能合规体系不仅提升了合规审核效率，还通过技术创新和业务创新，推动了金融行业的合规管理向智能化、高效化方向发展。

（2）科技伦理治理

将科技伦理建设纳入集团的战略规划，并成立了专门的科技伦理委员会。该委员会由公司内部管理层与业务部门共同参与，并引入了外部资深专家提供指导，形成了常态化的科技伦理治理机制。通过这一机制，蚂蚁集团能够全面审视和评估其业务和产品生命周期中的科技伦理风险，确保技术应用的合规性、安全性和可靠性。此外，蚂蚁集团还积极参与制定和推广科技伦理标准，为行业的健康发展贡献智慧和力量。

注重实践与创新。公司围绕数据、人工智能、分布式计算与安全等前沿科技领域，持续加大科研经费投入，并积极探索科技伦理规范。例如，在人工智能领域，蚂蚁集团秉持"AI First"战略，将科技伦理作为核心组成部分，通过制定《蚂蚁集团生成式人工智能大模型及应用管理规范》等管理规范，搭建大模型"两守一攻"的保障模式，确保大模型的安全、可靠运行。同时，蚂蚁集团还积极运用区块链、隐私计算等技术手段，保护用户隐私和数据安全，推动产业数字化协作的健康发展。

强调开放合作与共建共治。公司秉持开放合作、共同发展的原则，与高校、科研机构等开展广泛合作，共同推动前沿科技的探索与研发。此外，蚂蚁集团还积极参与政府、行业、专家、用户等多方的沟通与交流，共同推动科技伦理治理体系的完善和发展。通过开放合作与共建共治，蚂蚁集团不仅提升了自身的科技伦理治理水平，也为行业的健康发展注入了新的活力。

4. 未来战略与行业启示

（1）未来战略布局：技术穿透与生态重构

蚂蚁集团作为全球金融科技创新的领军者，正以技术为核心驱动力，重构金融服务的成本结构、风险逻辑和价值边界，为行业数字化转型提供系统性启示。

在技术深水区突破方面，蚂蚁集团致力于金融大模型战略，构建万亿参数级多模态模型，实现从数据分析到策略生成的认知跃迁。其测试中的"支衡 2.0"系统在投资组合优化任务中已超越98%的专业分析师，展现出强大的智能投研能力。此外，蚂蚁集团还积极探索前沿技术融合，如量子机器学习在反洗钱网络识别中的应用，以及神经拟态计算在实时风控中的突破，显著提升了金融服务的效率和安全性。

全球化 3.0 战略是蚂蚁集团的另一大核心方向。通过技术标准输出和基础设施共建，蚂蚁集团正在全球范围内推广其金融科技解决方案。在 9 个国家部署本地化数字支付系统，适配 43 种监管框架，展现了强大的全球适应能力。同时，蚂蚁集团还联合开发多边央行数字货币桥（m-CBDC），支持 17 种货币的实时清算，进一步推动了全球金融基础设施的互联互通。

（2）社会价值创造：从商业成功到生态赋能

蚂蚁集团不仅追求商业成功，更致力于通过技术创新为社会创造价值。在普惠金融深化方面，蚂蚁集团利用卫星遥感技术助贷，覆盖了 2800 个农业县，户均贷款额度提升至 8.5 万元，有效解决了农村金融服务难题。同时，其方言 NLP 系统支持 56 种地方语言，农村用户服务渗透率达到 79%，进一步提升了金融服务的普惠性。

在绿色金融创新方面，蚂蚁集团构建了碳账户体系，连接了 4.5 亿用户的绿色行为，累计减排量相当于种植 1.2 亿棵树木。其绿色债券智能评级系统将评估成本压缩至传统方法的 15%，显著提高了绿色金融的效率。此外，蚂蚁集团还开发了气候压力测试模型，覆盖了 80%的资产组合，提前预警高碳产业转型风险，为金融机构提供了有力的风险管理工具。

（3）行业启示：数字金融转型方法论

蚂蚁集团的实践为行业提供了宝贵的数字金融转型方法论。在技术架构重构方面，蚂蚁集团采用混合云战略，建设"核心系统+创新中台"双模 IT 架构，显著提升了系统的并发处理能力和灵活性。同时，其开放 API 平台日均调用量突破 210 亿次，生态合作伙伴增长至 3.8 万家，形成了强大的金融科技生态。

在组织能力进化方面，蚂蚁集团建立了人机协同模式，通过"AI员工数字孪生"系统提升客户经理的人均产能，并通过智能工单系统自动处理常规操作，释放了大量人力投入创新业务。此外，蚂蚁集团还构建了敏捷治理体系，通过监管沙盒机制缩短创新产品上市周期，并通过动态合规看板实时监控监管指标，有效降低了合规风险。

（4）挑战与破局：平衡创新与稳健的艺术

在金融科技快速发展的同时，蚂蚁集团也面临诸多挑战。在技术伦理治理方面，蚂蚁集团建立了算法偏见检测指标体系，覆盖7类歧视风险维度，并通过模型可解释性工具降低黑箱决策的比例。在系统性风险防控方面，蚂蚁集团开发了数字金融压力测试平台，模拟极端场景下流动性冲击的传导路径，有效提升了金融机构的风险管理能力。此外，在全球化合规适应方面，蚂蚁集团构建了多宗教金融合规引擎和本地化数据中台，满足了不同国家和地区的隐私法规要求。

蚂蚁集团的实践揭示了金融科技革命的本质：通过技术密度提升服务温度，借助数据智能扩大普惠半径。未来五年，行业将见证金融服务从产品中心转向用户数字生命周期的价值陪伴，从历史数据依赖转向实时行为预测的动态模型定价，从滞后约束转向与技术创新同步进化的敏捷治理等根本转变。蚂蚁集团的探索证明，金融科技的未来不在于颠覆传统，而在于用技术重释金融本质——让价值流动更安全、更高效、更具包容性。这既是商业机构的进化方向，更是数字时代金融文明的必然选择。

11.2 AI+公共管理

随着数字化转型的深入，人工智能正在重塑公共管理范式。传统治理模式依赖人工决策与经验驱动，常面临效率低下、响应滞后、资源分配不均等挑战。AI 通过大数据分析、智能算法与自动化工具，为公共管理注入"智治"基因。从交通拥堵的实时优化到应急事件的精准预警，从政务服务的"无感办理"到政策制定的仿真推演，AI 不仅提升了管理效率，还推动了治理模式从"被动应对"向"主动服务"转型。与此同时，AI 与云计算、物联网、区块链等技术融合，正在构建全域感知、协同联动的智慧治理体系。这一变革不仅重塑了政府与公众的互动方式，也为城市韧性、社会公平与可持续发展提供了新的可能性。AI+公共管理既是技术赋能的必然趋势，也是迈向精细化、人性化治理的关键路径。

AI+公共管理

▶▶▶ 11.2.1 智能政务与电子政务

1. 电子政务的起源与局限——从电子化到智能化的治理革命

电子政务（E-Government）诞生于 20 世纪 80 年代，是政府信息化进程的起点。其核心目标是通过计算机技术和网络通信技术实现政务流程的数字化和自动化。早期的电子政务以办公自动化系统为核心，虽初步解决了信息发布和简单线上服务的问题，但受制于管理体制碎片化，存在三个显著缺陷。

（1）数据孤岛：部门系统各自为政，跨层级、跨领域数据共享困难（如户籍系统与社保系统无法互通，导致群众办理医保时需多次提交相同材料）。

（2）服务被动：政务服务以"申请—审批"模式为主，需群众主动跑腿（如 2015 年国务院会议批评的"证明你妈是你妈"事件）。

（3）协同低效：跨部门协作依赖人工协调，响应速度滞后（如丰县市民办理营业执照需往返 11 次的事件）。

2. 智能政务的崛起与范式突破

2016 年，我国提出"互联网+政务服务"战略，标志着智能政务（Smart Government）的全面启动。智能政务以电子政务为基础，依托云计算、大数据、人工智能、物联网等新一代信息技术，推动政府职能向"智能化、主动化、精准化"转型。其本质是通过数据深度挖掘与智能应用，重构政府业务流程与服务模式，例如从"人找服务"到"服务找人"：基于用户行为数据预测需求，主动推送个性化服务；从"经验决策"到"数据决策"：利用 AI 算法分析海量数据，优化政策制定；从"部门本位"到"用户中心"：以企业和居民需求为导向，整合跨部门资源。随后，智能政务进入快速发展阶段，它以电子政务为基础，更强调利用前沿技术实现政府管理与服务的智能化升级，构建高效、便民、智慧的新型政府治理体系。与传统电子政务相比，智能政务具有透彻感知、快速反应、主动服务、科学决策的特征。智能政务的落地依赖以下四大核心技术的深度融合。

（1）人工智能：政务流程的"智慧大脑"。通过机器学习、自然语言处理和计算机视觉等技术，人工智能在政务中主要承担自动化处理、智能分析与决策支持功能。

典型案例：

北京市金融风控：AI 分析企业税务、工商数据，识别偷税漏税行为，准确率超过 90%，年挽回财政损失超过 10 亿元；浙江省"浙政钉"：AI 自动分类公文、生成会议纪要，日均处理 500 万条政务信息，效率提升 50%。

（2）云计算：云计算通过构建弹性可扩展的政府云平台，成为打破数据壁垒的"数字底座"。依托基础设施即服务（Infrastructure as a Service，IaaS）、平台即服务（Platform as a Service，PaaS）、软件即服务（Software as a Service，SaaS）等形式，集中管理分散的政务系统，实现资源统一调度。

典型案例：

北京海淀区"城市大脑"：整合 55 个政务系统，覆盖 430 平方千米区域，日均处理 6000 万条数据，数据调用效率提高 40%。福建政务云：支撑电子证照库生成 494 类 150 万本电子证照，减少群众提交材料数量 70%。

（3）物联网：城市运行的"感知神经"。物联网通过部署海量传感器与智能终端设备，构建城市运行的"感知神经"，实现物理世界与数字世界的深度融合。其功能不仅局限于设施监测，还延伸至数据驱动决策、资源动态优化与民生服务升级。

典型案例：

上海浦东智能井盖：部署 10 万个倾斜传感器，井盖倾斜超过 15° 即触发报警，事故响应时间缩短 70%；杭州电梯安全监测：通过陀螺仪和摄像头识别电梯故障，自动报警并远程安抚被困人员，救援效率提升 50%；广州天河区利用 IoT 门禁系统，结合人脸识别与体温监测，实现疫情期间无接触出入管理；上海长宁区为独居老人安装智能手环，实时监测心率和位置，异常时自动通知社区医护人员。

（4）区块链：可信协同的"安全锁"。区块链技术的去中心化、不可篡改、可追溯特性，为智能政务提供了数据可信存证、跨域协同信任、隐私安全保护、流程透明监管等核心能力。

典型案例：

广州南沙区利用区块链技术实现港澳居民便捷办理内地政务，流程耗时减少 80%，2023 年服务超过 10 万人次。

在智能政务中，政府信息化建设模式将从"以政府部门为中心"向"以企业和居民为中心"转变，整合有关部门的信息资源，开展面向企业和居民的全生命周期的管理和服务。例如，智能政务的门户网站可以通过分析某个客户的浏览记录、办事规律或注册客户信息（如年龄、职业、收入等），主动推送相关服务。智能政务的建设路径如下。

（1）建设集中统一的政府云

针对当前政府电子政务建设中存在的资源分散、标准不一、效率低下等问题，需通过云计算技术实现数据大集中、平台集约化，具体路径如下。

① 整合资源，构建统一云平台。整合各部门分散的机房与计算资源，建设基于云计算的政府数据中心，实现软硬件统一采购、统一运维，降低资源闲置率。采用分层架构支撑，如 IaaS：提供虚拟化服务器、存储、网络资源；PaaS：搭建政务应用开发与运行环境；SaaS：推进办公自动化、人事管理、财务管理等系统的云端化部署。

② 优化政务系统架构。采用政府网站群建设：以政府门户网站为主站，部门网站为子站，实现信息互通与统一管理；采用标准化软件采购：通过 SaaS 模式统一政务软件标准（如财务、人事系统），避免重复采购与资源浪费。

③ 推进业务协同与共享。采用跨部门数据共享：通过云平台打通部门间数据壁垒（如户籍、社保系统互通），支持"一网通办"服务；采用智能运维与灾备：建立异地容灾备份机制，保障政务数据安全。

（2）大力发展移动电子政务

移动电子政务通过技术升级与系统改造，实现政务服务的移动化与智能化，为市民提供全天候、无地域限制的服务。政府部门需对现有政务信息系统进行适配性改造，增加移动数据接口，确保跨平台兼容性（如支持 Android、iOS 系统等），并集成生物识别技术（如人脸识别、指纹认证等）和数字证书加密技术，保障用户身份与数据安全。同时，通过开发统一政务 App，整合分散的公共服务事项（如社保查询、公积金提取、证件办理、缴费服务等），形成覆盖自然人（个人）与法人（企业）全生命周期需求的一体化平台。如图 11-6 所示，以深圳市统一政务服务 App"i 深圳"为例，其汇聚便民查询、办事服务、交通出行、教育医疗、生活服务等六大板块，提供 4000 余项线上服务，涵盖社保缴纳、企业开办、水电费缴纳等高频需求。市民实名登录后即可"指尖办理"，实现政务服务"零跑动"。此外，通过电子签名、电子证照等技术推动行政无纸化，政策解读与办事进度信息实时推送，减少线下传递成本。深圳实践显示，该 App 用户超过 800 万，政务服务线上办理率达到 90%，市民办事耗时从 2 小时缩短

图 11-6　深圳市统一政务服务 App

至 15 分钟，满意度达到 97%。移动电子政务的核心价值在于打破时空限制，通过跨部门数据联动（如交通违章处理联动交警与银行系统）提升效率，构建"政务+生活"生态圈，最终实现从"线下跑腿"向"掌上通办"的转型，为智慧政府建设提供高效、包容的公共服务支撑。

（3）推进"数据大集中"，促进政府信息公开

推进"数据大集中"需整合分散的政府数据资源，打破部门间的数据孤岛，构建统一的数据管理与开放平台，以提升公共管理智能化水平并推动社会创新。首先，通过大数据技术对海量政务数据进行集中存储、清洗与挖掘，整合户籍、社保、税务等多源数据，形成结构化、机器可读的数据集。采用全领域数据归集模式，利用扫描与机器识别技术将历史数据数字化，确保数据格式规整、跨系统兼容。其次，拓展信息公开渠道，建设政府数据开放网站，分类开放农业、教育、能源、金融等领域的非涉密数据，支持公众、企业与科研机构开发利用，从而帮助企业利用交通数据优化物流路径，为学者分析环境数据以推动低碳政策提供支持。此外，还需通过法律与制度建设明确数据开放边界与标准，规范数据采集、存储、共享流程，保障数据安全与隐私。如图 11-7 所示，美国 Data.gov 网站公开自建国以来的历史数据，涵盖消费、就业、

公共安全等全领域，数据格式高度标准化，既支持人工查阅也适配机器分析，有效推动科研创新与社会效率提升。通过借鉴其经验，结合本土需求，构建分层次的开放体系，可提供基础数据免费共享、增值数据授权使用，并通过激励机制鼓励第三方开发便民应用。最终目标是实现数据从"部门私有"向"社会共有"的转型，为智慧政府与数字经济发展提供底层支撑。

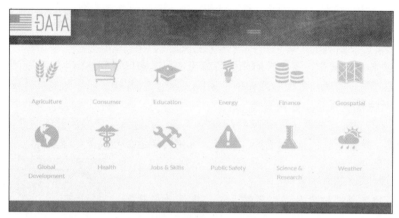

图 11-7 美国 Data.gov 网站

（4）推进"互联网+政务服务"

推进"互联网+政务服务"旨在通过技术赋能与制度创新，打破部门信息壁垒，构建全流程、多渠道、一体化的便民服务体系，核心举措如下。

① "一号"申请：简化流程，避免重复。

以居民身份证号码为唯一标识，建立全国统一的电子证照库，整合个人及企业证照信息（如居民身份证、营业执照、社会保障卡等），通过标准化电子证照目录与跨区域互认共享机制，实现群众办事"一次认证，全网通办"。例如，在 80 个信息惠民试点城市中，群众办理异地业务时无须重复提交纸质证明，材料精简率达到 70%。同时，制定《电子证照跨地区互认共享标准》，规范数据格式与安全协议，确保信息互联互通。

② "一窗"受理：线上线下协同，提升效率。

改革传统政务服务模式，建立"前台综合受理、后台分类审批、统一窗口出件"的一体化流程。通过全国数据共享交换平台，联通人口、地理、电子证照等基础数据库，实现跨部门业务协同，升级实体大厅功能，同步构建线上"一窗受理"系统，支持事项在线申报、进度实时查询。据统计，2023 年全国政务服务事项网上可办率已超 90%。

③ "一网"通办：数据驱动，精准服务。

构建覆盖全国的统一政务服务平台（"一张网"），整合教育、医疗、社保等民生服务资源，利用大数据分析用户行为，实现个性化服务推送。通过统一身份认证体系（如人脸识别、数字证书等），联通实体大厅、网站、App、热线等多渠道入口，实现"多点受理""无缝切换"。通过"一号一窗一网"的深度整合，"互联网+政务服务"不仅破解了"办事难、办事慢、办事烦"的顽疾，更以数据共享与智能分析推动服务从"被动响应"向"主动推送"转型，为构建高效、透明、便民的智慧政府奠定坚实基础。

▶▶▶ 11.2.2 城市治理与综合服务

城市治理与综合服务是构建宜居、便捷、安全城市环境，推动城市可持续发展的关键。在信息技术蓬勃发展的当下，AI 作为核心驱动力，为城市治理与综合服务注入全新活力，助力其向智能化、精细化、人性化大步迈进，推动管理理念革新。传统城市管理以政府单一主体的行政管理为主，而现代城市治理强调政府、企业、社会组织、市民等多元主体共同参与。技术搭建起各方沟通协作的高效桥梁。例如，智能社区管理平台利用自然语言处理技术，使居民能够通过语音便捷地反馈问题、参与讨论。平台还借助机器学习算法对居民意见进行分析，为社区事务决策提供依据，实现社区环境整治、设施建设等项目的高效管理，增强居民的归属感与责任感，提升社区治理的效率与质量。

1. 赋能治理手段创新

（1）辅助大数据深度决策

城市中大量传感器和摄像头实时采集交通、环境、人口流动等多维度数据。机器学习算法对这些大数据进行深度挖掘，例如分析交通大数据，精准预测不同时段路段的交通流量，帮助交通运输部门优化公交线路，动态调整信号灯配时，以有效缓解交通拥堵。在城市规划方面，分析人口分布、土地利用等数据，为新城区建设和商业区布局提供科学依据。

（2）强化智能监管

在城市监管领域，图像识别和深度学习技术发挥了关键作用。智能摄像头能够自动识别违法停车、占道经营、垃圾分类不规范等行为，并及时将信息反馈给执法部门。在生态环保方面，算法可以对环境监测数据进行分析，提前预警环境污染事件，例如通过卫星图像识别森林砍伐、水体污染等情况，为环境保护提供有力支持。如图 11-8 所示，新津区借助"智慧新津"数据底座的视频感知系统，利用 AI 技术对城区市容秩序

图 11-8　新津区"智慧新津"数据底座的视频感知系统

进行 24 小时全方位监测，能够自动识别乱堆物料、占道经营、非机动车乱停放等问题，并自动取证上报。据公开报道，新津城市智管服务平台利用 AI 技术发现城市管理问题，其处置完成率高达 96%以上。

（3）优化物联网应用

物联网将城市各类设备连接成有机整体，AI 进一步优化其应用。智能路灯借助 AI 根据环境光线和交通流量自动调节亮度，既节能又保障照明；智能井盖通过传感器和 AI 实时监测状态，一旦发生位移、破损等异常，立即发出警报。在上海徐汇区田林十二村，智能感知设备遍布小区：消防栓安装了电子监控系统，采用太阳能供电，并自动监控水温、水压变化；烟感报警器安装在独居老人家中，与子女的手机相连；窨井盖装有传感器，出现下水道倒灌等异常情况时会主动通知工作人员，小区的人流、车辆也实现实时监测。此外，在智能家居领域，如小米智能家居系统，利用 AI 语音助手"小爱同学"，用户可实现对家中各类智能设备的语音控制。用户只需说出指令，就能轻松控制灯光的开关与亮度调节、空调温度设定、窗帘开合等。系统还能根据用户的日常习惯，在特定时间自动执行一系列场景模式，比如晚上回家自动开灯、拉上窗帘，早上自动开启窗帘、播放新闻等，极大提升了居民生活的便捷性和智能化体验。

2. 助力城市安全保障

（1）智能安防监控

AI 赋能的安防监控系统通过人脸识别、行为分析等技术，对公共场所进行 24 小时实时监控。在机场、火车站等人群密集场所，系统能够快速识别可疑人员，预防犯罪行为发生。同时，利用视频分析技术对城市重点区域进行周界防范，一旦发现非法闯入，立即报警。"QQ 全城助力"公益项目运用自主研发的跨年龄人脸识别技术，已协助警方和公益组织寻回上百名被拐和走失儿童，为家庭团聚提供了有力支持。

（2）应急管理智能化

在自然灾害、公共卫生事件等应急管理中，AI 也发挥了重要作用。AI 通过对气象数据、地质数据的分析，提前预测自然灾害风险，如暴雨、地震等，为城市做好防范措施提供依据。在疫情期间，各地利用大数据追踪人员流动轨迹，结合智能体温检测设备，快速筛查发热人员。例如，通过分析人员出行数据和场所聚集情况，及时发现潜在传播风险点，为疫情防控提供精准数据支持，有效遏制疫情传播。

（3）网络安全防护

随着城市数字化程度的不断提高，网络安全变得至关重要。AI 技术被应用于网络安全防护，通过机器学习算法实时监测网络流量，识别网络攻击行为，如 DDoS 攻击（分布式拒绝服务攻击）、恶意软件入侵等。同时，AI 还能根据网络安全态势自动调整防护策略，保障城市关键信息基础设施的安全。蚂蚁集团与相关部门合作开发了伪基站实时监控平台，基于大数据和生物识别技术，能够精确定位 50 米。在试行的 4 个月中，该平台协助警方打击了 14 个伪基站涉案团伙，有力保障了网络通信安全。

3. 服务优化升级

（1）公共服务均等化：助力缩小城乡、区域公共服务差距

在教育领域，教育平台根据学生的学习情况提供个性化学习方案，促进教育资源均衡配置。在医疗领域，借助远程医疗系统和 AI 辅助诊断技术，患者能与大城市的专家进行视频会诊，获取专业诊疗建议。例如，某偏远山区医院利用 AI 分析患者的影像资料，辅助医生作出更准确的诊断，提升了当地的医疗服务水平。

（2）政务服务便捷化：推进"互联网+政务服务"，实现政务服务智能化

在电子证照、电子印章等技术的支持下，政务服务实现无纸化、智能化，提高办事效率。部分城市的政务服务平台利用自然语言处理技术，实现智能客服功能，解答居民的政策咨询，引导业务办理。例如，居民在线询问社保办理流程、公积金提取条件等问题时，智能客服能够快速、准确地回复，提高办事效率。

（3）生活服务个性化：分析居民生活习惯和需求，为居民提供个性化生活服务

智能推荐系统根据居民的兴趣爱好推送文化活动、旅游景点等信息；快递等生活服务平台利用算法优化配送路线，提高配送效率。例如，外卖平台利用 AI 算法，根据用户的历史订单、配送地址、用餐时间等数据，为用户推荐附近的美食，并优化配送路线，减少配送时间，满足居民多样化需求。

4. 可持续发展保障：绿色生态，韧性安全

（1）绿色生态城市建设

多个城市通过 AI 分析能源消耗数据，优化能源分配，推广新能源汽车，建设充电桩等基础设施，减少碳排放。在水资源管理方面，根据水质、水量数据，实现水资源的合理调配和循环利用，建设海绵城市，提高城市应对洪涝灾害的能力。

（2）韧性城市构建

提升城市应对各类风险的能力，AI 在基础设施韧性建设中发挥作用。多个城市在基础设施建设中运用 AI 模拟自然灾害对建筑物的影响，优化建筑设计，提高抗震标准。同时，建立健全应急管理体系，利用 AI 参与应急预案的制定和演练，加强应急物资储备管理，进一步提升城市应对各类风险的能力。

▶▶▶ 11.2.3　案例分析：深圳利用 AI 提升政务服务效率

在数字化转型的浪潮中，深圳积极引入 AI 技术，全面革新政务服务模式，显著提升服务效率，打造政务服务智能化的创新标杆。

1. 技术架构：筑牢智能政务基石

深圳构建了一套全方位、多层次的技术架构，为 AI 赋能政务服务筑牢根基。感知层通过遍布全市的政务服务大厅智能设备、线上平台数据采集接口等，广泛收集办事群众和企业的需求数据、行为数据。云计算平台提供弹性扩展的计算和存储资源，确保政务服务系统稳定运行，支撑海量数据的处理与分析。大数据中心整合税务、社保、工商等多部门数据，打破数据孤岛，形成统一的数据资源池。AI 算法中心运用自然语言处理、机器学习等前沿算法，对数据进行深度挖掘与分析，为政务服务优化提供精准依据。随着技术的发展，深圳持续升级这一架构，引入边缘计算技术以提升数据处理的实时性，加强安全防护技术以保障数据安全，从而适应不断增长的业务需求和复杂多变的应用场景。

2. 应用场景：创新驱动服务升级

（1）智能政务大厅服务升级

深圳多个区的智能政务大厅在服务升级过程中采取了许多创新举措，以提升服务效能。例如，宝安区接入"腾讯混元+DeepSeek"，结合专属知识库，在民生诉求、企业服务、政务办公、社会治理等 31 个业务场景中落地应用。宝安政务知识库已覆盖全区 14 个领域、20 个行业、3 万余条政务服务知识，并整合 60 多种原子能力，可快速部署智能应用。例如，在民意速办场景中，其利用 20 多个 AI 模型，在 1 秒内将 1 件诉求拆分成 290 项数据要素，自动归类识别同类事件，推动平均办理时间压缩至 2.75 个工作日；在企业服务场景中，AI 辅助政策标准化录入，数字化解析 AI 标签，累计智能打标超过百万次。

（2）线上政务服务优化变革

2025 年 2 月 22 日，深圳市政务服务和数据管理局在"i 深圳"App 上线试运行全国首个面向公众的实用型政务服务大模型应用"深小 i"，旨在解决企业和群众政策获取不便、理解困难、办理复杂等问题。它采用"大模型+知识图谱"的技术路线，依托 9 万余份政策文件、海量办事指南，以及 5000 余条真实问题和 71 种回答话术模板，梳理 6 个高频领域、超 200 万字的知识图谱。经实测，其在政务办事领域的一次解答精准率接近 90%，远超人工客服。同时，深圳建立了指标体系并对其进行内容安全测试，结果符合国家要求。未来，深圳将持续优化"深小 i"，提升政务服务智能化水平，助力打造优质营商环境和民生幸福标杆城市。

（3）政务数据智能分析与决策

深圳利用 AI 技术深入分析政务服务数据，通过分析群众办事频率、业务类型分布、办理时长等数据，精准找出政务服务中的堵点和痛点。例如，发现某区不动产登记业务等待时间较长是由于流程烦琐和信息共享不畅，相关部门据此优化流程、加强数据共享，使办理时间缩短 40%。同时，通过分析企业办事数据，了解企业发展需求，为制定针对性的惠企政策提供参考，助力企业发展。

3. 发展历程：从探索到深化创新

（1）探索起步阶段

早期，深圳聚焦政务服务信息化建设，搭建统一政务服务平台，整合分散的政务系统，初步实现政务服务线上办理，为引入 AI 技术奠定基础。2019 年 1 月上线的"i 深圳"App 汇聚多部门服务资源，让市民能够在移动端办理多项业务，但当时 AI 应用较少。

（2）初步应用阶段

随着 AI 技术的发展，深圳开始将其融入政务服务。基于人工智能、生物识别、大数据等技术，构建政策法规、审批事项等五大知识库，智能分析用户意图，实现查询、问答、办事"一键穿透"，提高咨询效率。同时，深圳率先启动"秒批"改革，借助 AI 和大数据技术自动审核部分高频事项申请，缩短办理时间，开启政务服务智能化新篇章。

（3）深化拓展阶段

2025 年，深圳福田区上线 70 名基于 DeepSeek 开发的 AI "数智员工"，覆盖政务服务全链条的 240 个业务场景。在公文处理上，格式修正准确率超过 95%，审核时间缩短 90%；"执法文书生成助手"能够将执法笔录秒级转化为文书初稿；民生诉求分拨准确率从 70% 提升至 95%。结合专属知识库，AI 在民生诉求、企业服务、政务办公等 31 个业务场景落地应用，提升政务服务的精准性、实时性和安全性。龙岗区在政务外网部署并上线 DeepSeek-R1 全尺寸模型助力政务办公流程优化。

（4）持续创新阶段

未来，深圳将持续探索 AI 与区块链、物联网等技术的融合，拓展政务服务智能化边界。在智慧养老领域，利用传感器和 AI 监测老年人健康状况，实现紧急救援；在智能教育方面，分析学生学习数据，提供个性化学习方案；在城市管理上，进一步优化交通、环境监测治理等场景，全方位提升城市治理和政务服务水平。

4. 合作模式与发展展望：多方协同，共创未来

深圳政务服务的 AI 创新实践采用 "政府+科技企业+科研机构" 的合作模式。政府发挥统筹规划和政策引导作用，科技企业提供先进的 AI 技术和解决方案，科研机构开展前沿技术研究和人才培养，各方协同合作，共同推动政务服务领域的 AI 应用创新。

未来，深圳将持续深化 AI 在政务服务中的应用。在技术融合方面，探索 AI 与区块链、物联网、大数据、5G、量子计算等技术的深度融合。借助区块链保障数据安全与可信共享，利用物联网拓展数据采集维度，结合大数据提升 AI 算法训练效果和决策精准度，借助 5G 实现政务服务数据的快速传输，探索量子计算在数据加密和复杂算法处理方面的潜力，以提升政务服务的智能化和高效化水平。

在场景拓展方面，进一步向医疗、教育、养老等民生领域延伸。打造智慧医疗服务平台，实现智能挂号、远程会诊、辅助诊断等功能；建设智慧教育政务服务系统，提供个性化学习资源推荐和教育政策智能解读；构建智能养老政务服务体系，实现老年人健康监测和养老服务精准推送等。同时，在城市规划、灾害管理、市场监管等领域挖掘 AI 应用潜力，优化现有应用场景，提升 AI 服务质量和用户体验。

在产业协同方面，发挥示范引领作用，吸引更多科技企业、科研机构参与 AI 政务服务建设，形成完整的产业链条，打造政务服务 AI 产业生态，推动产学研用深度合作，建立产业创新平台，培养专业人才，提升深圳在智慧城市建设领域的影响力和竞争力，将 AI 政务服务产业发展为新的经济增长点。

同时，加强数据治理与安全保障，建立健全数据管理制度，严格规范数据的采集、存储、使用、共享等环节，加强数据的分类分级管理，明确数据使用权限和范围，采用先进的数据加密技术、访问控制技术和安全防护措施，建立数据安全应急响应机制，加强市民数据安全教育，确保数据质量、安全和隐私保护，让市民放心享受智能化政务服务。加强区域合作与交流，与其他城市分享 AI 政务服务建设经验和成果，参与区域智慧城市协同发展项目，实现数据共享、技术互补、经验互鉴，共同探索 AI 在政务服务领域的创新应用模式，推动区域政务服务一体化发展，提升城市间协同治理能力，为全国政务服务智能化发展提供借鉴经验，引领智慧城市建设的新潮流。

5. 应用优势：提升效率，优化服务

（1）显著提升服务效率

企业开办全流程实现自动化审批，耗时从 1 天缩短至 10 分钟，2022 年服务超过 50 万家企业。"AI 秒批"系统显著提升高频政务事项的办理速度，企业开办、社保补贴申请、居住证办理等业务的办理时间大幅缩短，节省了市民和企业的时间成本，激发了市场活力。智能导办机器人

和智能客服能够快速解答疑问、提供指引，减少群众排队和咨询时间，使政务服务更加高效便捷。

（2）实现精准化服务

AI技术通过分析政务服务数据，精准把握市民和企业的需求，找出政务服务的堵点和痛点，为优化服务提供依据，使服务更贴合实际需求。在企业服务方面，AI通过分析企业办事数据，助力制定惠企政策，实现政务服务从"普适化"向"个性化"的转变。

（3）优化资源配置

在政务大厅，AI技术监测并分析人员流量和办事轨迹，合理调配窗口资源，提高服务效率，减少资源闲置和浪费。在数据处理方面，AI实现自动化审核和分析，减少人工干预，使政务人员能够投入更具创造性和复杂性的工作中，提升政务服务的整体效能。

（4）推动政务服务创新发展

深圳积极探索AI与区块链、物联网等技术的融合，拓展政务服务的边界。在智慧养老、智能教育等领域的探索，将为市民提供更加多样化、个性化的服务，推动政务服务迈向更高水平。

6. 数据安全治理：保障数据安全与隐私

（1）数据存储与传输加密

深圳在数据存储和传输环节采用加密技术，例如福田区在政务网上部署加密、访问控制等技术手段；宝安区结合专属知识库的私有化部署，对政务数据进行加密处理，保障数据在存储和传输过程中的安全性，防止数据被非法获取或泄露。

（2）严格权限管理与访问控制

实行严格的权限管理和访问控制机制，明确不同人员和系统对数据的访问权限。以福田区"AI数智员工"为例，遵循"谁使用谁负责，谁管理谁负责"的原则，限制数据访问范围，确保数据使用安全可控。

（3）数据分类分级管理

对政务数据进行分类分级管理，根据数据的敏感程度和重要性采取不同的安全防护策略。将涉及国家秘密和个人隐私的重要数据列为重点保护对象，加强安全防护措施，防止数据泄露造成严重后果。

（4）建立安全评估与监测机制

建立数据安全评估与监测机制，定期对政务数据的安全性进行评估，实时监测数据使用情况，及时发现潜在数据安全问题并处理。例如，对数据开放进行安全自评估，对事前监测预警和事后应急处置作出规定，保障数据开放安全。

（5）制定法规制度保障

通过制定相关法规制度，为数据安全治理提供法律依据和制度保障。例如，福田区出台《福田区政务辅助智能机器人管理暂行办法》《深圳市公共数据开放管理办法（征求意见稿）》，对数据开放安全相关管理制度、数据脱敏要求等作出规定，明确违反规定应承担的法律责任。

11.3 AI+文化传播

⫸⫸⫸ 11.3.1 新闻自动生成与分发

1. 新闻自动生成技术概述

在当今信息爆炸的时代，新闻自动生成技术正以空前的速度改变媒体行业的面貌。这一技术的兴起不仅极大提高了新闻生产的效率，还使新闻

AI+文化传播

内容更加多样化和个性化。本节将深入探讨新闻自动生成技术的核心技术及其应用。

（1）自然语言处理在新闻生成中的应用

自然语言处理是新闻自动生成技术的关键组成部分。它通过分析、理解和生成人类语言帮助计算机自动完成新闻稿的撰写、编辑和发布工作。在新闻生成中，自然语言处理技术的应用主要体现在以下几个方面。

① 信息抽取：自然语言处理技术能够从大量文本数据中自动提取关键信息，如时间、地点、人物、事件等。这些信息是构建新闻稿件的基础。通过训练特定的模型，自然语言处理技术可以准确识别并提取新闻中的关键要素，为后续的文本生成提供有力支持。

② 文本生成：基于抽取的信息，自然语言处理技术可以生成连贯通顺的新闻稿件，如图11-9所示。这通常涉及模板匹配、句子生成和篇章组织等复杂过程。通过深度学习等技术，自然语言处理技术能够生成更加自然流畅的新闻文本，甚至在某些情况下，其生成的新闻稿件已经能够与人类记者撰写的稿件相媲美。

图11-9　基于自然语言处理技术的新闻稿生成

③ 语言风格转换：为了满足不同读者群体的需求，自然语言处理技术可以对新闻稿件的语言风格进行转换。例如，可以将正式的新闻语言转化为口语化的表达方式，或者将专业术语转化为通俗易懂的语言。这种语言风格的转换不仅提高了新闻的可读性，还使新闻内容更加贴近读者的实际需求。

④ 情感分析与舆情监控：自然语言处理技术还可以用于分析新闻稿件中的情感倾向，并监控社会舆情的变化。通过训练情感分析模型，自然语言处理技术可以准确识别新闻稿件中的正面、负面或中性情感，为新闻编辑提供有价值的参考信息。同时，舆情监控功能可以帮助媒体机构及时了解社会热点和公众关注点，为新闻报道提供有力支持。

（2）深度学习模型与新闻内容创作

深度学习模型在新闻内容创作方面发挥着重要作用。通过训练大量文本数据，这些模型能够学习语言的内在规律和模式，从而生成高质量的新闻稿件。

循环神经网络与长短时记忆网络：循环神经网络是一种能够处理序列数据的神经网络模型，它能够通过记忆之前的信息生成连续的文本。然而，传统的循环神经网络在处理长序列数据时容易出现梯度消失或梯度爆炸的问题。为了解决这一问题，长短时记忆网络被提出并广泛应用于文本生成领域。长短时记忆网络通过引入门控机制控制信息的流动，从而有效缓解了梯度消失或梯度爆炸的问题。在新闻生成中，长短时记忆网络模型可以根据输入的数据序列生成连贯、通顺的新闻稿件。

序列到序列（Seq2Seq）模型：序列到序列模型是一种基于编码-解码框架的神经网络模型，它能够将输入的文本序列转换为输出的文本序列。在新闻生成中，序列到序列模型可以根据输入的关键词、主题或数据等信息自动生成符合要求的新闻稿件。这种模型的优势在于能够处理不同长度的输入和输出序列，并且生成的文本质量较高。

Transformer 模型：Transformer 模型是一种基于自注意力机制的神经网络模型，在自然语言处理领域取得了显著成果。与循环神经网络和长短时记忆网络相比，Transformer 模型具有更高的并行计算能力和更强的长距离依赖捕捉能力。在新闻生成中，Transformer 模型可以更准确地捕捉文本中的语义信息和上下文关系，从而生成更加自然、连贯的新闻稿件。

生成对抗网络：生成对抗网络是一种基于博弈论思想的神经网络模型，由生成器和判别器两个部分组成。生成器负责生成逼真的文本数据，而判别器则负责判断生成的文本数据是否真实。通过不断迭代训练，生成对抗网络可以生成高质量的新闻稿件。然而，生成对抗网络在新闻生成中的应用仍面临一些挑战，例如生成文本的多样性、连贯性和可读性等问题。

（3）自动化新闻生成的流程

自动化新闻生成的流程通常包括数据收集、预处理、信息抽取、文本生成、后处理以及发布等环节。

① 数据收集：从财经网站、社交媒体、政府公告等渠道收集最新的经济数据、市场动态、政策变化等信息。这些数据是新闻生成的基础。

② 预处理：对收集到的数据进行清洗、去重和分词处理，以便后续的信息抽取和文本生成。

③ 信息抽取：利用自然语言处理技术从预处理后的数据中提取关键信息，如股票价格变动、公司业绩、政策要点等。这些信息将用于生成新闻稿件。

④ 文本生成：根据提取的信息，选择合适的模板或模型进行文本生成。例如，可以使用序列到序列模型根据输入的关键词和数据生成新闻稿件。生成的文本需经过语法检查和拼写检查，以确保其准确性和可读性。

⑤ 后处理：对生成的新闻稿件进行进一步的编辑和优化，以提高其质量和可读性。例如，可以调整文章的段落结构，添加适当的标题和图片等。

⑥ 发布：将生成的新闻稿件发布到新闻网站、社交媒体等平台上，供读者阅读。发布前需对稿件进行审核和校对，以确保其符合媒体机构的发布标准和法律法规要求。

2. 新闻分发与个性化推荐

在新闻行业竞争日益激烈的今天，新闻分发与个性化推荐已成为提升用户体验和增强用户黏性的重要手段。通过构建用户画像和应用推荐算法等方式，新闻平台能够为用户提供更精准、个性化的新闻内容。

（1）用户画像构建与兴趣分析

用户画像是新闻个性化推荐的基础，通过对用户的行为数据、兴趣偏好等信息的综合分析，形成对用户全面、深入的了解。用户画像的构建主要包括以下几个步骤。

① 数据收集：收集用户在新闻平台上的浏览、点击、评论、分享等行为数据，以及用户的个人信息（如年龄、性别、地域等）。这些数据是构建用户画像的基础。

② 数据预处理：对收集到的数据进行清洗、去重、格式化等处理，以便后续的分析和建模。

③ 特征提取：从预处理后的数据中提取能够反映用户兴趣和偏好的特征。这些特征包括用户浏览新闻的类别、点击新闻的频次、评论内容的情感倾向等。

④ 用户画像构建：基于提取的特征构建用户画像。这通常涉及用户特征的表示、存储和

更新等环节。用户画像可以表示为一个多维向量或图结构，其中每个维度或节点代表用户的某个特征或兴趣点。

用户画像构建完成后，新闻平台可以利用这些画像信息对用户进行兴趣分析。通过分析用户的浏览历史、点击行为、评论内容等，可以推断用户的兴趣偏好和阅读习惯。这些信息将为后续的个性化推荐提供有力支持。

（2）推荐算法在新闻分发中的应用

推荐算法是新闻个性化推荐的核心，它通过计算用户与新闻内容之间的相似度或关联度，为用户推荐符合其兴趣的新闻内容。推荐算法在新闻分发中的应用主要包括以下几个方面。

① 基于内容的推荐：根据新闻内容的特征（如标题、摘要、关键词等）与用户画像中的兴趣偏好进行匹配，为用户推荐相关的新闻内容。这种推荐算法的优势在于能够为用户提供与其兴趣紧密相关的新闻内容，但也可能导致用户陷入信息茧房，无法接触多样化的新闻信息。

② 协同过滤推荐：通过分析用户的历史行为数据，找到与目标用户相似的其他用户群体（即邻居用户），并将这些邻居用户喜欢的新闻内容推荐给目标用户。这种推荐算法能够挖掘出用户之间的潜在联系和共同兴趣点，从而为用户提供更加多样化的新闻内容。然而，协同过滤推荐也可能面临冷启动问题和数据稀疏问题等挑战。

③ 混合推荐算法：结合了基于内容推荐和协同过滤推荐的优点，能够生成更准确且全面的推荐结果。它可以根据实际需求选择适当的推荐策略和方法，在推荐结果的多样性和准确性之间取得平衡。例如，可以通过融合成加权处理基于内容的推荐和协同过滤推荐的结果，从而提升推荐的准确性和用户满意度。

除了以上几种常见的推荐算法外，还有一些其他的推荐方法也被应用于新闻分发中。例如，基于社交网络的推荐算法可以利用用户的社交关系网络推荐新闻内容；基于时间序列的推荐算法可以根据用户的历史行为数据预测其未来的阅读兴趣和需求。这些推荐方法各有优缺点，可根据实际情况进行选择和组合使用。

（3）精准推送与用户满意度提升

精准推送是新闻个性化推荐的目标。通过应用先进的推荐算法和技术手段，新闻平台能够为用户提供更符合其兴趣和需求的新闻内容。精准推送不仅能够提高用户的阅读体验和满意度，还能够增加用户的黏性和忠诚度。

为了实现精准推送，新闻平台需要不断优化和改进推荐算法和技术手段。例如，可以利用深度学习技术提高推荐算法的准确性和鲁棒性；引入更多的用户行为数据和外部信息，丰富用户画像和新闻内容特征；设计更加智能化的推荐策略和方法，以适应不同用户群体的需求和偏好。

同时，新闻平台还需要注重用户体验和反馈。通过收集用户对推荐内容的反馈数据（如点击率、停留时间、评论等），了解用户对推荐内容的满意度和偏好。这些数据将为后续推荐算法的优化和改进提供有价值的参考。

此外，新闻平台还需关注内容的多样性和质量。为了避免用户陷入信息茧房或产生审美疲劳，新闻平台应提供多样化的新闻内容和推荐结果。这可以通过引入不同的新闻来源、增加新闻类别和主题等方式实现。同时，新闻平台需加强对新闻内容的审核和筛选，确保推荐的内容具有较高的质量和可信度。这不仅可以提升用户的阅读体验，还可以增强新闻平台的公信力和品牌形象。

（4）个性化推荐系统的评估与优化

为了不断提升个性化推荐系统的性能，新闻平台需要定期对其进行评估与优化。评估个性化推荐系统的指标通常包括点击率、停留时间、用户满意度和转化率等。这些指标能够直观反映推荐系统的效果和用户的反馈。

① 点击率：点击率是衡量推荐内容吸引用户注意力程度的重要指标。通过分析用户点击推荐内容的比例，可以评估推荐算法的准确性与用户兴趣匹配的程度。

② 停留时间：停留时间反映了用户对推荐内容的兴趣和阅读深度。较长的停留时间通常意味着用户对推荐内容有较高的兴趣和满意度。

③ 用户满意度：用户满意度可以通过用户调查、评论等方式获取。了解用户对推荐内容的满意度有助于发现推荐系统的不足，并进行针对性的优化。

④ 转化率：转化率通常指用户从浏览推荐内容到采取进一步行动（如购买、注册、分享等）的比例。高转化率意味着推荐系统能够有效引导用户行为，实现商业目标。

在评估个性化推荐系统的过程中，新闻平台需要关注不同指标之间的关联性和相互影响。例如，点击率的提升可能会带来停留时间的增加，但不一定直接导致转化率提高。因此，在优化推荐系统时，需要综合考虑多个指标，以实现整体性能提升。

针对评估结果，新闻平台可以采取多种优化措施来改进个性化推荐系统。例如，可以调整推荐算法的参数和权重，以更好地匹配用户兴趣和需求；引入更多的用户行为数据和外部信息，丰富用户画像和新闻内容特征；设计更加智能化的推荐策略和方法，以适应不同用户群体的需求和偏好。同时，还可以加强与其他媒体机构或数据提供商的合作，共享资源和数据，提升推荐系统的性能和准确性。

▶▶▶ 11.3.2 文化内容推荐系统

在信息爆炸的时代，如何从海量文化内容中精准找到用户感兴趣的信息，已成为推荐系统的重要使命。文化内容推荐系统作为信息技术与文化产业深度融合的产物，通过深入挖掘用户偏好与内容特征，为用户提供个性化的文化内容推荐服务。

1. 文化内容推荐系统架构及关键技术

（1）系统架构

文化内容推荐系统通常包括数据收集与处理、特征提取与表示、模型训练与预测以及推荐生成与反馈四个主要部分。

① 数据收集与处理：系统需要从多个来源收集用户行为数据、内容元数据、社交网络信息等。这些数据经过预处理（如去重、清洗、归一化等）后，用于后续的特征提取和模型训练。

② 特征提取与表示：在数据预处理的基础上，系统提取用户和内容的特征，并将其表示为可供机器模型学习的数值向量。这些特征向量是模型学习用户和内容关系的基础。

③ 模型训练与预测：利用提取的特征向量，系统训练推荐模型以学习用户和内容之间的复杂关系。训练完成后，模型能够对尚未接触的内容进行喜好预测，为推荐生成提供依据。

④ 推荐生成与反馈：根据模型的预测结果，系统生成个性化的推荐列表，并将其呈现给用户。同时，系统收集用户的反馈数据（如点击、评分、评论等），用于模型的在线学习和优化。

（2）协同过滤

协同过滤是文化内容推荐系统中最经典且应用最广泛的技术之一。它基于用户的历史行为数据，通过寻找与目标用户相似的用户群体（用户协同过滤）或相似的物品（物品协同过滤）预测目标用户可能感兴趣的内容。

① 用户协同过滤：该方法假设，如果两个用户在过去对相似物品有过相似的行为（如评分、购买、浏览等），则他们未来对某一物品的喜好也可能相似。系统通过计算用户之间的相似度，为目标用户推荐相似用户喜欢的物品。

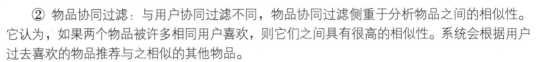

② 物品协同过滤：与用户协同过滤不同，物品协同过滤侧重于分析物品之间的相似性。它认为，如果两个物品被许多相同用户喜欢，则它们之间具有很高的相似性。系统会根据用户过去喜欢的物品推荐与之相似的其他物品。

协同过滤的优势在于能够发现用户的潜在兴趣，但也可能面临冷启动问题（新用户或新物品缺乏足够历史数据）和数据稀疏性问题的挑战。

（3）内容推荐

基于内容的推荐侧重分析内容本身的特征，如文本描述、标签、元数据等，以匹配用户的兴趣偏好。这种方法的核心在于构建内容特征向量和用户兴趣特征向量，并通过相似度计算推荐最符合用户兴趣的内容。

① 内容特征提取：对于不同类型的文化内容（如音乐、电影、书籍），需要采用不同的特征提取方法。例如，音乐可以通过旋律、节奏、和弦等音频特征描述；电影则可以通过题材、演员阵容、导演风格等文本和元数据特征表征。

② 用户兴趣建模：用户兴趣通常通过用户的历史行为数据建模，如用户过去喜欢的物品、评分、评论等。系统根据这些信息构建用户兴趣特征向量，用于与内容特征向量进行相似度计算。

基于内容的推荐具有解释性强、能够处理新用户和新物品的优势，但在挖掘用户潜在兴趣方面可能不如协同过滤灵活。

（4）深度学习

深度学习技术因其强大的特征提取和模式识别能力，在推荐系统中得到广泛应用。深度学习模型，如卷积神经网络、循环神经网络、注意力机制和图神经网络等，能够自动学习用户和内容的复杂特征表示，从而提高推荐的准确性和多样性。

① 用户与内容特征学习：深度学习模型通过多层非线性变换，能够自动从原始数据中提取高层次的特征表示。这些特征表示不仅包含了原始数据的统计特性，还蕴含了数据的内在结构和潜在模式。

② 模式识别与推荐：在特征学习的基础上，深度学习模型能够识别用户和内容之间的复杂关系，如用户的潜在兴趣、内容的流行趋势等。这些关系被用来构建推荐模型，以预测用户对未接触内容的喜好程度。

深度学习在推荐系统中的应用不仅提高了推荐的准确性，还促进了跨域推荐、冷启动问题的解决以及实时推荐能力的提升。

2. 文化内容的多样化推荐策略与实践

随着文化产业的蓬勃发展，音乐、电影、书籍等文化产品已成为人们日常生活中不可或缺的一部分。为了满足用户对多样化文化内容的需求，内容推荐系统不断探索和实践多样化的推荐策略。

（1）音乐推荐

音乐推荐系统通过分析用户的听歌历史、喜好类型、歌手偏好等信息，结合歌曲的旋律、节奏、歌词等特征，为用户推荐符合其品位的音乐作品。

① 个性化歌单生成：系统根据用户的听歌历史和偏好，自动生成个性化的歌单，如"每日推荐""心情歌单"等。这些歌单不仅包含了用户喜欢的歌曲，还融入了与用户兴趣相似的其他歌曲。

② 相似歌曲推荐：当用户播放某首歌曲时，系统会根据歌曲的旋律、节奏等特征，推荐与之相似的其他歌曲。这种推荐方式能够帮助用户发现潜在的兴趣，并拓展其音乐视野。

③ 歌手与专辑推荐：除了歌曲推荐外，系统还可以根据用户的喜好推荐相关歌手和专辑。这些推荐不仅能够帮助用户发现新的音乐人才，还能让用户更深入地了解他们喜欢的歌手和作品。

（2）电影推荐

电影推荐系统通过分析用户的观影记录、评分、评论等数据，结合电影的题材、演员阵容、导演风格等特征，为用户提供个性化的电影推荐。

① 热门电影与经典影片推荐：系统根据电影的票房、口碑、获奖情况等数据，推荐当前热门或经典的电影作品。这些推荐能够满足用户对热门话题和经典回忆的需求。

② 相似电影推荐：当用户观看某部电影时，系统会根据电影的题材、类型、演员阵容等特征，推荐与之相似的其他电影。这种推荐方式能够挖掘用户的潜在兴趣，为用户提供更多观影选择。

③ 个性化观影计划：系统还可以根据用户的观影历史和偏好，自动生成个性化的观影计划，如"周末观影指南""月度观影清单"等。这些计划不仅包含了用户可能感兴趣的电影，还提供了关于观影时间和地点的建议。

（3）书籍推荐

书籍推荐系统通过分析用户的阅读历史、书籍类型、作者偏好等信息，结合书籍的内容摘要、评价、销量等数据，为用户推荐合适的阅读材料。

① 个性化书单推荐：系统根据用户的阅读历史和偏好，自动生成个性化的书单，如"必读经典""热门新书"等。这些书单不仅包含了用户可能感兴趣的书籍，还结合了与用户兴趣相似的其他书籍推荐。

② 相似书籍推荐：当用户阅读某本书时，系统会根据书籍的内容、题材、风格等特征，推荐与之相似的其他书籍。这种推荐方式能够帮助用户发现更多符合其兴趣的书籍，拓宽阅读视野。

③ 作者与系列书籍推荐：系统还可以根据用户的喜好推荐相关的作者和系列书籍。这些推荐不仅能够帮助用户发现新的作家和作品，还能让用户更深入了解他们喜欢的作者和系列故事。

（4）跨媒体内容推荐

跨媒体内容推荐通过分析不同媒体形式之间的关联性，如音乐与电影、电影与书籍之间的联系，为用户提供综合性的推荐服务。这种推荐方式不仅丰富了用户的文化体验，还促进了不同媒体形式之间的内容互动和融合。

① 音乐与电影的融合推荐：当用户观看某部电影时，系统可以推荐与该电影氛围、情感相符的音乐作品。这种融合推荐能够增强用户对电影或音乐作品的情感体验和认知深度。

② 电影与书籍的跨域推荐：当用户阅读某本书籍时，系统可以推荐与该书籍主题或情节相似的电影作品。这种跨域推荐能够帮助用户从不同媒体形式中获取更全面的信息和体验。

③ 多媒体互动体验：跨媒体内容推荐还可以结合虚拟现实（VR）、增强现实（AR）等先进技术，为用户提供沉浸式的多媒体互动体验。例如，用户可以在观看电影的同时，通过 VR 设备进入电影场景中进行互动探索，或者在阅读书籍时，通过 AR 技术查看书中描述的物品或场景的三维模型。

▶▶▶ 11.3.3　数字媒体资产管理

在数字化浪潮的推动下，数字媒体资产已成为企业和个人不可或缺的重要资源。这些资产涵盖图片、音频、视频、文本等多种形式，是信息传播、创意表达和商业推广的重要载体。然而，随着数字媒体资产数量的快速增长，如何高效、准确地管理这些资产成为一个亟须解决的问题。本节将深入探讨数字媒体资产管理的挑战与机遇、自动化分类与标记、智能检索与存储等关键议题，旨在为数字媒体资产管理提供一套全面、系统的解决方案。

1. 数字媒体资产管理的挑战与机遇

（1）数字媒体资产的多样化与复杂性

数字媒体资产的多样化与复杂性是管理过程中的一大挑战。数字媒体资产不仅包括图片、音频、视频等视觉和听觉内容，还涵盖了文本、动画、交互元素等多种形式。每种数字媒体资产都有其独特的属性和管理需求，如图片的分辨率、色彩空间，视频的帧率、编码格式，音频的采样率、比特率等。此外，媒体资产的内容也呈现多样化的特点，涵盖了新闻、娱乐、教育、广告等多个领域。这种多样化和复杂性给数字媒体资产的管理带来了极大的挑战，需要采用更加灵活、智能的管理策略。

（2）数字资产管理的高效性与准确性需求

随着数字媒体资产数量的快速增长，如何高效、准确地管理这些资产成为一个重要的问题。传统的资产管理方式往往依赖人工操作，如手动分类、标记、检索等，不仅耗时费力，而且容易出错。因此，需要引入先进的技术手段，如人工智能、大数据等，实现数字媒体资产的自动化管理和智能检索，从而提高管理效率和准确性。

（3）人工智能在数字媒体资产管理中的应用潜力

人工智能在数字媒体资产管理中的应用潜力巨大。通过深度学习和自然语言处理等技术，人工智能可以实现对数字媒体资产的智能识别、分类和检索功能。例如，可以利用卷积神经网络对图片进行自动分类和标记，利用循环神经网络对视频进行内容分析和情感识别。此外，人工智能还可以挖掘媒体资产中的潜在价值，例如通过图像识别技术发现图片中的商标、品牌等元素，为品牌监测和广告投放提供支持。

2. 自动化分类与标记

（1）人工智能在数字媒体资源筛选与分类中的应用

人工智能在数字媒体资源的筛选与分类中发挥着重要作用。通过训练深度学习模型，可以实现对数字媒体资源的自动识别和分类。对于图片资源，可以利用卷积神经网络等技术识别图片中的物体、场景等关键信息，并根据这些信息对图片进行分类。对于视频资源，可以利用循环神经网络等技术分析视频中的时序信息，如人物的动作、表情等，从而实现更准确的分类。此外，还可以结合自然语言处理技术对文本内容进行分类和标记，例如根据文章的标题、摘要或正文内容将其归类为新闻、教育或娱乐等类别。

（2）自动化标签系统的构建与优化

自动化标签系统是数字媒体资产管理的重要组成部分。通过构建自动化标签系统，可以为数字媒体资产添加准确的标签，从而方便后续的检索和利用。在构建自动化标签系统时，需要考虑标签的准确性和多样性。为了提高标签的准确性，可以利用机器学习方法训练标签分类器，实现对数字媒体资产的自动标注。同时，还需要不断优化标签系统，引入新标签并更新旧标签，以适应数字媒体资产的不断变化。此外，还可以利用用户反馈机制优化标签系统，根据用户的反馈来调整标签的准确性和多样性。

3. 数字媒体资产的智能检索与存储

（1）基于内容的智能检索技术

基于内容的智能检索技术是实现数字媒体资产高效检索的重要手段。这种技术通过分析数字媒体资产的内容特征（如颜色、纹理、形状、声音等），建立数字媒体资产的特征库，并根据用户的查询需求在特征库中匹配和检索。与传统基于关键词的检索方法相比，基于内容的智能检索技术具有更高的准确性和灵活性。例如，在图片检索中，可以利用图像特征匹配技术找到与用户提供的图片相似的其他图片；在视频检索中，可以利用视频摘要技术快速浏览视频内容，找到用户感兴趣的部分。此外，还可以结合自然语言处理技术实现跨媒体检索，例如根据用户输入的文本内容检索相关图片、视频等数字媒体资产。

（2）分布式存储与云资产管理

随着数字媒体资产数量的不断增加，传统的集中式存储方式已难以满足高效存储和访问的需求。因此，分布式存储和云资产管理成为数字媒体资产管理的重要趋势。分布式存储技术通过将媒体资产分散存储在多个节点上，提高了存储的可靠性和访问速度。同时，云资产管理平台提供便捷、高效的资产管理服务，包括资产的上传、下载、共享等功能。结合分布式存储和云资产管理技术，可以实现对数字媒体资产的高效、安全存储和管理。

在分布式存储方面，可采用 Hadoop、Spark 等大数据处理框架来实现数字媒体资产的大规模存储和处理。这些框架支持对海量数据进行分布式存储和并行处理，显著提高数字媒体资产的存储效率和处理速度。同时，还可利用数据压缩和去重等技术减少存储空间的占用和传输成本。

在云资产管理方面，可选择使用阿里云、腾讯云等成熟的云服务提供商搭建云资产管理平台。这些平台提供了丰富的 API 接口和 SDK 工具，便于实现数字媒体资产的上传、下载、共享等功能。此外，还可利用云服务的弹性伸缩能力应对数字媒体资产数量的快速增长和访问压力的变化。

4. 数字媒体资产管理的实践案例

（1）新闻媒体行业的数字媒体资产管理

在新闻媒体行业中，数字媒体资产管理尤为重要。新闻媒体每天需要处理大量图片、视频等媒体资产，这些资产是新闻报道的重要组成部分。通过引入数字媒体资产管理系统，新闻媒体可以实现对这些资产的自动化分类、标记和检索，提高新闻报道的效率和准确性。例如，可以利用图像识别技术自动识别新闻图片中的关键信息（如人物、地点、事件等），并根据这些信息对图片进行分类和标记。同时，还可以利用视频摘要技术快速浏览新闻视频的内容，找到重要的报道片段和亮点。

（2）创意产业的数字媒体资产管理

在创意产业中，数字媒体资产管理具有重要意义。创意产业包括广告、设计、影视等多个领域，这些领域需要处理大量的图片、音频、视频等媒体资产。通过引入数字媒体资产管理系统，创意产业可以实现对这些资产的智能化管理和高效利用。例如，在广告行业中，可以利用图像识别技术自动识别广告图片中的商标、品牌等元素，为广告投放提供精准定位和策略支持；在影视行业中，可以利用视频分析技术评估影片的受欢迎程度和观众反应，为影片的宣传和推广提供支持。

（3）电子商务的数字媒体资产管理

在电子商务领域，数字媒体资产管理发挥着重要作用。电子商务平台需要处理大量的商品图片、视频等数字媒体资产，这些资产是商品展示和营销的重要手段。通过引入数字媒体资产管理系统，电子商务平台可以实现对这些资产的自动化分类、标记和检索，提高商品展示的效果和营销效率。例如，可以利用图像识别技术自动识别商品图片中的关键信息（如颜色、款式、尺寸等），并根据这些信息对商品进行分类和标记；同时，还可以利用视频分析技术评估商品的受欢迎程度和消费者评价，为商品的优化和推广提供支持。

▶▶▶ 11.3.4 版权保护与防伪技术

在数字化时代，版权保护与防伪技术面临前所未有的挑战与机遇。随着互联网的普及和数字技术的飞速发展，版权侵权和假冒伪劣产品问题日益严重。为了保护原创者的权益，维护市场的公平竞争，需要不断探索和创新版权保护与防伪技术。

1. 数字媒体版权的侵权形式与危害

在数字化时代，数字媒体作品的传播方式发生了翻天覆地的变化。然而，这种变化也为版权侵权提供了更多的机会。数字媒体版权的侵权形式日益多样化，包括但不限于未经授权的网络传播、盗链与盗播、改编与演绎侵权以及恶意破解与盗版软件等。这些侵权行为不仅损害了版权所有者的经济利益，降低了其创作的积极性，还对整个文化产业的发展造成了负面影响。

① 未经授权的网络传播：随着互联网的普及，数字媒体作品的网络传播变得异常便捷。然而，这也为未经授权的侵权行为提供了温床。许多不法分子将受版权保护的音乐、电影、书籍等数字媒体作品上传至网络平台，供公众免费下载或分享。这种行为直接剥夺了版权所有者的经济利益，使其无法从作品中获得应有的回报。

② 盗链与盗播：盗链是指通过技术手段盗取其他合法网站的内容链接并非法传播。这种行为在视频和音乐领域尤为常见。一些不法网站通过盗链技术将其他合法网站的视频或音乐内容嵌入自己的页面中，供用户观看或收听。这不仅侵犯了版权所有者的权益，还可能导致原网站遭受经济和流量损失。盗播则是指未经授权直接播放受版权保护的视频内容。这种行为在体育赛事直播、电影首映等领域尤为猖獗，给版权所有者带来了严重的经济损失。

③ 改编与演绎侵权：改编与演绎是艺术创作中常见的形式，但必须在获得原作者授权的前提下进行。然而，一些不法分子擅自对原作品进行改编或演绎，创作出新作品并谋取经济利益。这种行为不仅侵犯了原作者的版权，还可能损害原作品的声誉和形象。

④ 恶意破解与盗版软件：恶意破解是指通过技术手段破解正版软件的加密措施，制作并传播盗版软件。这种行为不仅侵犯了软件开发商的版权，还可能导致用户面临安全风险。盗版软件往往存在病毒、木马等恶意程序，一旦用户安装使用，可能导致个人信息泄露、系统崩溃等严重后果。

2. 传统版权保护手段的局限性

传统的版权保护手段主要包括法律诉讼、版权登记和版权标识等。然而，在数字化时代，这些手段面临诸多局限。

① 法律诉讼成本高、周期长：通过法律途径维护版权所有者的权益往往需要承担高昂的诉讼成本和漫长的诉讼周期。这不仅增加了版权所有者的经济负担，还可能因诉讼时间过长使版权所有者失去维权的信心和动力。此外，法律诉讼的结果具有不确定性，这使一些版权所有者在选择维权方式时感到困惑和迷茫。

② 版权登记流程烦琐：版权登记是明确版权归属的重要手段之一。然而，传统的版权登记流程烦琐且耗时较长。此外，版权登记机构在审核申请材料时存在一定的主观性和不确定性，导致一些合法的版权作品无法得到及时有效的保护。

③ 版权标识易被伪造：传统的版权标识容易被不法分子伪造或篡改。这使得不法分子可以轻易制作并销售假冒伪劣产品，从而掩盖其侵权行为。这不仅损害了版权所有者的权益，还可能导致消费者在购买产品时遭受经济损失。

3. 人工智能在版权保护中的应用

随着人工智能技术的快速发展，其在版权保护领域的应用也日益广泛。人工智能算法和数据挖掘技术为版权保护提供了新的解决方案，包括基于区块链的版权登记与追踪、智能水印与版权识别技术等。

（1）基于区块链的版权登记与追踪

区块链技术以其去中心化、不可篡改的特性，在版权登记与追踪方面展现出巨大潜力。区块链技术可以实现数字作品的唯一标识和版权信息的透明公开。具体来说，区块链技术可以为每个数字作品生成一个唯一的哈希值，并将其与版权信息一起存储在区块链上。这样，任何对数字作品的修改或复制都会改变其哈希值，从而被区块链系统检测到。此外，区块链上的智能合约还可以自动执行版权许可和费用结算等操作，降低维权成本并提高效率。基于区块链的版权登记与追踪系统不仅可以有效防止侵权行为，还可以为维权提供有力支持。一旦发生侵权行为，版权所有者可以利用区块链技术追踪和定位侵权作品，并据此采取相应的法律措施维护自己的合法权益。

（2）智能水印与版权识别技术

智能水印技术通过在数字作品中嵌入特定的标识信息（如水印、数字签名等）实现对作品版权的保护。结合深度学习等人工智能技术，可以实现更精准的版权识别。智能水印技术不仅可以用于版权保护，还可以为维权提供有力支持。

智能水印技术的核心在于水印的嵌入和提取算法。通过深度学习等技术手段，可以设计出更复杂且难以被篡改的水印算法。这些算法不仅可以抵抗各种图像处理攻击（如压缩、滤波、裁剪等），还可以在不同的分辨率和格式下保持水印的完整性和可读性。

在版权识别方面，智能水印技术可以结合计算机视觉和机器学习等技术手段实现自动识别和验证。具体来说，可以利用深度学习模型训练分类器，用于识别包含特定水印的数字作品。一旦识别到包含水印的作品，就可以通过验证水印的完整性和可读性确定其版权归属和真伪。

4. 防伪技术的创新与发展

防伪技术是版权保护的重要组成部分。随着人工智能技术的不断发展，防伪技术也在不断创新和完善。人工智能在防伪标识设计中的应用，以及智能化防伪检测与验证系统的出现，为防伪技术带来了新的发展机遇。防伪标识是防止假冒伪劣产品流通的重要手段之一。传统的防伪标识往往依赖物理特征（如特殊纸张、油墨等）或数字特征（如二维码、条形码等）来实现防伪效果。然而，这些防伪标识容易被不法分子伪造或复制。

人工智能技术在防伪标识设计中的应用为防伪技术的发展提供了新的思路和方法。利用深度学习、计算机视觉等技术手段，可以设计出更加复杂且难以复制的防伪标识。这些防伪标识不仅具有高度的唯一性和不可复制性，还可以通过特定算法进行验证和识别。可以利用深度学习模型训练生成器，用于生成具有特定防伪特征的图像或图案。这些图像或图案可以包含复杂的纹理、形状和颜色信息，使不法分子难以伪造或复制。同时，还可以利用深度学习模型训练分类器，用于识别包含特定防伪特征的图像或图案。这样就可以通过验证图像或图案的防伪特征来确定其真伪。

智能化防伪检测与验证系统是利用人工智能技术实现的一种防伪技术手段。该系统通过图像识别、机器学习等技术自动识别并验证防伪标识的真伪。智能化防伪检测与验证系统不仅可以提高防伪技术的效率和准确性，还可以降低人工干预的成本和时间。其核心在于图像识别和机器学习算法。通过深度学习等技术，可以训练出能够准确识别防伪标识的模型。这些模型可以对输入的图像进行特征提取和分类，从而实现防伪标识的自动识别。同时，还可以利用机器学习算法不断优化模型的性能和准确性。例如，可以通过迁移学习等技术将已有模型应用于新的防伪标识，从而减少对训练数据的依赖并降低成本。在验证防伪标识真伪方面，智能化防伪检测与验证系统可以采用多种技术。例如，可以利用数字签名技术验证防伪标识的完整性和真实性；还可以通过区块链技术记录防伪标识的流转信息和验证记录，从而实现对防伪标识全生命周期的管理和追踪。

▶▶▶ 11.3.5　案例分析：新闻媒体机构如何利用 AI 提高报道效率

在当今信息爆炸的时代，新闻媒体机构面临前所未有的挑战：如何在海量信息中迅速筛选出有价值的内容，并以最快速度、最高准确性呈现给读者。AI 技术的出现为新闻媒体机构提供了解决这一难题的新途径。新华社国家高端智库课题组以中、英、法三种语言面向全球新闻媒体机构开展问卷调查，最终形成《人工智能时代新闻媒体的责任与使命》研究报告。课题组调查显示，新闻媒体机构在内容采集、生产、分发、评估等多个环节应用了 AI，AI 正在成为新闻媒体促进新质生产力、实现高质量发展的重要增量。受访媒体机构的具体 AI 应用场景如图 11-10 所示。

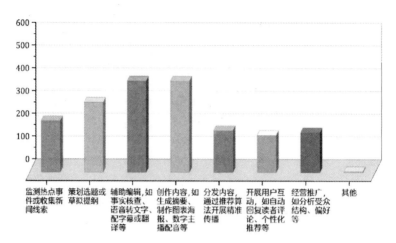

图 11-10　受访机构 AI 应用场景

1. 国内外新闻媒体机构的 AI 应用案例分析

表 11-6 为国内外部分新闻媒体机构的 AI 应用情况。本节将通过几个具体案例探讨新闻媒体机构如何利用 AI 技术提升报道效率。

表 11-6　部分新闻媒体机构 AI 应用

新闻机构	应用场景	创新成果
新华社	新闻雷达	突发事件预警
纽约时报	数据分析	内容审核优化
人民日报	智能创作	深度报道提升
其他机构	智能分发	受众分析

（1）新华社"新闻雷达"与突发事件预警

新华社作为中国最大的通讯社，一直走在新闻技术创新的前沿。为了应对日益增长的新闻信息量，新华社引入了"新闻雷达"系统，这是一个基于 AI 技术的新闻监测与预警平台。通过自然语言处理和机器学习算法，"新闻雷达"能够实时监控互联网上的海量信息，快速识别并筛选出与新闻事件相关的关键信息。特别是在突发事件报道中，"新闻雷达"能够迅速捕捉新闻线索，及时向编辑团队发送预警，并提供初步的新闻摘要和关键词。这不仅缩短了新闻从发现到报道的时间，还提高了新闻报道的时效性和准确性。例如，在 2023 年某次地震发生后，"新闻雷达"系统立即捕捉到相关地震信息，并向编辑团队发送预警。编辑团队根据系统提供的新闻摘要和关键词，迅速组织记者前往灾区进行采访报道。最终，新华社第一时间发布了权威的地震报道，赢得了读者的广泛赞誉。

（2）《纽约时报》的数据分析机器人"Blossomblot"

《纽约时报》作为全球知名的新闻媒体，在人工智能领域也进行了积极探索。报社开发了一款名为"Blossomblot"的数据分析机器人，该机器人利用大数据分析和机器学习技术，能够从海量数据中挖掘新闻线索和趋势。例如，在选举报道中，"Blossomblot"能够分析选民调查、社交媒体情绪等多维度数据，为记者提供深入的选举趋势分析。这不仅帮助记者撰写更具前瞻性和洞察力的报道，还为报社赢得了更多的读者和广告收入。此外，"Blossomblot"还辅助记者进行事实核查，确保报道的准确性和客观性。在报道敏感事件或争议话题时，"Blossomblot"能够通过数据分析技术快速识别并验证相关信息的真实性，为记者提供有力支持。

（3）《人民日报》"创作大脑 AI+"平台

人民日报社推出的"创作大脑 AI+"平台是 AI 技术在新闻内容创作领域的一次创新尝试。

该平台集成了自然语言处理、情感分析、内容推荐等多种 AI 技术，为新闻工作者提供了智能化的创作辅助工具。编辑和记者可以利用平台提供的智能写作功能，快速生成新闻稿件。同时，平台还能根据新闻主题自动推荐相关背景资料、数据图表等，大大提升了新闻内容的丰富性和专业性。例如，在报道某个重要会议时，"创作大脑 AI+"平台可以根据会议议程和主题，自动推荐相关的政策文件、历史背景、专家观点等资料。记者可以根据这些资料快速撰写出全面、深入的新闻报道。此外，"创作大脑 AI+"还能进行文章质量评估，帮助编辑优化稿件，确保新闻内容的准确性和客观性。

2. AI 在新闻报道流程中的优化作用

（1）自动化新闻采集与编辑流程优化

AI 技术的应用使新闻采集与编辑流程更加自动化和高效。通过自然语言处理和机器学习算法，AI 能够自动从多个渠道收集新闻线索和数据，并进行初步筛选和整理。这不仅减轻了编辑团队的工作负担，还提高了新闻采集的效率和广度。在编辑阶段，AI 的智能校对系统可以自动检查语法、拼写等错误，并进行风格一致性调整。这不仅提高了新闻稿件的准确性，还使编辑团队能够更专注于新闻内容的创新和深度挖掘。

（2）数据分析提升报道深度与广度

AI 在数据分析方面的能力为新闻报道的深度和广度提供了有力支持。通过对大量数据的挖掘和分析，AI 能够揭示数据背后的趋势、关联和模式，为记者提供有价值的新闻线索和报道角度。例如，在经济新闻报道中，AI 可以分析宏观经济数据、行业动态、企业财报等多维信息，帮助记者撰写出具有深度洞察力的报道。此外，AI 还能辅助记者进行趋势预测和风险评估，为读者提供前瞻性的新闻视角。这不仅提高了新闻报道的准确性和权威性，还增强了读者对新闻媒体的信任和忠诚。

（3）报道效率与准确性的双重提升

AI 技术的应用不仅提高了新闻报道的效率，还确保了报道的准确性。在突发事件报道中，AI 的快速响应和数据分析能力使新闻媒体能够迅速发布权威信息，抢占报道先机。同时，AI 的智能校对和事实核查功能有效降低了新闻报道中的错误率，提升了新闻媒体的公信力。在日常新闻报道中，AI 的自动化采集和编辑流程使新闻媒体能够更专注于新闻内容的创新和深度挖掘，为读者提供更加优质高效的新闻服务。这不仅提高了新闻媒体的竞争力，还促进了新闻行业的健康发展。

习题

1．AI 在金融风险管理中展现出巨大潜力，但其预测能力仍可能受到数据偏差、市场异常事件等因素的影响。请举例说明，在面对极端市场波动或"黑天鹅"事件时，AI 模型可能会出现哪些局限性？针对这些问题，金融机构可以采取哪些措施来弥补 AI 技术的不足？

2．AI 技术如何通过数据处理能力优化公共管理决策？

3．智能政务与传统电子政务相比，在服务模式上有哪些显著的变革？

4．在新闻自动生成技术中，自然语言处理技术扮演了怎样的角色？请结合具体应用场景（如信息抽取、文本生成、情感分析等），解释自然语言处理技术如何帮助提高新闻生产的效率和内容质量。

5．个性化推荐系统在新闻分发中是如何工作的？请结合用户画像构建、推荐算法（如基于内容的推荐、协同过滤推荐等）以及精准推送等概念，解释个性化推荐系统如何提升用户体验和新闻平台的用户黏性。

第12章
AI+艺术设计类专业案例

【学习目标】
● 了解并掌握 AI 辅助服装设计的流程和方法，运用大数据和 AI 预测未来时尚趋势。
● 了解并掌握 AI 在室内设计和空间规划中的应用原理及方法。
● 建立利用 AI 辅助艺术设计的基本逻辑思维。

12.1   AI 辅助服装设计和时尚趋势预测

在服装设计与时尚趋势预测这一充满创意与变化的领域，AI 的应用正逐渐改变传统的设计模式和趋势预测方法。借助大数据、机器学习、深度学习等先进技术，AI 能够为服装设计师提供丰富的灵感来源、高效的设计流程以及精准的个性化定制方案。同时，利用大数据和 AI 技术预测未来时尚趋势，已成为时尚行业企业竞争的重要策略之一。本部分将介绍 AI 辅助服装设计流程、AI 辅助个性化定制，以及利用大数据和 AI 预测未来时尚趋势的方法。

AI 辅助服装设计和
时尚趋势预测

▶▶▶ 12.1.1   AI 辅助服装设计流程

1. 设计灵感生成与创意拓展

通过对海量数据的学习和分析，AI 能够发现隐藏在数据中的模式和规律。在设计灵感生成阶段，它可以提取不同设计风格、文化背景、时代特征等因素之间的关联，从而为设计师提供多样化的设计方向。例如，当分析某个时期复古风盛行，同时结合现代时尚元素的融入趋势，AI 可以建议设计师将复古的服装版型与现代的面料材质或装饰细节相结合，创造出具有独特魅力的服装。

DeepMind 与维多利亚的秘密合作开发了一个基于人工智能的时尚设计系统。该系统通过分析大量时尚数据，包括历史服装设计、时尚秀场图片、社交媒体上的时尚话题等，运用深度学习算法挖掘出当前的流行元素、色彩搭配和款式特征。例如，系统能够识别特定时期内流行的图案（如动物纹路、几何图案等），并将其与不同的服装款式进行组合创新。对于维多利亚的秘密的内衣设计，系统可以根据不同主题（如天使翅膀、梦幻星空等）生成独特的设计草图，为设计师提供更多创意灵感。设计师可以在此基础上进一步修改完善，使设计既符合品牌风格又具有创新性，大大拓展设计的可能性。

2. 设计草图绘制与模型制作

在设计草图绘制和模型制作过程中，AI 主要依托图像识别技术和生成对抗网络等技术。图像识别技术可以帮助 AI 理解设计师输入的设计元素和要求，从而生成相应的草图轮廓。生成对抗网络技术则通过学习大量的服装图像数据，并结合模型的纹理映射、光照处理等操作，使服装模型呈现出逼真的质感和效果。这为设计师提供了一个虚拟试衣间，便于他们在设计阶段清晰地了解服装的实际穿着效果。

Adobe XD 是一款专业的设计工具，其与 AI 的集成为服装设计草图绘制和模型制作带来了极大便利。设计师可以利用 AI 插件在 Adobe XD 中输入简单的设计描述或关键词，例如"休闲运动风连衣裙"。根据这些信息，AI 能够自动生成多个初步的设计草图。这些草图涵盖了不同的款式、颜色搭配和细节处理，设计师可以根据自己的喜好选择其中几个进行进一步编辑。在模型制作方面，AI 可以根据草图自动生成三维服装模型，设计师可以通过旋转、缩放等操作全方位观察服装的效果，及时发现领口、袖口、裙摆等部位的设计问题并进行调整。例如，在设计一款复杂的婚纱时，AI 模型可以帮助设计师快速实现从平面草图到立体模型的转换，准确呈现婚纱的蓬松裙摆、蕾丝花边等细节，从而提高了设计效率和质量。

3. 面料选择与搭配建议

AI 通过收集和分析面料的物理性能参数（如透气性、吸水性、强度等）、环保特性以及成本等多维度数据，建立面料数据库。当设计师输入服装的设计要求和使用目标时，AI 可以根据这些信息从数据库中筛选合适的面料，并提供搭配建议。例如，对于运动服装，AI 会选择具有良好透气性和弹性的面料；对于正式服装，AI 可能推荐质地精良、垂坠感好的面料。同时，AI 还可以考虑面料的颜色搭配原则，如互补色、同类色搭配等，以提升服装的整体视觉效果。

IBM Watson 与户外品牌 The North Face 合作开发了一个智能面料推荐系统。该系统利用 AI 分析不同面料的特性、性能和适用环境，同时结合 The North Face 产品的设计需求和目标客户群体的使用场景，为设计师提供最佳的面料选择和搭配方案。例如，在设计一款登山羽绒服时，AI 会根据寒冷、多风、易磨损等因素推荐具有高保暖性、防风性和耐磨性的面料，如 Gore-Tex 防水透气膜与高强度尼龙面料的组合。同时，考虑到轻量化的要求，AI 还会在保证性能的前提下优化面料的厚度和质量，以提高服装的整体性能。此外，系统还能根据面料的不同颜色和纹理提供搭配建议，使服装在功能与美观上达到平衡。

4. 虚拟试衣与效果展示

虚拟试衣技术主要依赖计算机视觉、图像处理和三维建模等技术。计算机视觉技术用于识别顾客的身体特征点和姿态，图像处理技术将这些信息与服装的二维图像进行融合处理，生成逼真的试穿效果。三维建模技术可以构建顾客的虚拟身体模型和服装模型，通过实时渲染技术，使顾客能够从不同角度和环境下观察服装的效果。若要提高试穿效果的逼真度，还可以运用纹理映射技术将服装的面料纹理准确贴图到虚拟模型上，以及运用物理模拟技术来模拟服装的褶皱、下垂等物理现象，使虚拟试穿效果更加贴近真实穿着效果。

优衣库推出了一种基于 AI 的虚拟试衣间服务。顾客在店内或线上购物时，可以通过手机或电脑摄像头拍摄自己的照片，AI 会将顾客的形象合成到不同款式服装的试穿效果中。AI 能够准确识别顾客的身材比例、肤色、姿势等信息，并将服装的纹理、褶皱等细节自然贴合到顾客的身体上。例如，当顾客试穿一款宽松版型的衬衫时，虚拟试衣间可以清晰展示衬衫的下垂感、袖长、衣长等是否适合顾客的身材，以及不同颜色衬衫对顾客肤色的衬托效果。顾客可以根据自己的喜好调整服装的颜色、尺码等参数，并且可以在不同场景（如工作、休闲、聚会等）下查看试穿效果，大大提高了购物的趣味性和顾客的决策效率。这一应用还为优衣库收集了大量顾客的身材数据和试穿反馈，有助于企业进一步优化产品设计和尺码推荐系统。

▶▶▶ 12.1.2　AI 辅助个性化定制

1. 客户需求分析与体型数据获取

在客户需求分析阶段，AI 采用自然语言处理技术对客户的文本描述进行理解和分类，挖掘其中的关键信息，如运动项目、风格偏好等。对于体型数据，除了利用图像识别技术从上传的照片中提取脚部轮廓信息外，还可以结合传感器（如压力传感器、尺寸传感器集成在智能鞋垫或测量设备中）实时采集脚部数据，从而提高数据的准确性和全面性。通过对这些数据进行整合分析，AI 能够建立每位客户的个性化档案，为后续的定制设计提供依据。

耐克推出了 By You 定制平台，允许客户根据自己的喜好定制运动鞋。该平台利用 AI 技术首先对客户的基本信息进行收集和分析，包括运动习惯、穿着偏好等。例如，对于一位爱好篮球的客户，平台会询问其经常打球的场地（室内木地板、室外塑胶地等）、打球风格（突破型、投篮型等）以及喜欢的球队或球星等信息。基于这些信息，AI 可以推荐适合的鞋底科技（如气垫类型、防滑性能等）、鞋面材质（如透气网布、支撑性强的皮革等）和颜色方案（与喜欢的球队颜色或球星专属配色相关）。同时，客户还可以上传自己的脚部照片或通过手机传感器测量脚长、脚宽、脚弓高度等数据，AI 会据此生成精准的鞋楦模型，确保定制的鞋子能够完美贴合客户的脚型，提供舒适的穿着体验。这种个性化定制方案不仅满足客户对产品独特性的需求，也提高了耐克产品的附加值和客户满意度。

2. 个性化设计生成与调整

AI 在个性化设计生成过程中，运用了生成对抗网络和规则引擎相结合的技术。生成对抗网络可以根据大量的西装设计案例，学习不同设计元素的组合方式，从而生成新的个性化设计方案。规则引擎则基于人体工程学、时尚美学等方面的知识，对生成设计方案的合理性进行评估和调整。例如，如果客户选择的某个设计元素组合可能导致穿着不便或不符合审美标准，规则引擎会根据预设的规则进行修正。在整个生产过程中，AI 通过对生产设备的控制和生产工艺参数的优化，助力实现个性化设计的精准落地。

酷特智能是一家专注于服装个性化定制的企业，其利用 AI 技术实现了西装的大规模个性化定制生产。在设计环节，客户可以通过线上平台或线下门店与设计师沟通，表达自己对西装的款式、面料、颜色、细节装饰等方面的期望。AI 系统会根据客户的需求，结合人体工程学原理和时尚设计知识，生成多种个性化的西装设计方案供客户选择。例如，客户可以选择不同的驳头样式（如平驳头、戗驳头、青果领等）、口袋类型（如贴袋、挖袋、双开线袋等）以及纽扣排列方式（如单排扣、双排扣、三排扣等）。AI 会根据这些选择自动调整西装的版型设计，并确保在满足个性化需求的同时，保持西装的整体美观和穿着舒适度。同时，在生产过程中，AI 驱动的智能制造系统会根据订单中的个性化设计要求，精确裁剪面料、缝制服装部件并进行最后的组装，使每套西装都独一无二。

3. 定制生产与配送管理

在定制生产管理中，AI 利用生产调度算法对订单任务进行分解和排序，合理安排生产资源（如设备、人力、物料等）。物联网技术实现了对生产过程的实时数据采集和监控，通过数据分析可以预测设备故障、优化生产流程。在配送管理方面，AI 基于地理信息系统和路径规划算法，考虑交通状况、配送距离、时间窗口等因素，确定最佳的配送路线和运输方式。同时，通过对整个供应链的协同管理，AI 可以实现从原材料采购到产品交付的全过程优化，提高整体运营效率和客户满意度。

海尔卡奥斯工业互联网平台实现了家居与服装等多个行业的定制化生产协同。在服装定制生产方面，当接到客户的个性化订单后，AI 系统会根据订单信息规划生产流程。例如，对于一批定制的婚礼西装订单，AI会首先分析每套西装的个性化设计要求（如不同的尺码、款式细节等），然后根据工厂的设备状态、工人技能水平和物料库存情况，制订最优的生产计划。在生产过程中，AI通过物联网技术实时监控生产设备的运行状态、工人的操作规范程度以及物料的使用情况，及时发现并解决潜在问题，确保生产进度和质量。生产完成后，AI还会根据客户的地址信息和物流配送网络情况选择最佳的配送方案，确保定制服装能够按时、准确地送达客户。这种跨行业的协同生产模式不仅提高了生产效率和资源利用率，也为客户提供了一站式的个性化定制解决方案。

▶▶▶ 12.1.3　AI辅助时尚趋势预测

1. 数据收集与整理

在数据收集过程中，AI运用网络爬虫技术从互联网上抓取相关信息，利用API接口获取社交媒体平台的数据，通过与零售商建立数据合作关系获取销售数据等。对于收集到的数据，AI采用数据清洗算法去除噪声数据（如广告信息、虚假评论等），并通过数据标注技术对重要的时尚元素（如服装款式、颜色、图案等）进行标记和分类，以便后续的数据分析和挖掘工作能够更加高效地进行。这样的数据收集与整理流程确保了数据的全面性、准确性和可用性。

WGSN是全球知名的时尚趋势预测服务提供商，通过广泛的数据收集渠道积累了大量的时尚数据。这些数据来源包括时装周走秀视频、时尚杂志报道、零售商销售数据以及社交媒体上的时尚话题热度。例如，从巴黎时装周、米兰时装周、纽约时装周和伦敦时装周等顶级时装周的官方发布资料中收集最新的服装设计款式、颜色搭配、面料运用等信息；从时尚杂志如《*Vogue*》《*Elle*》等专业报道中获取时尚界权威人士的观点和评价；从全球各大零售商的销售记录中分析不同款式服装的销量变化趋势以及消费者的购买偏好；通过社交媒体平台的数据分析工具监测时尚相关话题的热度变化、用户的喜好倾向以及网红博主的穿搭示范效果。WGSN将这些来自不同渠道的数据进行整合和清洗，去除重复和无效的信息，建立一个庞大而系统的时尚数据库，为后续的趋势分析和预测提供坚实的数据基础。

2. 数据分析与趋势预测模型构建

采用机器学习中的深度学习算法（如循环神经网络及其变体LSTM等）构建预测模型。这些算法具有强大的时间序列数据处理能力，能够学习时尚数据中的长期依赖关系和短期波动规律。在模型训练过程中，通过对历史数据的反复学习和优化模型参数，模型能够逐渐提高预测的准确性。同时，为了更好地理解时尚趋势背后的影响因素，还可以运用特征工程方法提取关键特征（如季节因素、时尚事件影响因子等），并将其融入模型中，增强模型的解释能力和预测效果。通过不断更新数据并对模型进行微调优化，模型能够适应不断变化的时尚市场环境。

First Insight是一家专注于时尚趋势预测的公司，利用先进的AI算法构建了时尚趋势预测模型。该模型通过对大量历史时尚数据（如过去的时装周数据、零售销售数据等）的学习和分析，识别出时尚元素之间的关系和发展规律。例如，模型可以发现某种特定的服装款式在过去几年中频繁出现，并在近期有逐渐增多的趋势。同时，结合社交媒体上时尚博主对该款式的推广力度以及消费者的搜索和分享行为等因素，预测出下一季该款式可能会继续流行或演变出新的风格特点。此外，模型还可以根据不同地区的文化差异、气候变化以及社会经济等因素对时尚趋势的影响程度进行量化分析，从而为时尚企业提供更具针对性的市场策略建议。First Insight的预测模型不仅可以预测服装款式的流行趋势，还能够对服装颜色、面料材质等方面进行准确的预测，帮助企业提前布局产品研发和生产计划。

3. 实时监测与动态调整

AI可以运用实时数据流处理技术和文本情感分析技术实现对时尚信息的即时监测和分析。

实时数据流处理技术能够快速处理来自多个数据源的海量数据，确保信息的及时性和完整性。文本情感分析技术用于判断用户对特定时尚内容的态度（如积极、消极或中立），从而更准确地评估时尚趋势的受欢迎程度和影响范围。通过持续监测和分析实时数据，平台能够及时发现时尚趋势的变化信号，并根据预设的规则和算法对企业发出的预警提示进行动态调整和优化，使企业迅速响应市场变化并做出合理的决策。

The Finders 是一个在线时尚监测平台，利用 AI 技术实时跟踪全球时尚动态。该平台与社交媒体平台、时尚新闻网站等数据源建立实时连接，每秒收集和分析大量的时尚相关信息。例如，当一位知名时尚博主在社交媒体账号上发布了一组全新的秋季穿搭照片时，The Finders 会立即捕捉这些信息，并通过图像识别技术分析其中的服装款式、颜色搭配以及配饰细节等信息。同时，结合平台上其他用户对该内容的点赞、评论和分享行为，快速评估这组穿搭可能产生的时尚影响力和流行潜力。如果类似的穿搭风格在多个具有影响力的时尚博主账号上频繁出现且受到广泛关注，The Finders 会及时向合作的时尚企业和品牌发出预警提示，帮助它们调整产品设计和营销策略，以更好地顺应当下的时尚潮流趋势。此外，The Finders 还根据不同地区的时尚热点话题以及当地市场的消费特点，为企业提供区域化的时尚趋势洞察和营销建议，助力企业在全球范围内精准把握时尚市场机遇。

12.2 AI 辅助室内设计和空间规划

AI 技术的应用为室内设计和空间规划提供了更高效、更精准的工具和方法，极大改变了传统设计的流程和方式，为客户带来了更具创新性和个性化的设计方案。本部分将深入探讨 AI 技术在室内设计和空间规划中的多方面应用，包括智能布局优化、家具搭配建议以及生成室内设计方案等内容。

AI 辅助室内设计和空间规划

▶▶▶ 12.2.1 AI 辅助智能布局优化

AI 辅助智能布局优化包括数据分析、算法模型构建、用户体验反馈三个环节。

1. 数据分析

AI 可以收集大量的室内空间数据，包括房间尺寸、形状、门窗位置、采光情况、人流走向等信息。通过对这些数据的分析和处理，AI 能够了解空间的特点和限制，为后续的布局优化提供依据。例如，在一个办公空间设计项目中，AI 分析了员工的工作习惯、部门之间的交流频率以及设备摆放需求等数据，从而确定了不同功能区域的合理位置和大小。

2. 算法模型构建

基于机器学习和深度学习算法，AI 可以建立空间布局优化模型。这些模型可以根据设定的目标和约束条件自动生成多种布局方案，并对方案进行评估和排序。常见的算法包括遗传算法、模拟退火算法、粒子群优化算法等。例如，遗传算法通过模拟生物进化过程中的选择、交叉和变异操作，不断优化空间布局方案，直到找到最优解或接近最优解的方案。

3. 用户体验反馈

将用户的体验和反馈纳入布局优化的过程中，是 AI 技术的重要应用方向之一。通过眼动追踪、脑电信号监测等技术，AI 可以实时获取用户对不同布局方案的关注度、喜好程度和舒适度等反馈信息，从而进一步调整和优化布局方案。例如，在一个商场店铺的布局设计中，利用眼动追踪技术发现顾客在特定区域的停留时间较长，且对该区域的展品关注度较高，AI 据此调整了该区域的布局，使其更吸引人流，提高商品的展示效果和销售转化率。

▶▶▶ 12.2.2　AI 辅助家具搭配建议

1. 风格匹配

（1）风格识别与分类

AI 可以通过图像识别技术和自然语言处理技术对不同的室内设计风格进行准确的识别和分类。例如，对于现代简约风格的室内空间，AI 能够识别出其简洁的线条、纯净的色彩，以及不过多的装饰元素等特点；对于欧式古典风格的空间，AI 则能识别出雕花、罗马柱、华丽织物等典型元素。根据识别结果，AI 可以为设计师提供相应的家具风格建议，确保家具与整体室内风格协调。

（2）风格转换与融合

在一些特殊情况下，客户可能希望将不同的设计风格融合或转换。AI 可以根据客户的需求，分析不同风格之间的差异和共性，提供可行的风格转换和融合方案，并给出相应的家具搭配建议。例如，将现代简约风格与日式风格结合，AI 可能会建议选择具有简洁线条的木制家具，搭配素色的软装和少量的日式元素装饰品，如和风抱枕、纸质灯笼等，创造出一种独特的混搭风格。

2. 尺寸与比例协调

（1）空间测量与分析

利用三维扫描技术和图像测量算法，AI 可以精确测量室内空间的尺寸并分析各个区域的比例关系。根据测量结果，AI 能够为家具的选择提供合适的尺寸和比例建议，避免出现家具过大或过小、比例失调等问题。例如，在一个小型卧室的设计中，AI 根据房间的尺寸以及门窗位置计算出床、衣柜、书桌等家具的最佳尺寸和摆放位置，使家具能够在有限的空间内合理布局，同时保证使用的舒适性和便利性。

（2）人体工程学考量

除了空间尺寸和比例外，AI 还会考虑人体工程学因素，为用户提供符合人体尺度和姿势的家具搭配建议。例如，对于办公椅的选择，AI 会根据用户的身高、体重、坐姿习惯等参数，推荐具有合适座高、座宽、靠背角度和扶手高度的椅子，以减少长时间使用对身体的伤害；对于沙发的选择，AI 会根据客厅的大小和使用人数，推荐合适长度和深度的沙发，确保乘坐的舒适度。

3. 材质与色彩搭配

（1）材质特性分析

AI 可以对各种家具材质的特性进行分析，包括木材的纹理、硬度、耐久性，金属的光泽度、质量、强度，织物的质感、透气性、耐磨性等。根据不同材质的特性和室内空间的功能需求，AI 能够为设计师提供合理的材质搭配建议。例如，在厨房设计中，AI 可能会建议选择易清洁、耐高温、防潮的材质，如不锈钢台面、瓷砖墙面、防水地板等；在卧室设计中，AI 则会推荐柔软、舒适的材质，如木质地板、棉质床上用品等。

（2）色彩理论应用

基于色彩理论和心理学知识，AI 能够分析不同色彩对人的心理感受和视觉体验的影响，并根据室内空间的氛围和用途提供合适的色彩搭配方案。例如，在儿童房的设计中，AI 可能会建议选择明亮、活泼的色彩，如粉色、黄色、蓝色等，以营造充满童趣和活力的空间；在书房设计中，AI 则可能会推荐沉稳、安静的色彩，如深棕色、深灰色、米色等，有助于集中注意力和提高工作效率。同时，AI 还可以考虑色彩与家具材质、灯光等因素的相互搭配，使整个室内空间的色彩效果更加协调统一。

▶▶▶ 12.2.3　AI 辅助生成室内设计方案

1．需求分析与数据采集

（1）用户调研

通过问卷调查、访谈、在线平台等方式收集用户的需求信息，包括房屋用途、居住人数、预算范围、个人喜好、特殊需求等方面的数据。例如，对于一个家庭用户，可能需要了解是否有老人或小孩居住，是否需要独立书房或健身房，对装修风格的偏好（如中式、欧式、现代简约等），对色彩的喜好（如暖色调、冷色调），以及对家具品牌和材质的要求等。

（2）数据分析与挖掘

利用数据挖掘技术对采集的用户数据进行分析和处理，提取有价值的信息和潜在的需求。例如，通过关联规则挖掘发现用户对某种装修风格的偏好往往伴随对特定家具品牌或材质的选择；通过聚类分析将用户分为不同的需求群体，针对不同群体提供差异化的设计方案。同时，还可以结合历史设计案例数据和市场趋势数据，为设计方案提供更多的参考依据。

2．方案生成与优化

（1）基于模板的设计

AI 可以根据不同类型的室内设计需求和风格特点建立一系列设计模板库。在生成设计方案时，AI 可以根据用户的需求和输入的数据，从模板库中选择合适的模板作为基础框架，并进行修改和完善。例如，对于一个现代简约风格的客厅设计模板，AI 可以根据用户提供的空间大小、色彩偏好、家具需求等信息，调整沙发的款式、电视墙的造型、灯具的配置等，生成多个不同的设计方案供用户选择。

（2）个性化定制

除了基于模板的设计外，AI 还可以实现个性化定制的设计方案生成。通过深度学习算法对用户的需求数据进行学习和理解，AI 能够自主生成独特且符合用户个性化需求的设计方案。例如，对于一个追求个性化的年轻用户，AI 可以根据其独特的审美观念和生活方式，设计一个以工业风为主要风格，并融入艺术元素和智能设备的客厅方案，包括裸露的管道装饰、复古的砖墙背景、可变色的智能灯光系统等。

（3）方案优化与评估

生成初步设计方案后，AI 会对方案进行优化和评估。AI 会从空间利用率、功能合理性、美观性、成本控制等多个维度对设计方案进行分析和评价，并根据评估结果进行调整和改进。例如，如果发现某个设计方案中厨房的操作动线不够合理，可能导致烹饪效率低下，AI 会自动调整橱柜的布局和电器设备的位置，优化操作动线；如果某个设计方案的成本超出了用户的预算范围，AI 会尝试更换一些性价比更高的材料或家具款式，在保证设计质量的基础上降低成本。

3．可视化呈现与交互设计

（1）三维可视化展示

AI 可以利用虚拟现实和增强现实技术，将生成的室内设计方案以三维可视化的形式呈现给用户。用户可以身临其境地感受设计效果。通过 VR 设备或手机 AR 应用，用户可以在虚拟空间中自由行走，查看各个角度的视图，与家具和装饰品互动，直观了解设计方案的细节和整体效果。例如，用户可以在虚拟客厅中坐在沙发上感受其舒适度，打开电视观看画面效果，检查灯光的亮度和颜色是否满足需求。

（2）交互式设计调整

在可视化展示的基础上，AI 还支持用户进行交互式的设计调整。用户可以根据自己的喜好和实际感受对设计方案中的元素进行修改和调整，如更换家具的颜色、款式、位置等。AI 会实时响应用户的操作并即时更新设计方案的可视化效果，让用户能够直观看到调整后的变化。例如，用户对客厅沙发的颜色不满意，可以通过简单的操作在系统中选择其他颜色选项，AI会立即将沙发颜色更换为用户选择的颜色，并在三维场景中展示出来。同时，AI还会根据用户的调整提供相关的建议和提示，帮助用户作出更好的决策。

12.3 案例分析

AI技术在现代艺术设计领域正以前所未有的速度引发一场深刻的变革浪潮。以下将分别介绍AI在图案设计、色彩搭配、服装设计及室内设计领域的应用案例。

12.3.1 AI辅助创意图案设计应用案例

案例分析

【例12-1】Procreate与AI绘画工具结合案例。

对于数字绘画爱好者，他们可以在Procreate中进行基础的绘画创作，如勾勒线条、填充底色等，然后借助AI绘画工具（如DeepArt）对画面进行风格化处理。例如，先在Procreate中画一幅简单的风景素描，再使用DeepArt将其转换为梵高或莫奈的绘画风格，使原本普通的素描作品瞬间变成具有艺术大师风格的画作。

【例12-2】Logo设计案例。

许多企业利用AI技术设计品牌标识。设计师可以通过输入品牌名称、行业属性、核心价值等信息，让AI生成多个Logo（标识）设计方案。例如，一家科技公司希望其Logo体现创新和科技感，AI可能会生成以简洁的线条、几何图形和冷色调为主的Logo方案。设计师可以在此基础上进一步修改和完善，最终确定一个独特且符合品牌形象的标识。

【例12-3】插画创作案例。

插画师可以利用AI辅助工具丰富插画的细节和色彩。例如，先手绘一幅插画的线稿，然后使用AI软件（如Corel Painter）对线稿进行自动上色和添加纹理，或者让AI根据线稿的内容生成背景元素和光影效果，从而创造出更加丰富且生动的插画作品。

【例12-4】华中科技大学ARTI Designer XL平台推动设计普惠化。

2024年4月，华中科技大学蔡新元教授团队自主研发的国内首个面向高等艺术教育的人工智能超级计算平台ARTI Designer XL正式上线，成为"AI+艺术设计"的标杆案例。该平台基于中文语料数据及中式元素数据库，支持"文生图"、风格迁移等功能，可生成家装、珠宝、服饰等创意设计，并深度应用于教学与商业领域。例如，团队通过AI创作的《大国巨匠·科学家精神绘本书系》以水墨、油画等风格生动呈现科学家形象，获得科学家本人高度认可；长达6米的《光谷十景》将光谷地标与国风山水相融合，成为传统文化与现代科技结合的典范。

目前该平台已覆盖全国362所高校及企业，用户超过34万，日均生成4万张图像，推动艺术设计教育普惠化。专业设计师团队还利用该平台探索AI绘本、AI展演、AI元宇宙等场景。例如，中国首部AI国风漫剧《诗路人生》通过机器生成诗意画面，展现AI在叙事表达上的突破。蔡新元教授表示，AI不仅是工具，更是激发创意的"催化剂"，帮助学生和设计师在实战中同步掌握技术应用与市场洞察力。这一案例标志着AI技术正从"辅助工具"向"创作伙伴"转型，为艺术设计行业注入智能化新动能。

12.3.2 AI辅助色彩搭配与视觉效果应用案例

【例12-5】Procreate绘画应用中的智能笔刷与色彩推荐。

Procreate是一款功能强大的数字绘画应用，深受艺术家和插画师的喜爱。其智能笔刷和色彩推荐功能融入了 AI 技术，为绘画创作带来更多可能性和创意。

智能笔刷功能通过对画家的笔触动作、压力变化等数据进行实时分析，自动调整笔刷的形态、纹理和颜色混合效果，使绘画过程更加自然流畅。色彩推荐功能则根据当前绘画的内容和风格，利用 AI 算法预测并推荐合适的颜色，帮助画家更好地表达创作意图。例如，当画家绘制一幅风景画时，系统会根据画面中的景物元素和整体氛围，推荐与之匹配的天空、草地等颜色。

Procreate 的智能笔刷和色彩推荐功能得到了用户的高度评价。许多艺术家表示，这些功能不仅提高了他们的绘画效率，还激发了他们的创作灵感，使他们能够更加专注于艺术表现本身。据用户反馈调查结果显示，超过 80% 的用户认为这两个功能对他们的绘画创作有显著的帮助。

【例 12-6】电商平台商品图片视觉效果优化。

随着电商行业的快速发展，商品图片的视觉效果对于吸引消费者购买至关重要。许多电商平台开始利用 AI 技术优化商品图片的视觉效果，以提高商品的点击率和转化率。

电商平台通过收集海量的商品图片数据和用户行为数据，利用 AI 算法分析消费者的视觉偏好和购买决策因素。根据分析结果，平台可以对商品图片进行自动优化处理，例如调整图片的色彩饱和度、对比度、光影效果等，使其更符合消费者的审美需求。此外，AI 还可以根据不同的商品类别和目标受众，为商家提供个性化的图片优化建议。

经过 AI 优化的商品图片在电商平台上取得了显著的效果。实验数据显示，优化后的图片平均点击率提高了约 25%，转化率提高了约 15%。这表明，AI 技术在提升商品图片视觉效果方面的应用具有巨大的商业价值和潜力。

▶▶▶ 12.3.3　AI 辅助服装设计和时尚趋势预测应用案例

【例 12-7】山东威海纺织服装厂：AI 与 3D 建模的创新融合。

传统的服装设计过程烦琐，设计一款服装往往需要设计师耗费大量时间。从构思到绘制设计图，再到制作样衣、展示效果，每个环节都耗时费力。山东威海的一家纺织服装厂积极引入 AI 技术，实现了服装设计环节的重大突破。

这家工厂的企划师宋志芹借助 AI 设计软件，仅用短短 5 分钟就能设计出了一款服装。设计师只需在软件中输入设计需求，比如服装的类型、风格、颜色等，软件便能在千亿级模型的支撑下迅速生成贴合市场需求与潮流趋势的设计图。此外，利用 AI 软件训练出的不同年龄、体型的模特，结合 3D 建模技术，设计好的服装款式能"一键上身"，全方位向客户展示着装效果，彻底省去了样衣缝制与模特拍摄环节。在面料选择上，工厂线下面料库有 2 万多款面料，选定面料后，扫描二维码，就能呈现服装款式的 3D 视觉效果。通过采用"3D+AI"的全新设计方式，样衣设计研发时间从原本两三天一款，缩短到如今一小时内可开发多款，满足了客户多样化、个性化、高质量、快交货的需求。同时，原本每年近 60 万件样衣的制作成本也得以节省，大大降低了生产和原料能耗。在裁切环节，智能裁床相比人工效率大幅提升。原本需要两人花费四五十分钟裁切的 4 米长布料，智能裁床仅需十分钟。

这家工厂的成功实践充分展示了 AI 技术在服装设计领域的巨大价值。它不仅为服装设计行业提供了新的发展思路，也让我们看到了科技与传统产业融合所带来的无限可能，激励更多行业探索、应用新技术，实现创新发展。

【例 12-8】杭州知衣科技：AI 驱动时尚趋势预测。

AI 技术正深刻改变时尚行业，其中时尚趋势预测是关键一环。杭州知衣科技有限公司在这一领域做出了卓越的探索与实践。

知衣科技自主研发了大数据分析平台，搭建了庞大的时尚数据库，积累了来自产业、电商、社交等渠道的超 1000 亿条时尚数据，日处理量超过 5TB。这些海量数据涵盖不同时期、地域、风格的时尚元素，为精准预测提供了坚实的数据基础。通过先进的算法和技术，平台将不同维度的聚合数据分析时间从一天以上缩短至秒级响应，极大提高了数据处理效率。

基于这些丰富的数据，知衣科技运用 AI 技术，从海量信息中挖掘出时尚趋势的潜在规律。例如，通过分析社交媒体上的穿搭分享、明星街拍以及电商平台的销售数据，平台能够精准捕捉流行元素的兴起与演变。如果某一特定风格的服装在社交媒体上的曝光量持续上升，且电商平台上的搜索量和销量也同步增长，AI 便能敏锐感知到这一趋势并预测其在未来一段时间内可能成为主流时尚。

AI 预测为设计师提供了前瞻性的设计方向，使设计更加贴合市场需求，避免盲目设计。借助知衣科技提供的 AI 工具，设计师的工作效率提高了 3 倍，设计成本降低了 50%，平均爆款率提升了 50%，充分展示了 AI 技术在时尚趋势预测领域的强大力量。

▶▶▶ 12.3.4　AI 辅助生成室内设计应用案例

【例 12-9】小李的智能家居焕新：AI 助力家居搭配。

AI 技术正深刻融入室内装修与家居搭配领域，小李的家居改造便是一个典型案例。

小李购入一套二手房，户型虽好，但装修陈旧、搭配杂乱。他想打造一个兼具温馨舒适与现代科技感的家，可毫无经验的他面对复杂的装修流程感到无从下手。偶然的一次机会，小李接触到基于 AI 技术的家装解决方案，决定一试。他通过专业 AI 家装设计软件上传房屋的精确平面图，标注房间尺寸、门窗位置等信息，选定现代简约风格，并设置色彩、材质偏好，如浅色系和木质元素。在强大算力的支撑下，短短几分钟内，AI 就依据输入数据和算法生成了多套家居搭配方案。方案涵盖各个功能空间，从家具的款式、摆放到软装选择、墙面色彩和灯光设计，都进行了细致规划。比如客厅，AI 推荐符合人体工程学的白色简约沙发，搭配浅木色茶几，淡灰色艺术漆背景墙配简约装饰画，无主灯设计则用轨道射灯和筒灯营造温馨氛围。小李对其中一套方案比较满意，但想调整卧室。他通过软件的自然语言交互功能向 AI 提出增加衣柜收纳空间、替换为北欧风床品等需求。AI 迅速响应，基于深度学习算法重新生成了卧室方案。确定方案后，AI 依托电商数据接口生成购物清单，并附上购买链接，方便采购。装修时，AI 用实时渲染的 3D 模型展示装修进度和效果，让小李能随时把控情况。

最终，装修顺利完成，小李的家焕然一新。这次装修不仅节省了大量时间和精力，还因 AI 的精准规划避免了材料浪费，实现了生成的精准控制。

【例 12-10】筑医台北京总部：AI 赋能室内设计新典范。

筑医台北京总部的室内设计项目是 AI 辅助室内设计的一个极具代表性的成功案例。该项目建筑面积达 1300 平方米，由中国中元建筑环境艺术设计研究院设计。此次设计以"筑巢"为理念，旨在为筑医台打造兼具现代感、科技感、开放性、环保性且充满温度的办公空间。在设计过程中，团队面临时间紧迫的难题，而 AI 技术的介入成为破局关键。

设计师借助 ChatGPT 进行创意构思，通过向其输入"有温度、有生命力、有智慧、办公环境"等关键词，获取了丰富的创意灵感与设计思路。随后，设计师运用 AI 绘图软件 Stable Diffusion 将这些抽象的概念迅速转化为多个优质的概念设计方案。这些方案不仅风格多样，而且从空间布局、色彩搭配到细节装饰等多方面都满足项目需求。

在实际应用中，AI 助力设计师快速筛选出符合筑医台企业文化与空间需求的设计方向。例如，门厅设计以弧线和圆形为语言，既体现包容开放的文化内涵，又增强空间活力，与整体"筑巢"理念相呼应。在平面功能布置上，AI 帮助设计师将单一工作模式拓展为学习、社交、协作三种模式，并合理规划会议室、咖啡休闲区、洽谈区、头脑风暴区等功能空间，极大增强了办公环境的趣味性与灵活性。

从方案设计到竣工投入使用，该项目仅耗时 2 个月。AI 技术的应用大幅提升了设计效率与质量，使设计师能够在短时间内完成高质量的设计方案。同时，在施工阶段，AI 也为设计与施工的配合提供了有力支持，保障了项目的高品质与高完成度。

筑医台北京总部室内设计项目的成功充分彰显了 AI 辅助室内设计的强大优势。它不仅缩短了设计周期，降低了设计成本，还为设计师提供了更广阔的创意空间，助力打造出更贴合用户需求的室内空间。这一案例为室内设计行业的数字化转型提供了宝贵经验，也预示着 AI 在室内设计领域将拥有更加广阔的发展前景。

综上所述，AI 技术在图案设计、色彩搭配、服装设计以及室内设计等方面以其独特的优势，为设计师提供了丰富多样的创新工具与方法。它不仅极大地拓展了设计的边界与可能性，使设计师能够突破传统思维模式的束缚，创造出更具独特性与前瞻性的作品，而且有效提升了设计效率、优化了设计品质并降低了设计成本，为整个艺术设计行业的发展注入了强大的动力与活力。

然而，我们也必须清醒地认识到，AI 技术在艺术设计领域的应用并非对设计师地位与作用的替代或削弱。相反，它更像是一位得力的助手与伙伴，帮助设计师更好地释放其创造力潜能，并在更高的起点上开展设计工作。在未来的发展进程中，我们期待看到设计师与 AI 技术之间形成更加紧密且富有成效的合作关系，共同推动现代艺术设计行业迈向更加辉煌灿烂的明天。

习题

1．思考在现代艺术设计中，AI 的引入在哪些环节会产生积极影响？是否存在负面影响？如何规避负面影响。

2．独立搜索一个 AI+艺术设计的相关应用案例，分析 AI 的应用原理、应用效果，并对其是否存在弊端以及是否可进一步改善提出自己的看法。